"十四五"国家重点出版物出版规划

军事高科技知识丛书·黎 湘 傅爱国 主编

临近空间飞行器及其应用

侯中喜 杨希祥 ★ 主编

Near Space Vehicle and Its Applications

国防科技大学出版社
·长沙·

图书在版编目（CIP）数据

临近空间飞行器及其应用 / 侯中喜，杨希祥主编. -- 长沙：国防科技大学出版社，2024.8. --（军事高科技知识丛书 / 黎湘，傅爱国主编）. -- ISBN 978-7-5673-0656-1

Ⅰ. V47

中国国家版本馆 CIP 数据核字第 2024A0S265 号

军事高科技知识丛书
丛书主编：黎 湘 傅爱国

临近空间飞行器及其应用
LINJIN KONGJIAN FEIXINGQI JI QI YINGYONG

主　　编：侯中喜　杨希祥

出版发行：国防科技大学出版社	
责任编辑：胡诗倩	责任美编：张亚婷
责任校对：刘璟珺	责任印制：丁四元
印　　制：长沙市精宏印务有限公司	开　　本：710×1000　1/16
印　　张：18.5	字　　数：274 千字
版　　次：2024 年 8 月第 1 版	印　　次：2024 年 8 月第 1 次
书　　号：ISBN 978-7-5673-0656-1	
定　　价：138.00 元	

社　　址：长沙市开福区德雅路 109 号
邮　　编：410073
电　　话：0731-87028022
网　　址：https://www.nudt.edu.cn/press/
邮　　箱：nudtpress@nudt.edu.cn

版权所有　侵权必究
告读者：如发现本书有印装质量问题，请与所购图书销售部门联系调换。

军事高科技知识丛书

主　　　编　黎　湘　傅爱国
副　主　编　吴建军　陈金宝　张　战

编委会

主任委员　　黎　湘　傅爱国
副主任委员　吴建军　陈金宝　张　战　雍成纲
委　　　员　曾　光　屈龙江　毛晓光　刘永祥
　　　　　　孟　兵　赵冬明　江小平　孙明波
　　　　　　王　波　冯海涛　王　雷　张　云
　　　　　　李俭川　何　一　张　鹏　欧阳红军
　　　　　　仲　辉　于慧颖　潘佳磊

总 序

孙子曰:"凡战者,以正合,以奇胜。故善出奇者,无穷如天地,不竭如江河。"纵观古今战场,大胆尝试新战法、运用新力量,历来是兵家崇尚的制胜法则。放眼当前世界,全球科技创新空前活跃,以智能化为代表的高新技术快速发展,新军事革命突飞猛进,推动战争形态和作战方式深刻变革。科技已经成为核心战斗力,日益成为未来战场制胜的关键因素。

科技强则国防强,科技兴则军队兴。在人民军队走过壮阔历程、取得伟大成就之时,我们也要清醒地看到,增加新域新质作战力量比重、加快无人智能作战力量发展、统筹网络信息体系建设运用等,日渐成为建设世界一流军队、打赢未来战争的关键所在。唯有依靠科技,才能点燃战斗力跃升的引擎,才能缩小同世界强国在军事实力上的差距,牢牢掌握军事竞争战略主动权。

党的二十大报告明确强调"加快实现高水平科技自立自强""加速科技向战斗力转化",为推动国防和军队现代化指明了方向。国防科技大学坚持以国家和军队重大战略需求为牵引,在超级计算机、卫星导航定位、信息通信、空天科学、气象海洋等领域取得了一系列重大科研成果,有效提高了科技创新对战斗力的贡献率。

站在建校70周年的新起点上,学校恪守"厚德博学、强军兴国"校训,紧盯战争之变、科技之变、对手之变,组织动员百余名专家教授,编纂推出"军事高科技知识丛书",力求以深入浅出、通俗易懂的叙述,系统展示国防科技发展成就和未来前景,以飨心系国防、热爱科技的广大读者。希望作者们的努力能够助力经常性群众性科普教育、全民军事素养科技素养提升,为实现强国梦强军梦贡献力量。

国防科技大学

校　　长

政治委员

院士推荐

杨学军

强军之道，要在得人。当前，新型科技领域创新正引领世界军事潮流，改变战争制胜机理，倒逼人才建设发展。国防和军队现代化建设越来越快，人才先行的战略性紧迫性艰巨性日益显著。

国防科技大学是高素质新型军事人才培养和国防科技自主创新高地。长期以来，大学秉承"厚德博学、强军兴国"校训，坚持立德树人、为战育人，为我军培养造就了以"中国巨型计算机之父"慈云桂、国家最高科学技术奖获得者钱七虎、"中国歼-10之父"宋文骢、中国载人航天工程总设计师周建平、北斗卫星导航系统工程副总设计师谢军等为代表的一茬又一茬科技帅才和领军人物，切实肩负起科技强军、人才强军使命。

今年，正值大学建校70周年，在我军建设世界一流军队、大学奋进建设世界一流高等教育院校的征程中，丛书的出版发行将涵养人才成长沃土，点燃科技报国梦想，帮助更多人打开更加宏阔的前沿科技视野，勾画出更加美好的军队建设前景，源源不断吸引人才投身国防和军队建设，确保强军事业薪火相传、继往开来。

中国科学院院士 杨学军

院士推荐

包为民

近年来，我国国防和军队建设取得了长足进步，国产航母、新型导弹等新式装备广为人知，但国防科技对很多人而言是一个熟悉又陌生的领域。军事工作的神秘色彩、前沿科技的探索性质，让许多人对国防科技望而却步，也把潜在的人才拦在了门外。

作为一名长期奋斗在航天领域的科技工作者，从小我就喜欢从书籍报刊中汲取航空航天等国防科技知识，好奇"在浩瀚的宇宙中，到底存在哪些人类未知的秘密"，驱动着我发奋学习科学文化知识；参加工作后，我又常问自己"我能为国家的国防事业作出哪些贡献"，支撑着我在航天科研道路上奋斗至今。在几十年的科研工作中，我也常常深入大学校园为国防科研事业奔走呼吁，解答国防科技方面的困惑。但个人精力是有限的，迫切需要一个更为高效的方式，吸引更多人加入科技创新时代潮流、投身国防科研事业。

所幸，国防科技大学的同仁们编纂出版了本套丛书，做了我想做却未能做好的事。丛书注重夯实基础、探索未知、谋求引领，为大家理解和探索国防科技提供了一个新的认知视角，将更多人的梦想连接国防科技创新，吸引更多智慧力量向国防科技未知领域进发！

中国科学院院士 毛明展

院士推荐

费爱国

站在世界百年未有之大变局的当口,我国重大关键核心技术受制于人的问题越来越受到关注。如何打破国际垄断和技术壁垒,破解网信技术、信息系统、重大装备等"卡脖子"难题牵动国运民心。

在创新不断被强调、技术不断被超越的今天,我国科技发展既面临千载难逢的历史机遇,又面临差距可能被拉大的严峻挑战。实现科技创新高质量发展,不仅要追求"硬科技"的突破,更要关注"软实力"的塑造。事实证明,科技创新从不是一蹴而就,而有赖于基础研究、原始创新等大量积累,更有赖于科普教育的强化、生态环境的构建。唯有坚持软硬兼施,才能推动科技创新可持续发展。

千秋基业,以人为本。作为科技工作者和院校教育者,他们胸怀"国之大者",研发"兵之重器",在探索前沿、引领未来的同时,仍能用心编写此套丛书，实属难能可贵。丛书的出版发行，能够帮助广大读者站在巨人的肩膀上汲取智慧和力量，引导更多有志之士一起踏上科学探索之旅，必将激发科技创新的精武豪情，汇聚强军兴国的磅礴力量，为实现我国高水平科技自立自强增添强韧后劲。

中国工程院院士 费爱国

院士推荐

陆建华

当今世界，新一轮技术革命和产业变革突飞猛进，不断向科技创新的广度、深度进军，速度显著加快。科技创新已经成为国际战略博弈的主要战场，围绕科技制高点的竞争空前激烈。近年来，以人工智能、集成电路、量子信息等为代表的尖端和前沿领域迅速发展，引发各领域深刻变革，直接影响未来科技发展走向。

国防科技是国家总体科技水平、综合实力的集中体现，是增强我国国防实力、全面建成世界一流军队、实现中华民族伟大复兴的重要支撑。在国际军事竞争日趋激烈的背景下，深耕国防科技教育的沃土、加快国防科技人才培养、吸引更多人才投身国防科技创新，对于全面推进科技强军战略落地生根、大力提高国防科技自主创新能力、始终将军事发展的主动权牢牢掌握在自己手中意义重大。

丛书的编写团队来自国防科技大学，长期工作在国防科技研究的第一线、最前沿，取得了诸多高、精、尖国防高科技成果，并成功实现了军事应用，为国防和军队现代化作出了卓越业绩和突出贡献。他们拥有丰富的知识积累和实践经验，在阐述国防高科技知识上既系统，又深入，有卓识，也有远见，是普及国防科技知识的重要力量。

相信丛书的出版，将点燃全民学习国防高科技知识的热情，助力全民国防科技素养提升，为科技强军和科技强国目标的实现贡献坚实力量。

中国科学院院士

院士推荐

王怀民

《"十四五"国家科学技术普及发展规划》中指出,要对标新时代国防科普需要,持续提升国防科普能力,更好为国防和军队现代化建设服务,鼓励国防科普作品创作出版,支持建设国防科普传播平台。

国防科技大学是中央军委直属的综合性研究型高等教育院校,是我军高素质新型军事人才培养高地、国防科技自主创新高地。建校70年来,国防科技大学着眼服务备战打仗和战略能力建设需求,聚焦国防和军队现代化建设战略问题,坚持贡献主导、自主创新和集智攻关,以应用引导基础研究,以基础研究支撑技术创新,重点开展提升武器装备效能的核心技术、提升体系对抗能力的关键技术、提升战争博弈能力的前沿技术、催生军事变革的重大理论研究,取得了一系列原创性、引领性科技创新成果和战争研究成果,成为国防科技"三化"融合发展的领军者。

值此建校 70 周年之际，国防科技大学发挥办学优势，组织撰写本套丛书，作者全部是相关科研领域的高水平专家学者。他们结合多年教学科研积累，围绕国防教育和军事科普这一主题，运用浅显易懂的文字、丰富多样的图表，全面阐述各专业领域军事高科技的基本科学原理及其军事运用。丛书出版必将激发广大读者对国防科技的兴趣，振奋人人为强国兴军贡献力量的热情。

中国科学院院士

院士推荐

宋君强

习主席强调，科技创新、科学普及是实现创新发展的两翼，要把科学普及放在与科技创新同等重要的位置。《"十四五"国家科学技术普及发展规划》指出，要强化科普价值引领，推动科学普及与科技创新协同发展，持续提升公民科学素质，为实现高水平科技自立自强厚植土壤、夯实根基。

《中华人民共和国科学技术普及法》颁布实施至今已整整21年，科普保障能力持续增强，全民科学素质大幅提升。但随着时代发展和新技术的广泛应用，科普本身的理念、内涵、机制、形式等都发生了重大变化。繁荣科普作品种类、创新科普传播形式、提升科普服务效能，是时代发展的必然趋势，也是科技强军、科技强国的内在需求。

作为军队首个"科普中国"共建基地单位，国防科技大学大力贯彻落实习主席提出的"科技创新、科学普及是实现创新发展的两翼，要把科学普及放在与科技创新同等重要的位置"指示精神，大力加强科学普及工作，汇集学校航空航天、电子科技、计算机科学、控制科学、军事学等优势学科领域的知名专家学者，编写本套丛书，对国防科技重点领域的最新前沿发展和武器装备进行系统全面、通俗易懂的介绍。相信这套丛书的出版，能助力全民军事科普和国防教育，厚植科技强军土壤，夯实人才强军根基。

中国工程院院士

临近空间飞行器及其应用

主　　编：侯中喜　杨希祥
编写人员：邓小龙　麻震宇　高显忠
　　　　　朱炳杰　鲁亚飞

前言

临近空间是指高于传统航空器飞行高度、低于传统航天器轨道高度的空天结合区域，一般认为其高度范围是 20～100 千米。临近空间具有独特的环境优势和巨大的潜在应用效能，已成为国际战略竞争的新热点，开发和利用临近空间是人类科技水平提升和军民应用需求拓展的必然结果。

临近空间飞行器是指能够稳定运行于临近空间，并能利用临近空间环境特征执行特定任务的飞行器，根据飞行高度和飞行速度的特征，可分为低动态和高动态临近空间飞行器。平流层飞艇、太阳能飞机等是典型的低动态临近空间飞行器，高超声速巡航飞行器、高超声速滑翔飞行器等是典型的高动态临近空间飞行器，其在遥感测绘、通信互联、远程精确快速投送等领域的应用潜力巨大。

临近空间安全是空天安全的重要组成部分。抢占临近空间、研发临近空间飞行器、培育临近空间领域人才意义重大。相对传统的航空器和航天器，临近空间飞行器尚属新生事物，到目前为止世界范围内还没形成成熟的装备体系，为满足教育训练和知识普及等需要，通过沉积与融合作者所在团队的教学实践和部分科学研究工作，本书的编写是为认识和了解领域知识所作的一点努力，主要内容包括临近空间环境、低动态临近空间飞行器技术与应用分析、高动态临近空间飞行器技术与应用分析等。

本书由侯中喜、杨希祥、麻震宇、邓小龙、高显忠、朱炳杰、鲁亚飞撰写，各章撰写人分别为：第1章，杨希祥；第2章，邓小龙、朱炳杰；第3章，麻震宇、邓小龙；第4章，朱炳杰、鲁亚飞；第5章，高显忠、杨希祥；第6章，侯中喜、邓小龙；第7章，侯中喜、麻震宇；第8章，侯中喜、鲁亚飞。辛宏博、陈晔、瞿莹莹等参与书稿编辑工作，全书由侯中喜终审定稿。

在本书的编写过程中，多位专家进行了多轮审查，提出了许多中肯的宝贵意见。本书出版得到了国防科技大学空天科学学院、国防科技大学出版社的大力支持，在此一并表示衷心的感谢。本书的编写参考了国内同行的报告、课件、网页等大量资料，这些大都在参考文献中注明，由于内容较多，遗漏之处敬请谅解。

由于作者水平有限，书中难免疏漏，敬请批评指正。

侯中喜

2024年6月

目录

第1章 概述　　1

1.1 临近空间概念　　1

1.2 临近空间飞行器　　5

1.2.1 临近空间飞行器概念　　5
1.2.2 临近空间飞行器的实现方式　　5

1.3 临近空间飞行器分类　　9

1.3.1 低动态临近空间飞行器　　10
1.3.2 高动态临近空间飞行器　　10

第2章 临近空间环境　　12

2.1 临近空间环境概况　　12

2.2 临近空间大气参数　　14

2.2.1 大气密度与压力特性　　14
2.2.2 温度特性　　15

2.2.3　风场特征　　　　　　　　　　　　　　　　　　　　　19

　2.3　临近空间特殊环境现象　　　　　　　　　　　　　　　　　32

　　　2.3.1　臭氧　　　　　　　　　　　　　　　　　　　　　　32
　　　2.3.2　辐射（粒子辐射环境）　　　　　　　　　　　　　　33
　　　2.3.3　重力波　　　　　　　　　　　　　　　　　　　　　35
　　　2.3.4　平流层闪电和中高层大气放电　　　　　　　　　　　36

　2.4　临近空间环境探测方法　　　　　　　　　　　　　　　　　37

　　　2.4.1　气球探测　　　　　　　　　　　　　　　　　　　　37
　　　2.4.2　火箭探测　　　　　　　　　　　　　　　　　　　　40
　　　2.4.3　遥感探测　　　　　　　　　　　　　　　　　　　　40
　　　2.4.4　GNSS 大气探测　　　　　　　　　　　　　　　　　41

　2.5　临近空间环境预报技术　　　　　　　　　　　　　　　　　42

第3章　低动态临近空间飞行器研究现状　　　　　　　　　　45

　3.1　低动态临近空间飞行器概念与分类　　　　　　　　　　　45

　3.2　平流层飞艇研究现状　　　　　　　　　　　　　　　　　　48

　　　3.2.1　美国　　　　　　　　　　　　　　　　　　　　　　49
　　　3.2.2　俄罗斯　　　　　　　　　　　　　　　　　　　　　57
　　　3.2.3　欧洲其他国家　　　　　　　　　　　　　　　　　　60
　　　3.2.4　亚洲国家　　　　　　　　　　　　　　　　　　　　67

　3.3　高空气球研究现状　　　　　　　　　　　　　　　　　　　71

　　　3.3.1　美国　　　　　　　　　　　　　　　　　　　　　　71
　　　3.3.2　法国　　　　　　　　　　　　　　　　　　　　　　77
　　　3.3.3　日本　　　　　　　　　　　　　　　　　　　　　　79

3.4 临近空间太阳能飞机研究现状　　82

3.4.1　ERAST 太阳能无人机　　82

3.4.2　"微风"（Zephyr）研究计划　　90

3.4.3　"秃鹰"（Vulture）研制计划　　99

3.4.4　其他太阳能飞机研究计划　　102

3.5 临近空间长航时飞机研究现状　　105

3.5.1　"全球鹰"无人机　　106

3.5.2　RQ-170 和 RQ-180 无人机　　114

3.5.3　氢能源无人机　　117

第4章　低动态临近空间飞行器技术与应用　　120

4.1 浮力型临近空间飞行器性能特点与发展趋势　　120

4.1.1　平流层飞艇性能特点　　120

4.1.2　高空气球性能特点　　121

4.1.3　浮力型临近空间飞行器发展趋势　　122

4.2 浮力型临近空间飞行器核心技术难点分析　　123

4.2.1　环境与总体技术　　123

4.2.2　材料与结构技术　　125

4.2.3　循环能源技术　　125

4.2.4　动力推进技术　　127

4.2.5　气动与控制技术　　128

4.3 升力型临近空间飞行器性能特点与发展趋势　　129

4.3.1　太阳能飞机性能特点与发展趋势　　129

4.3.2　临近空间亚声速飞机性能特点与发展趋势　　135

4.4 升力型临近空间飞行器核心技术难点分析 139
4.4.1 太阳能飞机核心技术难点问题 139
4.4.2 临近空间亚声速飞机核心技术难点问题 143

4.5 军事应用分析 145
4.5.1 预警探测与侦察监视 145
4.5.2 通信中继 150
4.5.3 导航定位 152

4.6 民用领域应用分析 153
4.6.1 防灾与减灾 154
4.6.2 国土资源观测与地理信息测绘 154
4.6.3 现代农业生产 155
4.6.4 水利监测与环境保护 155
4.6.5 气象与大气观测 156
4.6.6 城市反恐维稳与应急通信 156

第5章 高动态临近空间飞行器研究现状 157

5.1 超声速临近空间飞行器 158
5.1.1 SR-71"黑鸟"侦察机 158
5.1.2 D-21无人侦察机 162

5.2 高超声速临近空间飞行器研制历程 164
5.2.1 NASA的X-15试验飞行器项目 164
5.2.2 FALCON和AHW项目 169
5.2.3 CHR、HT和IH项目 173
5.2.4 在高超声速方向的前期努力 176

5.3 美国高超声速武器研究现状 179

5.3.1 美国空军"空射快速响应武器"项目 180
5.3.2 美国海军"中程常规快速打击武器"项目 183
5.3.3 美国陆军"远程高超声速武器"(LRHW)项目 185
5.3.4 其他相关项目 186

5.4 俄罗斯高超声速武器研究现状 189

5.4.1 "匕首"(Kinzhal)空射型高超声速滑翔导弹 190
5.4.2 "先锋"(Avangard)洲际高超声速滑翔导弹 194
5.4.3 "锆石"(Zircon)高超声速巡航导弹 197

5.5 高超声速飞机研究现状 201

5.5.1 SR-72 高超声速飞机 201
5.5.2 Mayhem 项目 203
5.5.3 "夸特马"项目 205

第 6 章 高动态临近空间飞行器技术与应用 208

6.1 超声速飞行器核心技术 208

6.1.1 气动技术 208
6.1.2 推进技术 209
6.1.3 高温轻质材料与异形结构技术 210
6.1.4 航迹规划、制导与控制技术 211

6.2 高超声速飞行器核心技术 211

6.2.1 先进气动布局与发动机/机体一体化技术 212
6.2.2 空气动力学技术 215
6.2.3 先进推进技术 221
6.2.4 火箭基组合循环(RBCC)发动机技术 222

6.2.5	吸气式涡轮组合循环（TBCC）发动机技术	224
6.2.6	结构与热防护技术	226
6.2.7	制导、导航与控制技术	228
6.2.8	新概念能源与推进技术	229

6.3 高超声速飞行器应用特征分析　　230

6.3.1	特点	230
6.3.2	弱点	235

6.4 高动态临近空间飞行器作战样式　　236

6.4.1	常规手段实施的全球即时打击作战	236
6.4.2	突防现有导弹防御系统维持战略威慑平衡	238
6.4.3	远程时敏目标的快速精确打击	239
6.4.4	可重复使用航天运载与跨大气层飞行器	239

6.5 防御作战发展分析　　241

6.5.1	美国主要防御项目进展	247
6.5.2	俄罗斯主要防御项目进展	253

参考文献　　257

第 1 章
概述

1.1 临近空间概念

人类社会的发展进步与对自然环境的拓展和利用密不可分。1981 年，国际宇航联合会第 32 届大会将自然环境区分为四类：第一类环境为陆地，约占地球表面面积的 30%；第二类环境为海洋，约占地球表面面积的 70%；第三类环境为大气层，是指地表以外包围地球的气体层；第四类环境为空间，是指地球大气层外（也称太空或天）。大气层内的飞行活动一般称航空，对应的飞行器称为航空器；大气层外的飞行活动一般称航天，对应的飞行器称为航天器。

地球大气层的一个显著特点是，大气密度随高度增加而减小，但大气密度衰减是一个渐变过程，大气的存在与消失之间没有明确的高度界限，这就给大气层与空间划分带来了不确定性。

• 名词解释

— 临近空间 —

临近空间是指高于传统航空器飞行高度、低于传统航天器轨道高度的空天结合区域（如图1-1所示），具有独特的环境优势和巨大的潜在军事效能，已成为大国战略竞争的前沿领域。

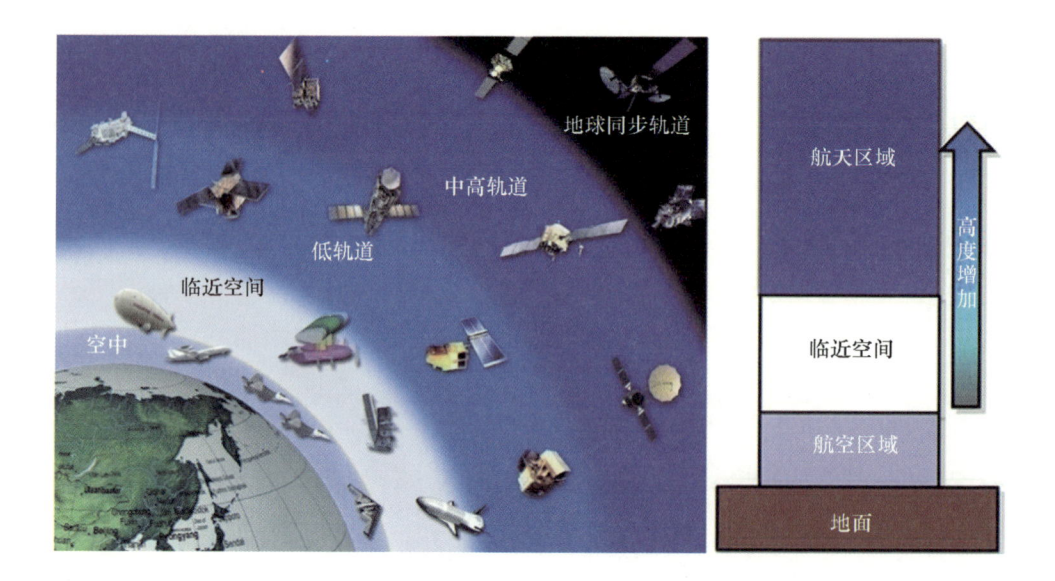

图1-1 临近空间

国际上对临近空间区域高度的把握，重点在于区别传统航空与航天的范畴，兼顾物理特征和技术层面。

临近空间始于传统航空的末端。这方面有明确的定义，美国联邦航空管理局（Federal Aviation Administration，FAA）规定的领空高度在60 000英尺（约18.3千米），国际航空联合会（Fédération Aéronautique Internationale，FAI）规定的领空高度在75 000英尺（约22.9千米），都在20千米高度左右。

临近空间止于传统航天的起始点。对于空间起始点的正式定义，国际法、条约、规定、协议中都没有提及。20世纪50年代，美国著名科学家冯·卡门分析表明，飞行器在100千米以上要保持相应高度飞行，其速度已达到对应的轨道运行速度，即采用轨道工作模式，但实际上考虑大气阻力影响和轨道保持等要求，目前航天器轨道高度一般大于 300 千米。美国空军原参谋长约翰·江珀和美国空军原太空司令部司令兰斯·洛德指出，临近空间的高度范围上限应到 300 千米。目前大多数文献对临近空间高度的讨论，下限在 20～30 千米，上限在 100～300 千米，如图 1-2 所示。一般而言，狭义的临近空间高度范围为 20～100 千米。

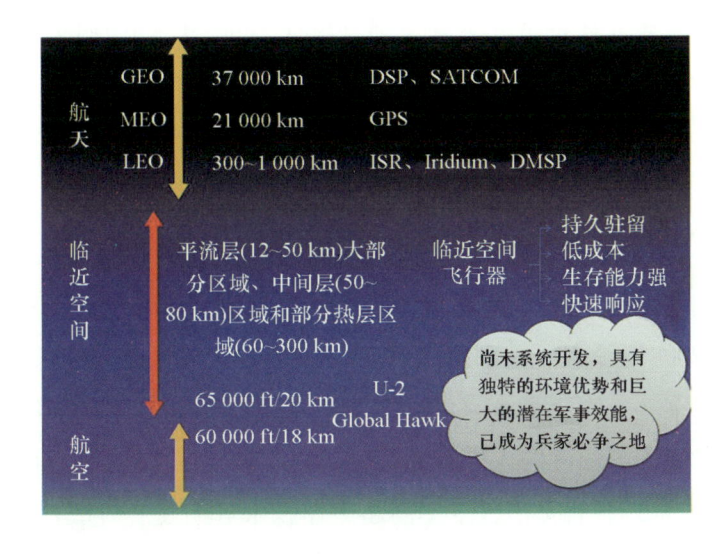

LEO—近地轨道；MEO—中地球轨道；GEO—地球静止轨道。

图 1-2 临近空间高度范畴

临近空间在遥感测绘、通信互联、远程快速投送、侦察预警等应用领域方面具有广阔的发展前景。已有研究证明，临近空间不但能提供一些新的军民应用模式，而且能以更佳的效费比提供一些重要的航天和航空应用效果。美国、俄罗斯正在积极推动临近空间飞行器相关作战理论、作战效能、作战模式等方面的研究，并积极推动军事应用的演示验证。

• 经典案例

2005 年 2 月 5 日—11 日，美军在内华达州内利斯空军基地进行了"施里弗-3"模拟演习，首次将临近空间飞行器引入，主要用于侦察、监视和通信，之后，美军将临近空间长航时飞行器纳入《2005—2030 无人机系统发展路线图》。临近空间长航时飞行器是美国陆军开发的分层多域传感系统（multi-domain sensing system，MDSS）的一部分，主要用于情报、监视和侦察（intelligence，surveillance and reconnaissance，ISR）以及通信，并可实现战术快速响应。2019 年，美军南方司令部在六个州开展了临近空间 ISR 试验验证；2020 年，陆军空间与导弹防御司令部（Space and Missile Defense Command，SMDC）提出，临近空间长航时飞行器能够增强和补充现有航空航天传感系统。2019 年，美国海军提出计划将临近空间长航时飞行器作为传感平台纳入武器装备体系。

美国一直将临近空间高超声速飞行器作为其"常规快速全球打击"计划的一部分。2008 年 2 月，美国国防部向国会递交了《国防部高超声速计划路线图》，目的是为美军提供未来的先进作战能力，即打击/持久作战能力、空中优势/防御能力、快速进入空间能力。2014 年 3 月发布的《美国空军 2015 财年科学与技术》报告提出，空军高超声速技术近期发展时敏打击能力和高生存能力，远期发展跨区域 ISR 和打击平台。2020 年 3 月，美国成功进行了海、陆、空三军通用型高超声速滑翔体（common-hypersonic glide body，C-HGB）的发射和飞行测试，为其在 2025 年前将战术高超声速武器投入现役奠定了基础。美陆军高超声速武器主要用于打击高价值和时敏目标，压制对手远程打击火力，抵消对手"反介入/区域拒止"能力。俄罗斯发展高超声速武器的核心目标是突破美防御系统，形成非对称作战能力。2023 年 1 月，俄罗斯装备"锆石"高超声速巡航导弹的护卫舰开始战斗执勤。

1.2 临近空间飞行器

1.2.1 临近空间飞行器概念

• 名词解释

— 临近空间飞行器 —

临近空间飞行器是指能够稳定运行于临近空间，并能执行特定任务的各种飞行器。

临近空间飞行器能够利用或克服临近空间稀薄的大气特征，实现临近空间内持久性区域驻留、高速机动飞行。"更高、更快、更远、更久"是临近空间飞行器追求的永恒主题。随着空间技术快速发展和人类对空间安全认识的逐步深化，各航天大国正在积极研究和发展适合在临近空间区域工作的新型飞行器，临近空间飞行器的地位和作用日益凸显。

1.2.2 临近空间飞行器的实现方式

临近空间区域内大气稀薄，传统航空器由于无法获得足够的气动升力和浮力而难以飞行，且传统航天器由于运行速度过快，会受到强烈的气动阻力，造成严重的速度衰减，以致轨道无法维持。在相当长一段时间内，几乎没有能够在临近空间内保持高效费比、较长时间停留的飞行器。

飞行器在临近空间内飞行面临的首要问题是，如何克服地球引力，维持飞行高度。目前有三类实现方式：一为空气动力学模式，依靠升力、浮力或者升浮一体模式；二为直接力模式，依靠与引力反向的直接力；三为多种作用力组合模式。

1. 空气动力学模式

空气动力学模式包括三种典型解决模式：轻于空气的浮力模式、采用升力的飞机模式、升力和浮力的组合模式。

（1）轻于空气的浮力模式

采用浮力模式的飞行器主要有飞艇和气球，一般统称为浮空器。飞艇的可控性好于气球，且一般可重复使用，但蒙皮、外形、控制系统的差异，使得飞艇结构质量比气球大很多。

对于浮空器而言，由于大气密度随高度增加而迅速下降，产生相同的浮力，所需飞行器的体积随高度增加而急剧增加。体积增加会带来蒙皮面积增加，结构和控制装置质量随之增加，在一定条件下，蒙皮质量会大于飞行器所受浮力而使飞行器无法升空，这也说明在浮空器的研制中，材料是关键因素；另外，浮空器要满足抗风驻留的应用要求，大体积带来的阻力是不可忽视的重要设计因素。

随着高性能轻质蒙皮材料技术、可再生能源技术、高空推进技术的快速发展，新型临近空间飞艇和简单可控气球的实现具有可行性。浮空器一般体积巨大，地面集成测试和放飞回收对场地有较高要求。

（2）采用升力的飞机模式

飞机模式主要是靠升力面产生的升力来克服地球引力。升力一般根据下式计算：

$$F_L = C_L \times A \times \left(\frac{1}{2}\rho u^2\right) \tag{1-1}$$

式中：F_L 为升力；C_L 为升力系数；A 为升力面面积；ρ 为空气密度；u 为速度。临近空间 ρ 很小，一般 C_L 也很难有特别大的提升，因此，提高克服地球引力的气动升力有三种基本途径：提高速度、增大升力面面积、同时提高速度和增大升力面面积。

提高速度，超声速小翼面模式。由于速度与升力呈二次方关系，当速度较高时，维持一定升力的翼面面积不用很大，特别适合超声速和高超声速条件下工作，但原有的航空动力不能满足需求，新型冲压发动机的发展为实现这类临近空间飞行器提供了途径。

增大升力面面积，低速大翼面模式。考虑到升力面面积增加时，如果速度不变，会带来阻力的增加和对结构刚性的更高要求，因此，要做到长航时甚至超长航时飞行，必须降低飞行速度。降低飞行速度的临近空间飞行器主要采用轻质翼面，利用太阳能，从而实现较高的飞行高度，长时间的区域停留，但大尺寸翼面的结构需考虑可靠性问题。

同时提高速度和增大升力面面积，高亚声速中等翼面模式。为维持临近空间飞行所需升力，在速度提升空间有限的情况下，需同步增加翼面面积。此类临近空间飞行器的特点是高亚声速飞行，具有中等尺寸翼面。随着高空低油耗涡扇发动机和轻质结构技术的发展，这类临近空间飞行器已成为新型装备，具有飞行速度高、部署快、载荷能力大等优点。

（3）升力和浮力的组合模式

充分利用临近空间浮空器所具有的大型充气结构，将外形设计成升力体构型，形成部分升力和浮力的组合，降低临近空间浮空器对囊体材料的苛刻要求，也为进一步提升飞行高度创造了条件。

2. 直接力模式

直接力模式采用与地球引力反向的作用力，主要有火箭动力、激光推进、微波推进、核推进等模式。火箭动力模式受化学火箭工作时间短等约束，很难长时间在临近空间飞行；激光推进和微波推进模式中，飞行器由地面和天基提供能量，自身可以不携带能源系统，关键技术是强大的能源输送系统；核推进模式是具有良好前景的工作方式。

3. 多种作用力组合模式

多种作用力组合模式主要包括空气动力和惯性力组合、空气动力和直接力组合等，在当前技术水平下，空气动力和惯性力组合具有较好的实现基础。

图 1-3 给出了不同气动性能飞行器多种作用力组合特征随飞行高度增加的变化分析。由图可以看出，随高度增加，保持飞行所需速度逐渐增加；升力提供的克服地球引力的加速度随速度增加而逐渐减小，但在高度和速度较低条件下不明显。例如，升力系数为 0.15 的飞行器，20 千米高度维持飞行的速度约为 0.7 千米/秒，升力占重力加速度的 99.2%；30 千米高度维持飞行的速度约为 1.6 千米/秒，升力占重力加速度的 96.3%；随高度增加，大气密度快速降低，速度快速增加，到 90 千米处，升力已不起明显作用，各类飞行器维持飞行所需速度基本一致，且惯性力占主要成分；到 100 千米处，升力基本不起作用，即冯·卡门线。

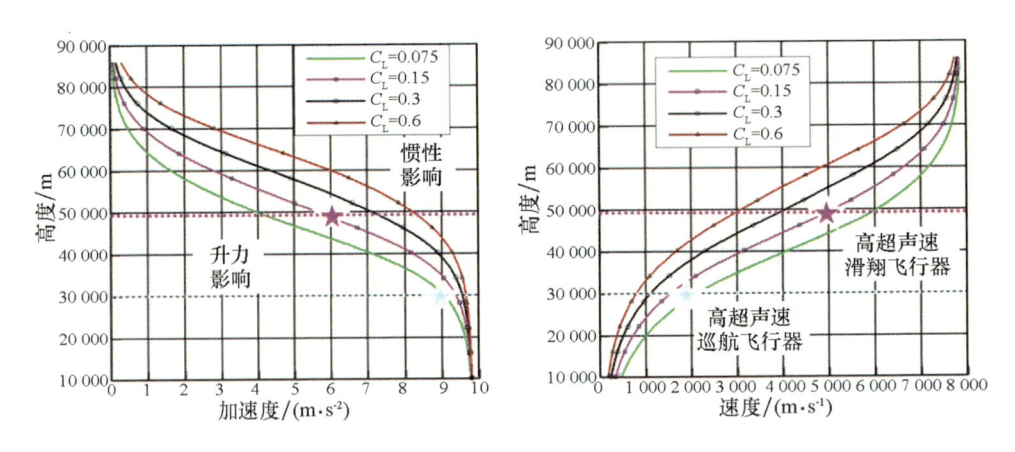

图 1-3 多种作用力组合的分析图

在飞行高度变化过程中，有两个区域值得关注，如图 1-4 所示，一是 30 千米附近，这是高超声速吸气式飞行器的主要工作区域，主要依靠升力实现飞行；二是 50 千米以上，这是高超声速滑翔式飞行器的主要工作区域，升力和惯性力基本上处于同量级，随高度和速度增加，惯性力作用逐渐显现，使飞行器有更久的飞行时间和更远的飞行距离。

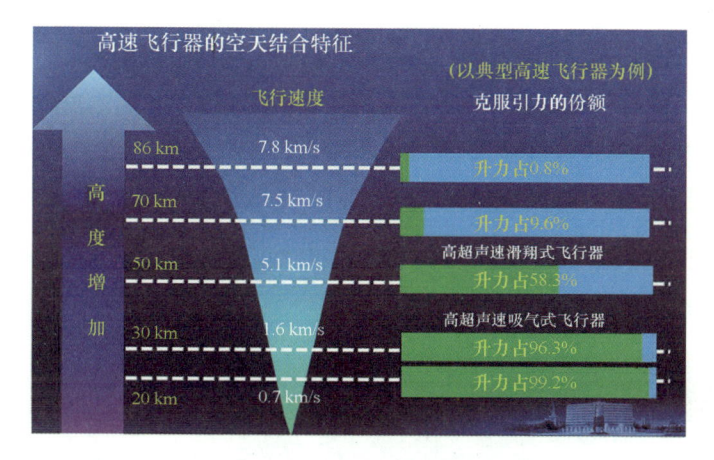

图 1-4 30 千米和 50 千米附近空天结合特征的体现

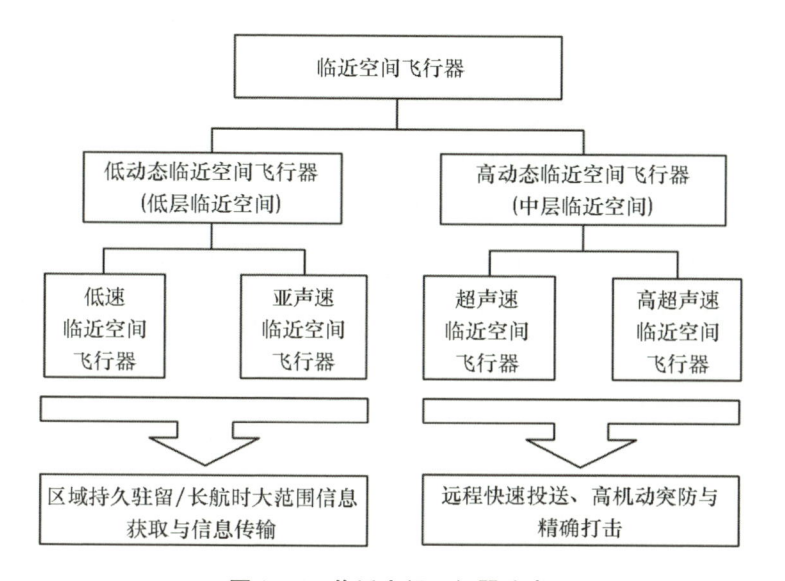

1.3 临近空间飞行器分类

临近空间飞行器包含众多研究对象，兼顾特点和用途，可按照飞行速度和飞行高度分为低动态临近空间飞行器和高动态临近空间飞行器两个大类，如图 1-5 所示。

图 1-5 临近空间飞行器分类

1.3.1 低动态临近空间飞行器

低动态临近空间飞行器的飞行高度为 15～30 千米，飞行马赫数小于 1，主要包括低速临近空间飞行器（高空气球、平流层飞艇、太阳能飞机）和亚声速临近空间飞行器等，可实现持久区域驻留和长航时大范围的信息获取与信息传输。典型的低动态临近空间飞行器如图 1-6 所示。

(a) 高空气球　　　　　　(b) 平流层飞艇　　　　　　(c) 太阳能飞机

图 1-6　典型的低动态临近空间飞行器

低动态临近空间飞行器留空时间长，低速临近空间飞行器驻空时间可到月量级，亚声速临近空间飞行器驻空时间可达日量级；载荷能力大，高空气球和平流层飞艇预期载荷能力可达吨量级；放飞准备周期短，特别是太阳能飞机和亚声速飞机基本可以实现快速响应。不同于航空、航天，低动态临近空间飞行器最具特色的能力是区域持久驻留的信息获取和信息传输能力，即"持久地在那里"。

低动态临近空间飞行器信息获取手段多、信息感知范围大、信息资源时间和空间分辨率高。它既可携带可见光、红外、超光谱、雷达等载荷，作为持久区域信息获取手段，提升信息感知能力；又可携带通信载荷，用于应急通信、通信中继。

1.3.2 高动态临近空间飞行器

高动态临近空间飞行器的飞行高度为 20～100 千米，飞行马赫数为 3～

15，主要包括超声速临近空间飞行器和高超声速临近空间飞行器等，可实现远程快速投送、高机动突防与精确打击的应用能力。典型的高动态临近空间飞行器如图1-7所示。

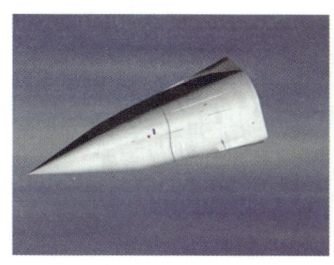

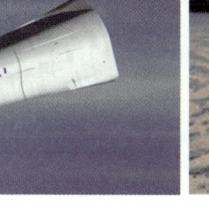

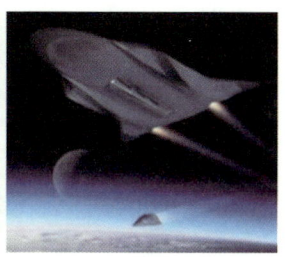

(a) 双锥体高超声速滑翔飞行器　　(b) 乘波体高超声速滑翔飞行器　　(c) 高超声速巡航飞行器

图1-7　典型的高动态临近空间飞行器

超声速临近空间飞行器飞行速度快、突防能力强，能进行纵深侦察，并能快速远程突破敌方防空体系，对特定局部地区进行应急情报收集、战场实时侦察与监视，可以用于支持对高价值目标或时敏目标打击引导、打击效果评估等。

高超声速临近空间飞行器飞行速度很快、飞行距离远、机动能力强、生存能力强，可形成高速精确打击、远程快速到达、快速组合发射、远程快速投送等能力，是一种新型的战略战术兼备武器平台，也是未来远程高速运输的潜在重要手段。

第 2 章
临近空间环境

2.1 临近空间环境概况

临近空间环境与卫星所处的外层空间环境以及飞机所处的大气层较低部分（对流层、平流层底层）的大气环境有较大不同。概括来讲，临近空间的环境特征主要体现在以下八个方面。

1. 大气密度

随着高度的上升，大气密度基本呈指数规律下降，按照国际标准大气考虑，在 20 千米高度附近约为地面的 7%，30 千米高度附近约为地面的 1.5%，80 千米高度附近就只有地面的五万分之一，到 270 千米高度附近就只有地面的百亿分之一。

2. 压力

随着高度的上升，压力也基本呈指数规律下降，在 20 千米高度附近约为地面的 5.3%，50 千米高度附近约为地面的万分之八，到 270 千米高度附近就只有地面的百亿分之一。

3. 温度

在 100 千米高度以下，大气环境温度都较低，如在 20 千米高度附近约为

−56 摄氏度，随着高度的上升，温度有所升高，30 千米高度附近约为 −46 摄氏度，50 千米高度附近达到局部最高值（平均约为 −2 摄氏度）。此后，随着高度的增加，温度将持续下降。在 100 千米高度以上，随着高度的增加，非常稀薄的大气中分子平均运动强烈，温度升高。

4. 风场

风场条件相对稳定，虽然在不同高度、季节、地区和时间有着不同的表现特点，但风速分布的基本规律相同，且变化周期较长。临近空间大气以水平运动为主，很少发生垂直方向的对流运动，垂直风比水平风速度低 1~2 个量级。在某些季节，20 千米高度附近存在风速最小的区域，其具体分布与纬度和当地地势特点相关。

5. 臭氧

临近空间臭氧浓度随季节、时间、纬度等有所变化，在 20 千米高度附近达到最大，高度越高臭氧浓度越低；在 30 千米高度时，臭氧浓度仅为最高值的 3%，这对飞行器材料耐候性以及长时间工作提出了很高的要求。

6. 太阳辐射和紫外线

随着臭氧浓度和大气密度的下降，太阳辐射衰减减小，紫外线辐射将逐渐增加，在 100 千米高度附近紫外线辐射强度是 20 千米高度附近的 30 倍，太阳辐射会直接影响太阳电池的发电能力和浮力型飞行器的热特性，而紫外线则会影响飞行器材料的老化。

7. 电离层

大气在太阳紫外线作用下被部分电离，根据电子浓度随高度的变化可以进一步分为 60~90 千米、90~160 千米、160~180 千米以及 180~400 千米等几个明显的区域。

8. 粒子环境

粒子环境包括高能质子、中子、α 粒子、重离子等，其中单个高能粒子引起的单粒子效应最难避免。

2.2 临近空间大气参数

2.2.1 大气密度与压力特性

图 2-1 为基于 NRLMSISE-00 大气模型 0~100 千米高度范围的中纬度大气密度与大气压力廓线。由图 2-1（a）可知，在 20 千米高度附近的大气密度约为地面的 8%。随着高度的上升，大气密度继续下降，在 30 千米高度的大气密度约为地面的 1.5%。此时，空气的瞬间扰动对飞行器影响不大，且空气的对流与热传导作用都较弱。更高的中间层的空气更加稀薄。

对于浮空器而言，由于大气密度随高度的增加而迅速下降，要想产生相同的浮力，所需排开大气的体积应随着高度的增加而急剧上升。

对于升力型的飞行器来讲，理论上喷气发动机在 32 千米高度以上就无法正常工作了，必须采用冲压发动机。到 45 千米高度以上，由于空气更加稀薄，冲压发动机也无法正常工作了，这时飞行器就需要使用火箭发动机或其他新概念动力系统提供推力，所以推进系统高空特性也是临近空间飞行器研

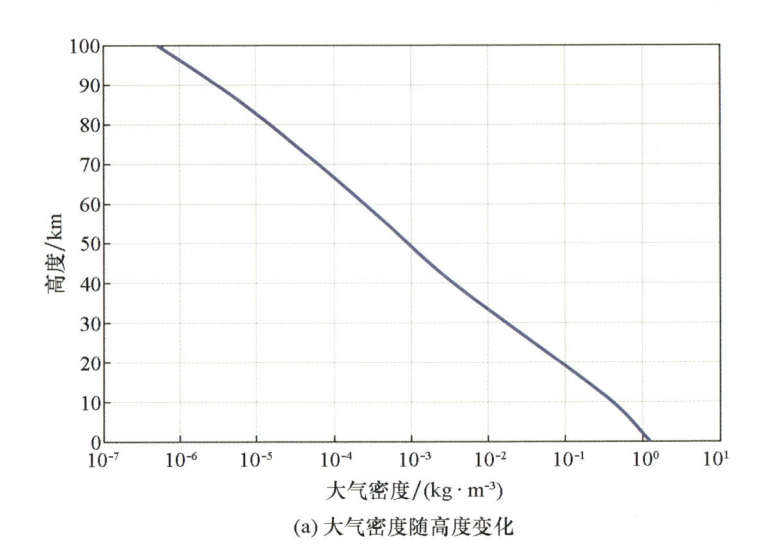

(a) 大气密度随高度变化

(b) 大气压力随高度变化

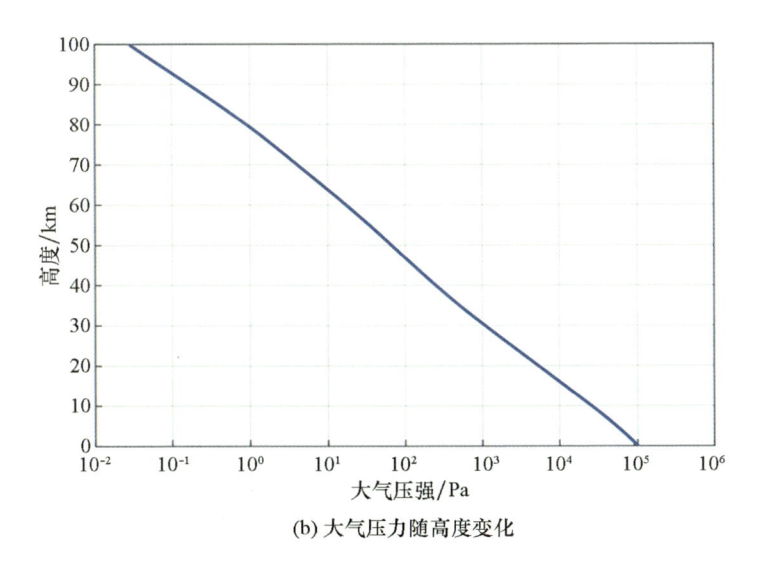

图 2-1　0~100 千米高度范围中纬度大气密度与大气压力廓线

究工作必须考虑的问题之一。

由图 2-1（b）可知，在 20 千米高度附近的大气压力约为地面的 5.3%，随着高度的上升，大气压力快速下降，基本呈指数规律下降；在 50 千米高度附近的大气压力约为地面的 0.84‰。临近空间飞行器从地面起飞到进入临近空间，在地面工作点和临近空间工作点之间要经历巨大的压力差异，这给临近空间飞行器的研制和安全使用带来了巨大的挑战。

2.2.2　温度特性

1. 概述

图 2-2 为基于 NRLMSISE-00 大气模型的临近空间及其以下高度的中纬度平均温度垂直廓线。从图中可见，在对流层中，随着高度的增加，地面反射加热强度减小，温度也随之降低。在平流层中，由于臭氧吸收太阳辐射加热大气以及紫外线辐射，温度随高度的增加而升高。在中间层中，由于没有臭氧，且氮和氧能直接吸收的太阳辐射大部分已经被上层大气吸收掉，温度

再次随高度的增加而迅速下降，且温度递减率与对流层类似。

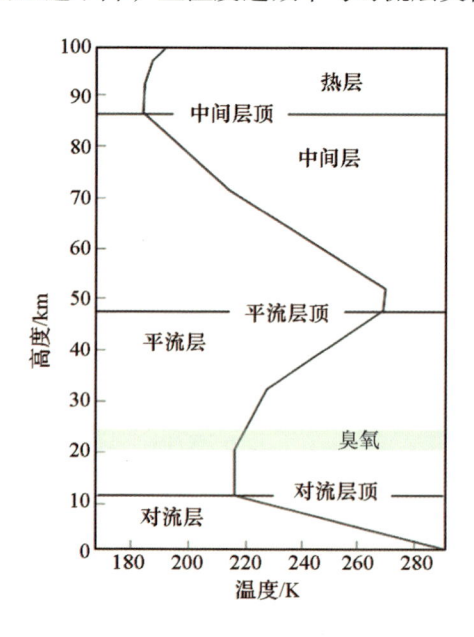

图 2-2　基于 NRLMSISE-00 大气模型的临近空间及其以下高度的
中纬度平均温度垂直廓线

图 2-3 和图 2-4 分别是基于再分析数据的 1 月和 7 月纬向平均温度的高度-纬度分布图。从图中可以看出，在对流层中，温度在赤道处最大，往冬极点和夏极点方向降低，同时随高度的增加而迅速下降，递减率约为 6 摄氏度/千米。

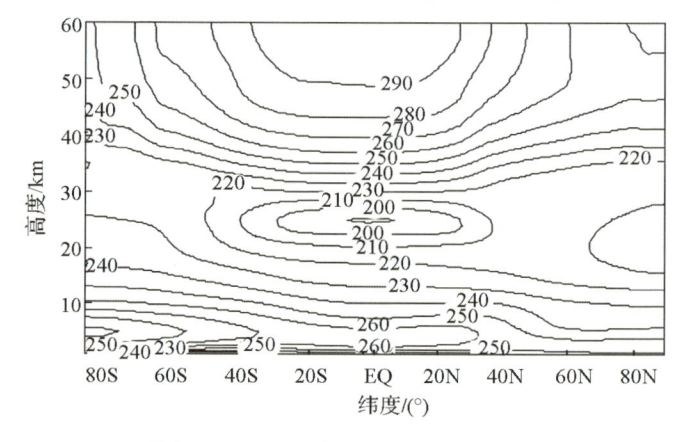

图 2-3　1 月纬向平均温度的高度-纬度分布图（温度单位：K）

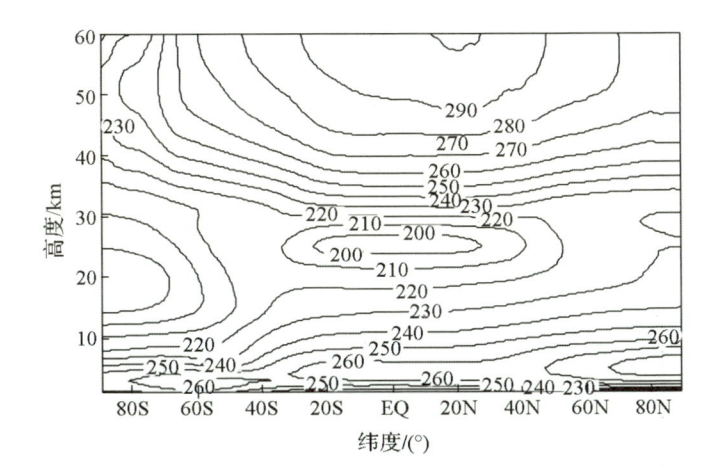

图 2-4　7月纬向平均温度的高度-纬度分布图（温度单位：K）

由于臭氧层的辐射加热，平流层中的大气温度随高度的增加而升高，在平流层顶达到最大。在平流层顶之上，大气温度由于臭氧层上太阳辐射加热的减小而下降。

中层大气中的经向温度结构也与对流层中有很大区别。在下平流层中，温度受上对流层过程影响，在赤道处最小，在夏极点和冬半球的中纬度地区最大。由于辐射平衡状况的不同，在 25 千米以上，温度大致从夏极点向冬极点递减。

2. 温度场分析

利用已有的气象数据资料（2009 年逐 6 小时温度数据），以 3 个典型站点为例分析平流层温度随时间的变化情况。

图 2-5 至图 2-7 中的纵坐标表示高度，横坐标表示时间（月份的变化），温度颜色由蓝色到红色表示温度由低到高。从图中可以看出，各地上空平流层温度的季节变化不明显，且在 20~50 千米大致随高度的增加而升高，50 千米以上又随高度的增加而降低，各地在 20 千米附近的温度都为 200~220 开。

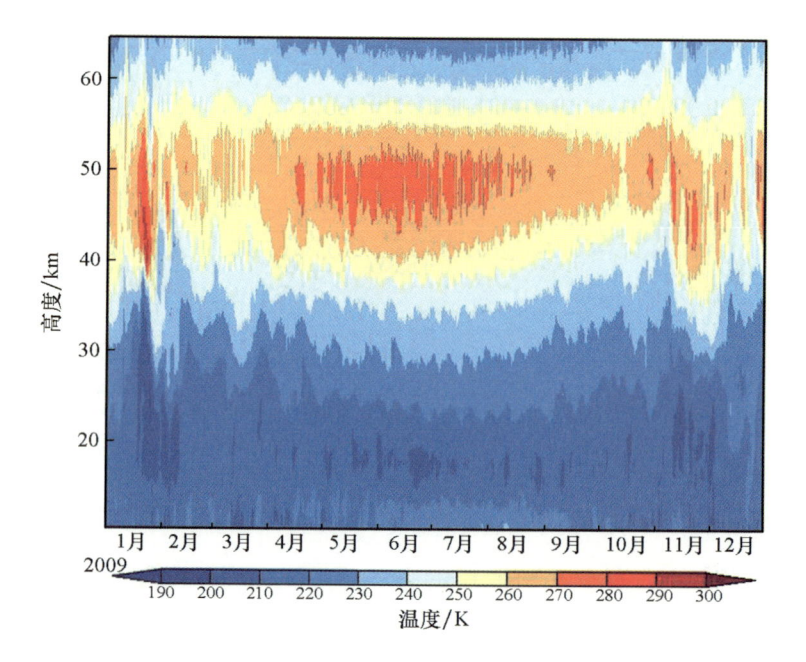

图 2-5　北京地区地面至 64 千米高度温度的逐 6 小时变化

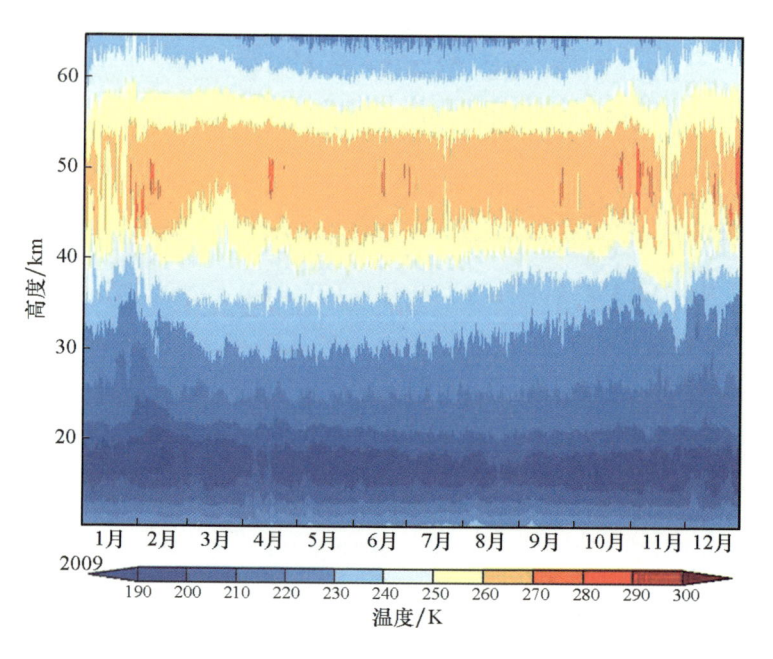

图 2-6　厦门地区地面至 64 千米高度温度的逐 6 小时变化

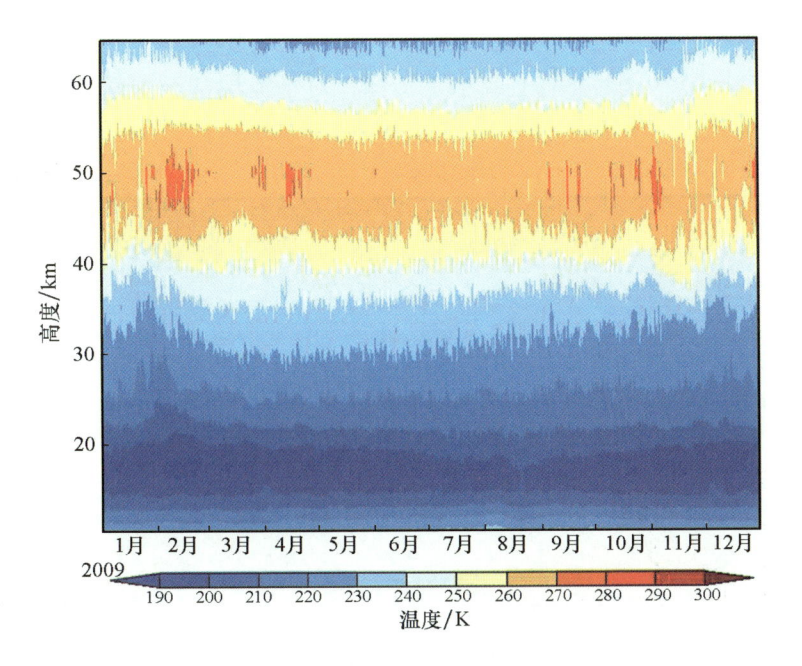

图 2-7 海口地区地面至 64 千米高度温度的逐 6 小时变化

通过对典型地区不同高度温度随时间变化情况进行分析可见，各典型地区在 20 千米高度附近温度变化均不大，一般保持在 200~220 开。

2.2.3 风场特征

图 2-8 给出了 100 千米以下的大气环流和风场的示意图，其中白色实线和虚线分别表示西风和东风，黄色箭头为环流，黑色和绿色箭头分别为重力波和行星波。图的左侧为冬半球，右侧为夏半球。冬、夏两个半球中纬度地区对流层顶附近都存在西风急流（常称为副热带急流）；而在临近空间，冬、夏半球大气环流截然不同。在平流层下部，由热力驱动的赤道附近上升的大气部分向两极运动，并受地转偏向力作用形成东风或西风急流，部分继续上升直到中间层，成为布鲁尔-多普森环流（Brewer-Dobson circulation）的一个上升支。同时，由于辐射加热的差异，平流层中夏极点处也有一定强度的上升运动，这一上升支与赤道处的上升支一样到达中间层下部，向冬极点运动

并下沉，成为布鲁尔-多普森环流的一个下沉支。同时重力波和行星尺度的波动也将对流层中的能量向上或水平传播，对平流层甚至中间层的环流进行调制。

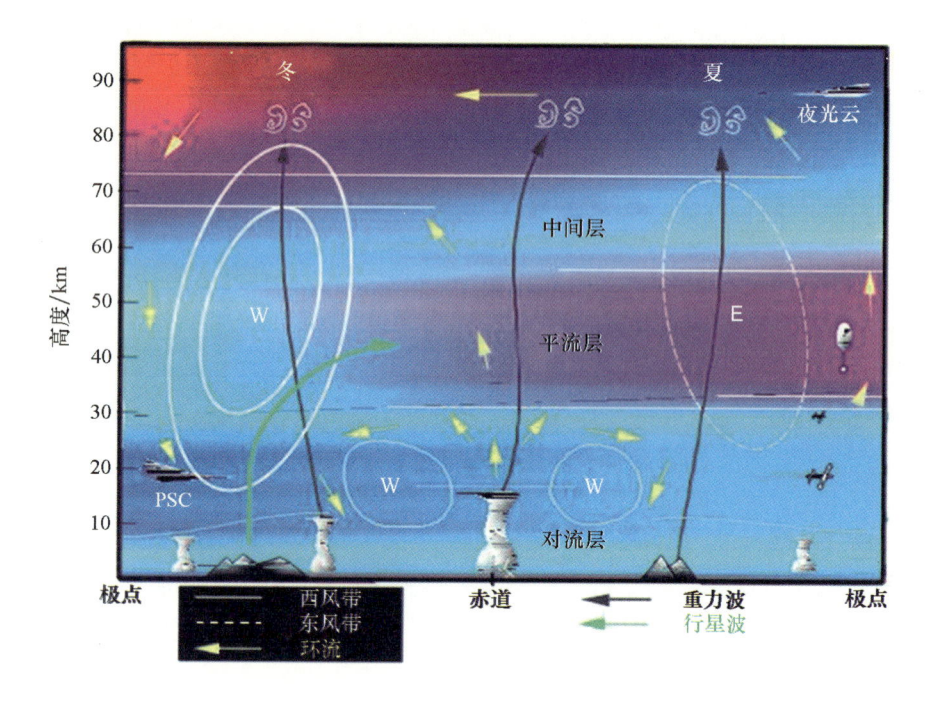

图 2-8 100 千米以下大气环流和风场示意图

图 2-9 和图 2-10 分别是 2000—2009 年 1 月和 7 月平均纬向风的平均高度-纬度分布。从图中可以看出，无论是冬季还是夏季，南半球风速都普遍大于北半球，这也与南半球的地形有关。在对流层中，冬半球和夏半球均为西风，且冬半球风速较大；在平流层中，夏半球为东风急流，冬半球为西风急流，在平流层中上层风速一般随高度增加而加大，两者都在 50~60 千米达到最大。由于夏半球下层为西风，上层为东风，这样在夏半球中高纬度 20 千米高度附近就有东、西风转换的区域存在。而冬半球整层都以西风为主，不存在东、西风的转换，在平流层西风急流和对流层西风急流之间存在一弱风区，但平均风速也在 10 米/秒以上。

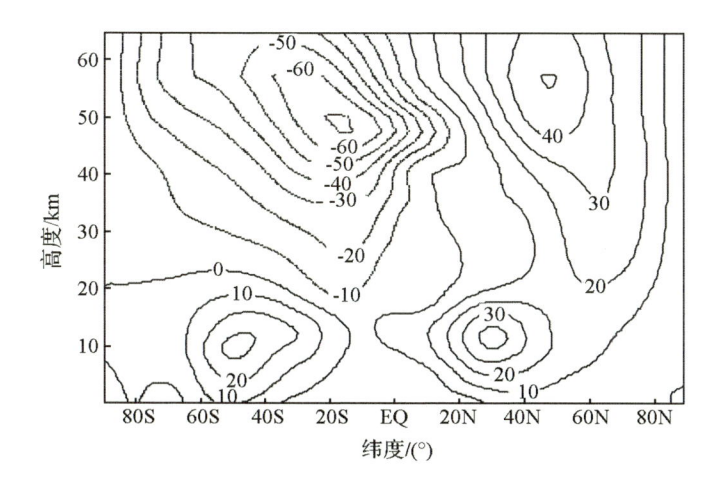

图 2-9　2000—2009 年 1 月纬向风的平均高度 - 纬度分布（风速单位：m/s）

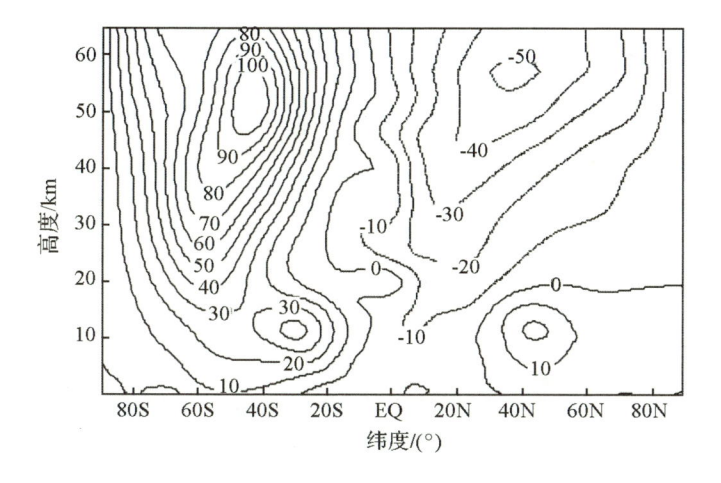

图 2-10　2000—2009 年 7 月纬向风的平均高度 - 纬度分布（风速单位：m/s）

如前所述，中纬度对流层顶全年都存在一个很强的西风急流，而夏半球平流层为东风急流，这样在平流层的中下层就存在一个由上层东风转为下层西风的纬向风过渡层，也被称为准零风层或者弱风层。它一般指在平流层 20 千米高度附近的大气层内存在的上下层纬向风风向相反，经向风也很小，平均风速接近零的区域。显然，准零风层与季节、地区等相关。具体来说，春末至秋初中纬度地区平流层大气内，上层的东风转为下层的西风，并且经向风也很小。准零风层这样一个长时间、大范围的低风速区域，正是平流层飞艇等低速临近空间飞行器运行的理想环境。由于准零风层持续时间的长短、分布的高度范围直接影响到飞艇等低速临近空间飞行器的飞行时间和驻空区域，对准零风层的统计分析可以为充分利用临近空间环境提供基础数据。

1. 月平均风速廓线

如图 2-11 至图 2-13 所示，基于再分析数据，仅以北纬 40°某站点为例，对其月平均全风速的垂直廓线进行分析。其中，纵坐标表示高度，横坐标表示风速的大小。

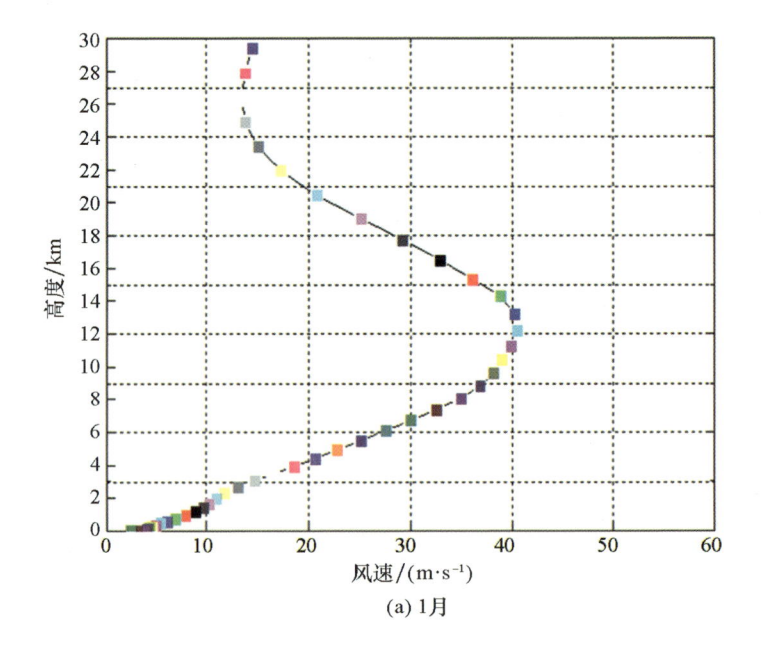

(a) 1月

(b) 2月

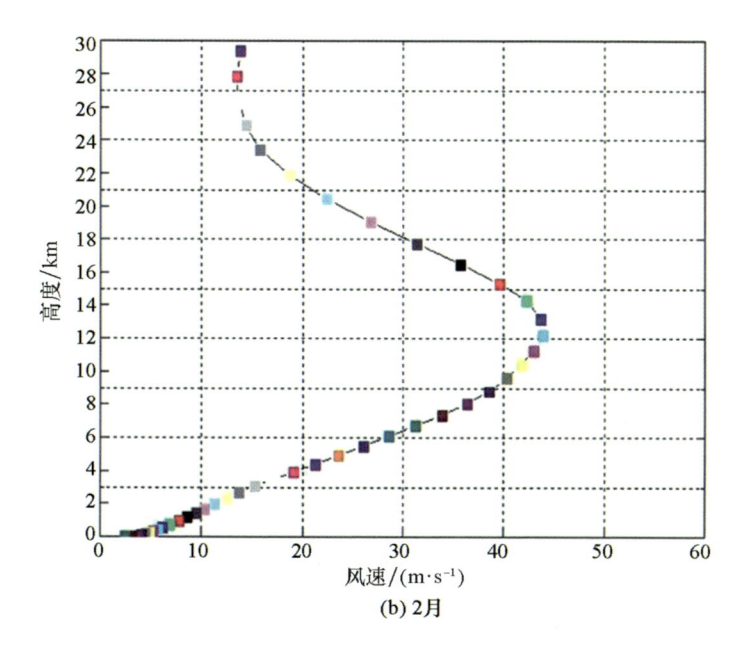

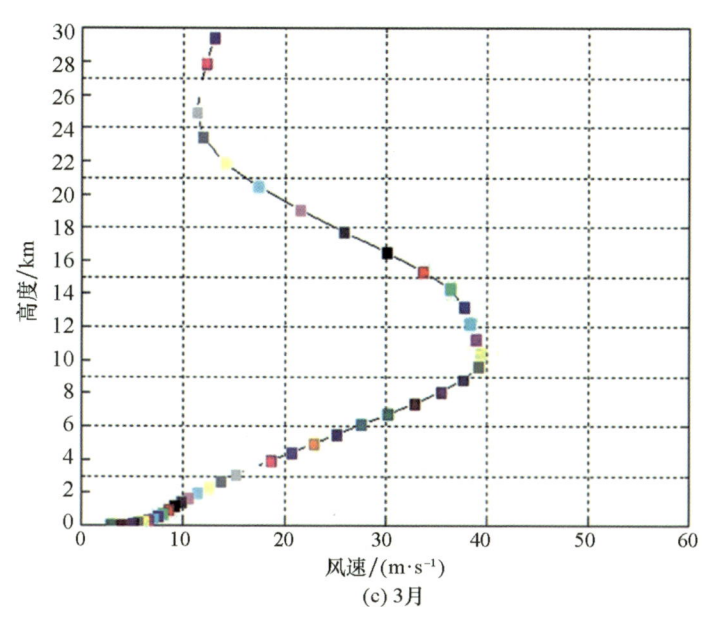

(c) 3月

(d) 4月

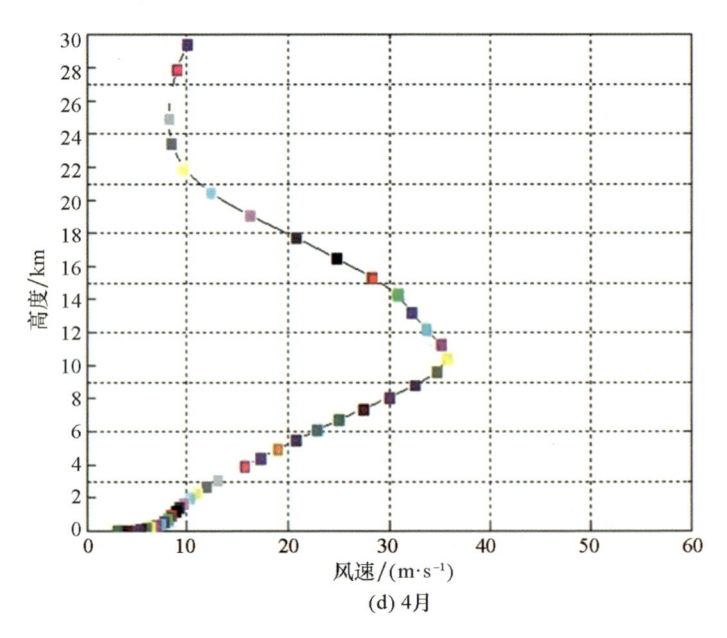

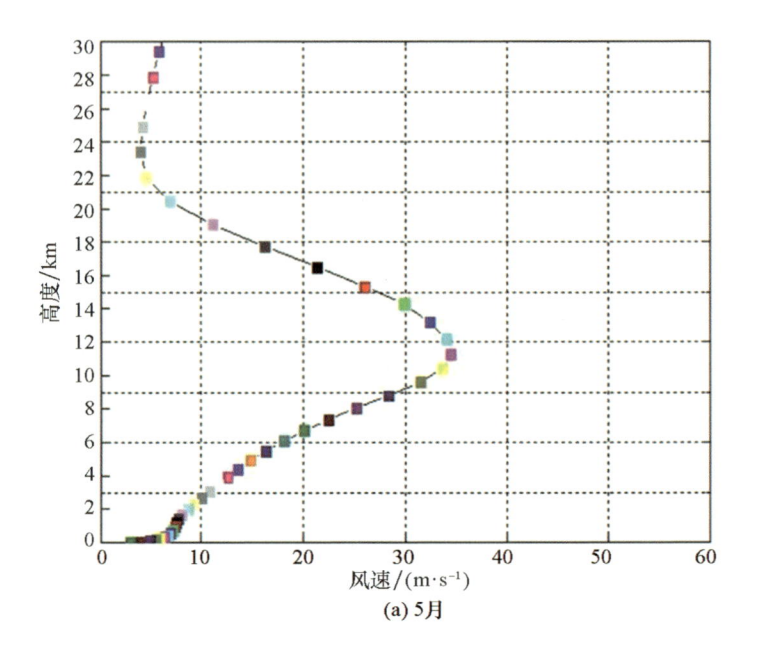

图 2-11　1—4月某地月平均风速垂直廓线

(a) 5月

(b) 6月

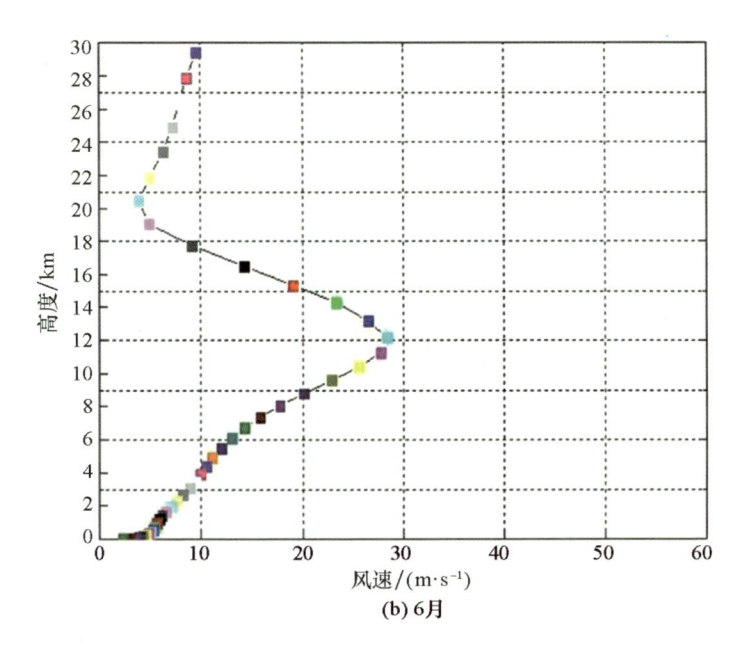

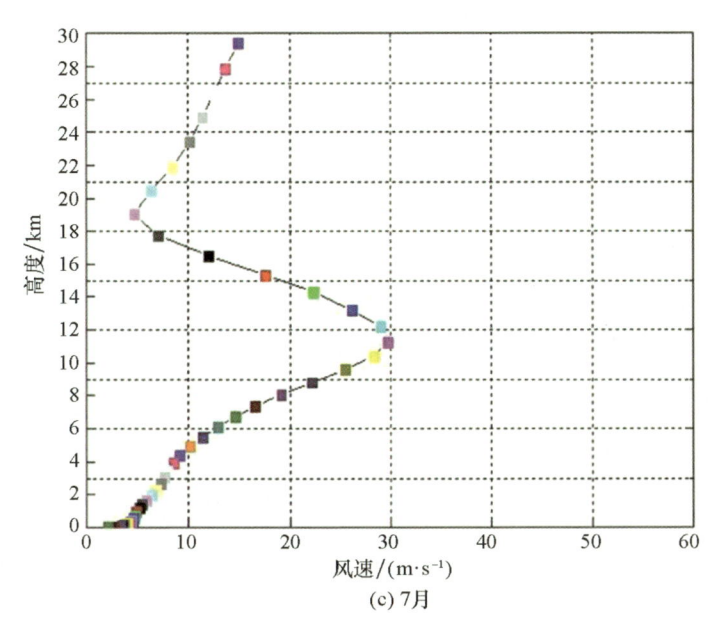

(c) 7月

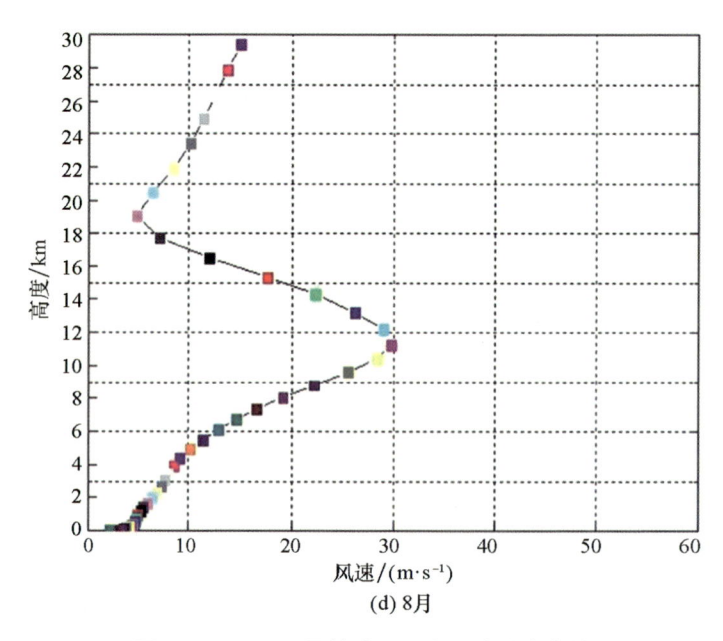

图 2-12　5—8 月某地月平均风速垂直廓线

从图 2-11 中可以看出，1—4 月该地上空对流层西风急流较强，其中 1 月、2 月最大风速出现在约 12 千米处，分别为 40 米/秒、43 米/秒；3 月、4 月西风急流较 1 月、2 月有所减弱，最大风速出现在约 11 千米处，分别为 39 米/秒、35 米/秒。在平流层中，1 月、2 月最小风速在 27 千米附近，3 月、4 月最小风速在 25 千米附近，其中 1 月、2 月最小风速约为 13 米/秒，3 月为 11 米/秒，4 月最小，约为 9 米/秒。

从图 2-12 中可以看出，该地对流层中 5 月、8 月最大风速出现在 11 千米附近，分别约为 33 米/秒、29 米/秒，6 月、7 月最大风速出现在 12 千米附近，分别为 29 米/秒、30 米/秒。在平流层中，5—8 月的月平均风速最小值分别出现在 23 千米、21 千米、20 千米和 20 千米高度左右，其风速均在 8 米/秒以下。

(a) 9月

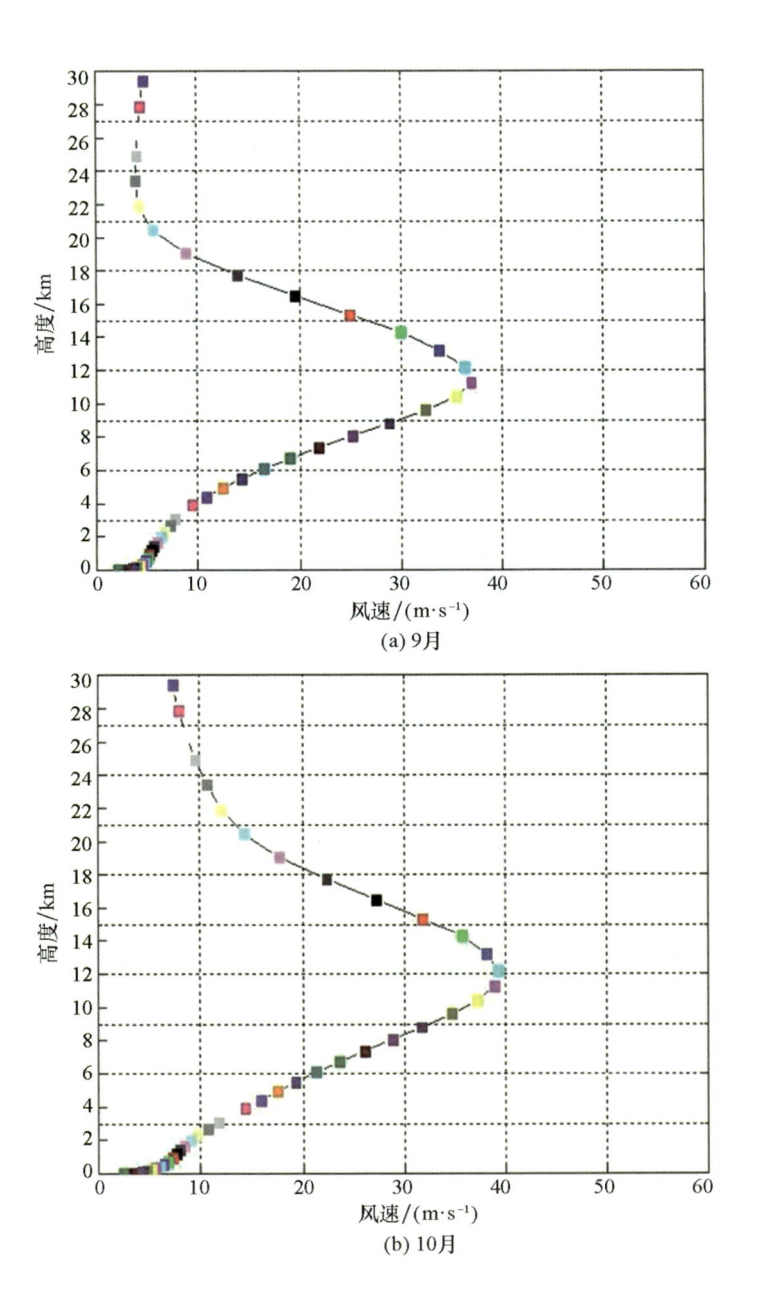

(b) 10月

(c) 11月

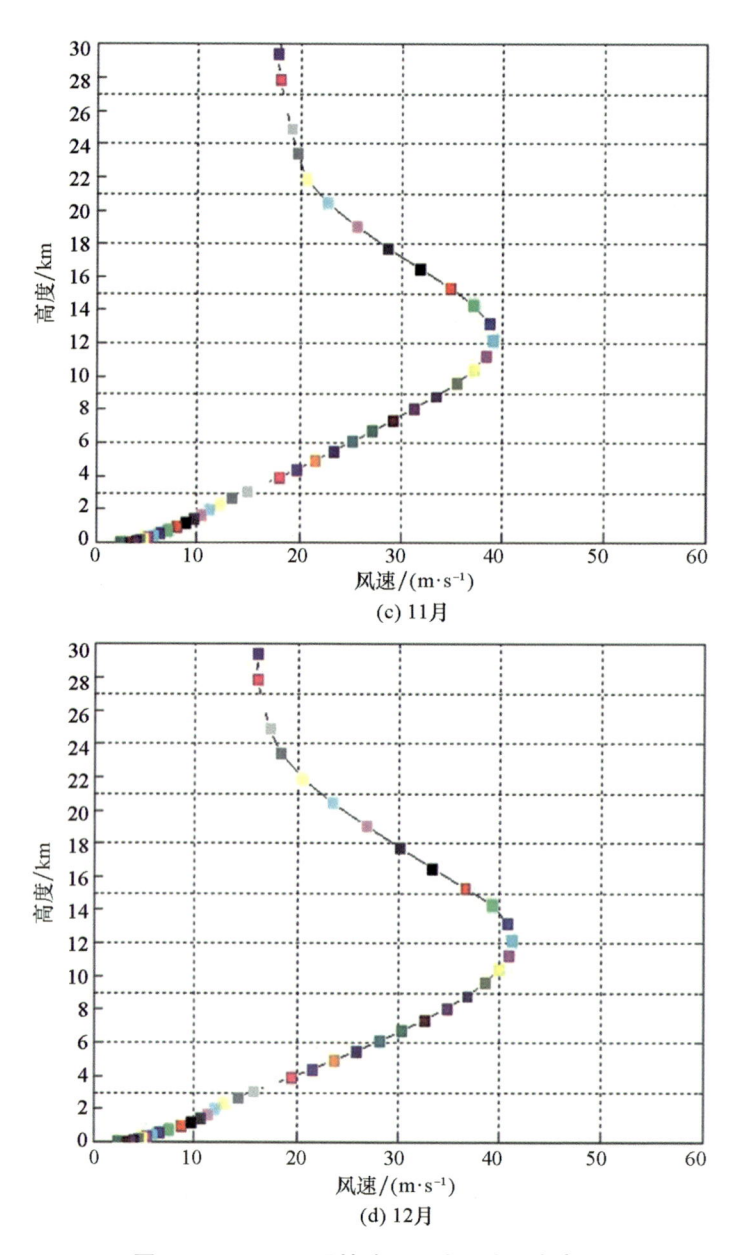

(d) 12月

图 2 – 13 9—12 月某地月平均风速垂直廓线

从图 2 – 13 中可以看出，9—12 月，该地对流层中最大风速均出现在 11 ~ 12 千米高度附近，分别约为 37 米/秒、39 米/秒、39 米/秒、41 米/秒。在平流层中，9月的最小风速出现在23千米左右，约为4米/秒，其余月份12千米高度以上的月平均风速均随高度增加而递减。

2. 临近空间下层逐月最小风速分析

基于再分析风场数据得到的北纬15°~北纬55°、东经70°~东经140°范围内11~31千米高度逐月最小风速进行分析。

1月，最小风速的大小自东南向西北递增，由东南部的2米/秒以下增加到西北部的20米/秒以上。其所在高度除东部和南部部分地区为26~30千米，西北部、东北部个别地区为12~14千米外，其余均为30千米以上。

2月，最小风速的大小自南向北递增，由南部的5米/秒以下增加到西北部的15米/秒以上，其中南部最小风速在2米/秒以下。其所在高度由西南向东北递增，其中南部地区为26~28千米，北部地区为30千米以上，两者之间有一狭长地带为28~30千米。

3月，最小风速大小由南向北递增，北纬35°以南地区在5米/秒以下，其中北纬24°以南地区在2米/秒以下。其所在高度在中、东部地区大致由南向北增加，由南部的26~28千米增加到北部的30千米以上。

4月，最小风速由南向北递增，北纬30°以南地区在2米/秒以下，西北地区在5~8米/秒。其所在高度在中、东部地区大致由南向北增加，由南部的20~22千米增加到东北部的31千米。

5月，风速均较小，除个别地区外，均在2米/秒以下。其所在高度大致由南向北增加，海南为14~16千米，南部地区为16~18千米，中部地区为18~20千米，北部地区为20~22千米，西北地区为26~28千米。

6月，最小风速除南部小部分地区大于5米/秒外，其余地区均在5米/秒及以下，且东经95°以西大都在2米/秒以下。最小风速所在高度大致由南向北增加，南部地区为10~12千米，北纬37°以北地区为20~22千米。

7月，最小风速大致由南向北递减，南部大部分地区在5~8米/秒，其余地区多在5米/秒以下，其所在高度由南向北递增，北纬30°以南地区为10~12千米，北纬30°~北纬35°地区以16~18千米为主，北纬35°以北地区，除西北小部分地区为20~22千米外，大部分地区为18~20千米。

8月最小风速情况与7月类似，其所在高度由南向北增加，北纬30°以南地区为10~12千米，北纬30°~35°地区为16~18千米，北纬35°~40°地区为18~20千米，北纬40°以北地区为20~22千米。

9月，最小风速基本在5米/秒以下，其中北纬30°以北地区大部分在2米/秒以下，其所在高度由南向北增加，北纬26°以南地区为10~12千米，北纬35°~40°地区为20~22千米，北纬43°以北地区为31千米。

10月，最小风速由南向北增加，北纬35°以南地区大部分在5米/秒以下，西北地区在10~15米/秒。其所在高度大致由南向北增加，北纬30°以南地区为10~22千米。

11月，最小风速大致由南向北递增，北纬30°以南地区为5米/秒以下，北纬30°以北地区为5~25米/秒。其高度除西北西部、东北北部地区外也大致由南向北增加，南部地区最小纬向风所在高度为20~22千米。

12月与1月类似，最小风速自东南向西北递增，由东南部的2米/秒以下增加到西北部的20米/秒以上，其所在高度除个别地区外，均为31千米。

基于再分析数据，统计分析北纬15°~北纬55°、东经70°~东经140°范围内年平均的低风速天数，在21千米高度，全年中日平均瞬时风速在2米/秒以下最多的天数集中在东北和西北部分地区和华南，均在28天以上；而华北南部和华东大部分地区天数最少，在16天以下；西南及西北东部大部分地区为20~24天。

通过上述关于中国及周边地区的风速分析可知：

● 夏半年，平流层飞艇等低动态临近空间飞行器驻空的适当区域为20~22千米高度附近；

● 冬半年则应选择低纬地区，但低纬地区适宜驻留的时间较短；

● 风速在10米/秒以下的部分地区年平均天数可达3个月以上。

3. 准零风层

在平流层冬夏季节转换期间，纬向东西风区之间会存在低风速的纬向风转换层。针对临近空间飞行器的特点，提出了准零风层（quasi-zero wind layer，QZWL）的概念。

• 名词解释

— 准零风层 —

准零风层一般是指平流层下层 20 千米高度附近的大气层,上、下层纬向风风向相反,同时南北风风速亦很小。

准零风层这样一个长时间、大范围的低风速区域,正是飞行器运行的理想环境。平流层准零风层结构随经纬度、季节变化而变化。低纬地区一般在冬季和初春存在准零风层;中高纬地区一般在春末和夏季存在准零风层;中低纬过渡区域是否存在准零风层还与准两年振荡(quasi-biennial oscillation,QBO)现象有关,QBO 东风相位时,过渡区域特性偏向中纬区域特性,QBO 西风相位时,过渡区域特性偏向低纬区域特性。准零风层高度范围内(17~25 千米)的其他纬度和季节虽不存在准零风层,但平均风速很小。

图 2-14 为基于预报数据统计的北纬 40°某地区某年的准零风层高度分布特征。从图中可以看出,准零风层的存在相对稳定,但是在时间尺度上存在

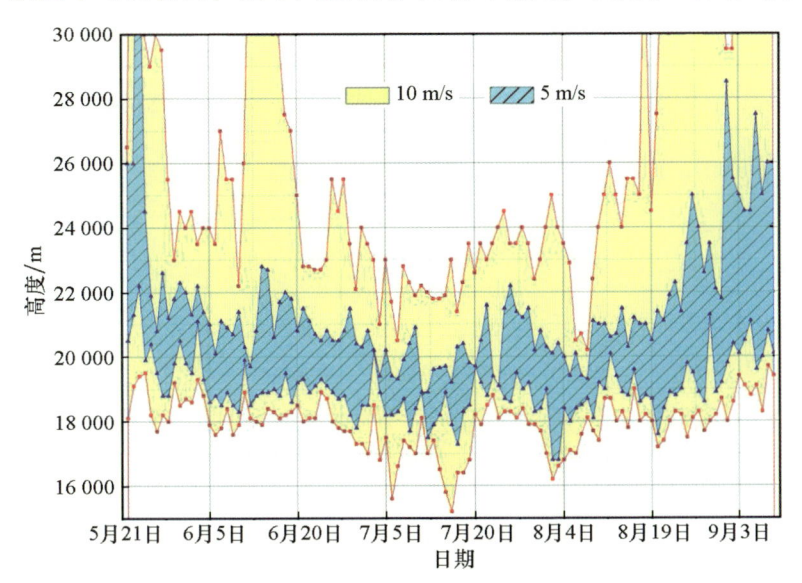

图 2-14 北纬 40°某地区某年准零风层高度分布特征

波动，这将影响临近空间飞行器飞行试验与应用的时间窗口选择。

2.3 临近空间特殊环境现象

临近空间还存在影响临近空间飞行器安全工作的一些特殊的环境现象，包括臭氧、辐射、重力波等，此外，还有平流层闪电和中高层大气放电、流星等环境因素。以下介绍几种重要的临近空间特殊环境现象。

2.3.1 臭氧

大气层中 20～50 千米高度范围的臭氧浓度较高，其中，20～35 千米的臭氧浓度最大。不同地区臭氧层差异显著，赤道附近最厚，两极变薄。臭氧能吸收掉大部分太阳紫外线辐射，起到加热作用，影响大气温度层结和环流。臭氧分布随纬度和季节变化而不同，总量存在日变化，浓度随高度变化具有不连续或突变现象。臭氧具有强氧化性，对平流层飞艇、太阳能无人机等长航时低动态临近空间飞行器的蒙皮材料、太阳电池等部组件具有一定老化作用。

图 2-15 给出了临近空间臭氧变化的特点。臭氧浓度随季节、天时、纬度等因素发生变化，在 20 千米高度附近达到最大，高度越高臭氧浓度越低。

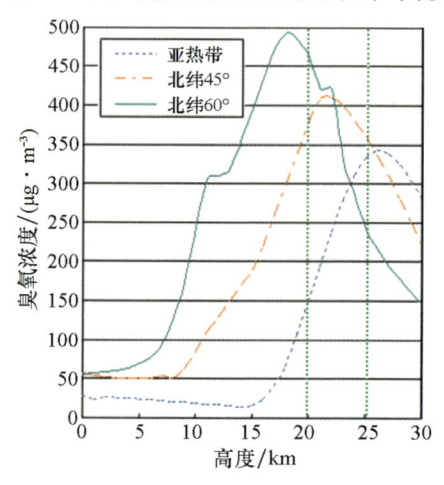

图 2-15 临近空间臭氧变化特点

随着臭氧浓度和大气密度的下降，紫外线等太阳辐射逐渐增加，这对材料耐候性以及长时间工作提出了很高的要求。

2.3.2 辐射（粒子辐射环境）

辐射环境包括高能质子、中子、α 粒子、重离子等，它们是制约微电子和光电器件在临近空间中应用的重要因素，辐射引起的效应主要有总剂量效应、移位损伤效应和单粒子效应。其中单个高能粒子引起的单粒子效应最难避免，这对临近空间电子系统的高效、可靠工作构成严重的威胁。图 2 – 16 给出了临近空间辐射变化特点。

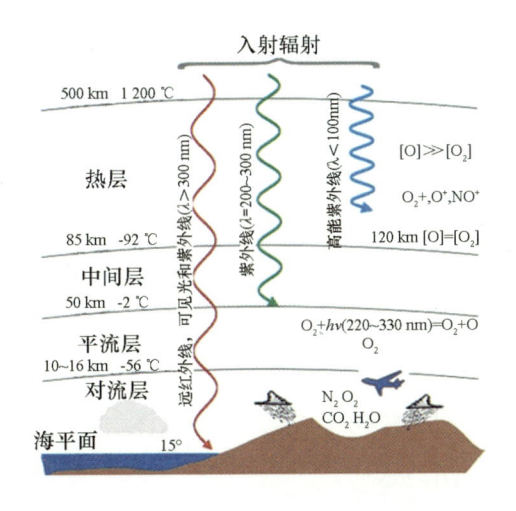

图 2 – 16 临近空间辐射变化特点

空间辐射是指来自空间带电粒子的辐射，其强度与太阳的活动密切相关。临近空间飞行器面临的辐射环境要优于航天器，但对于持久驻空飞行的平台，仍需关注如宇宙线事件等强辐射的影响。绝大多数太阳宇宙线事件源于太阳耀斑，空间各点磁场强度的大小和方向各不相同，图 2 – 17 给出了能量大于 10 亿电子伏的质子强度的变化规律。

不同能量的电子在大气中的含量有较大差别，总的趋势是随着能量的增加，大气中电子的含量逐渐减少，当能量达到 500 兆电子伏时，电子含量相

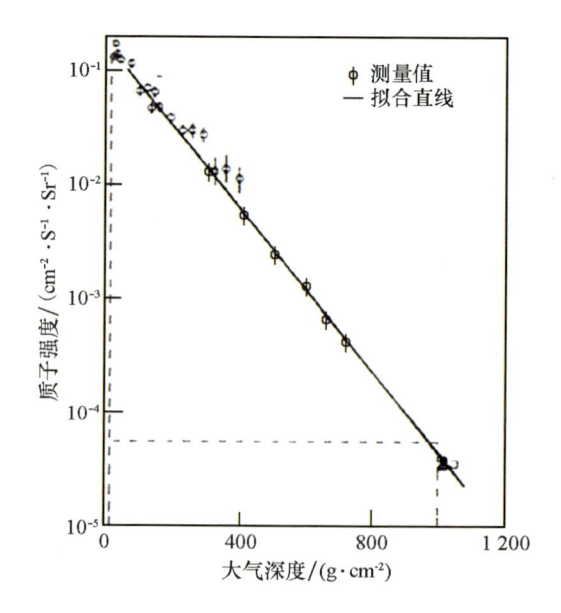

图 2-17 质子强度随大气深度的变化规律

对已经比较少了,如图 2-18 所示。

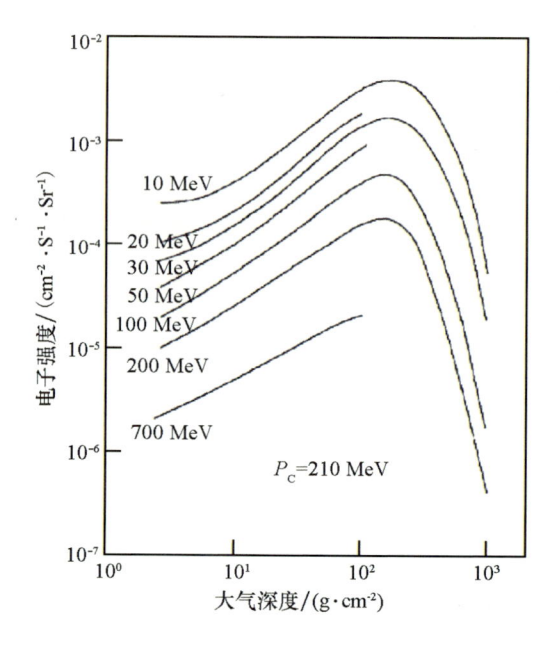

图 2-18 电子强度随大气深度的变化规律

因而，保守估计能量范围为 15～95 兆电子伏的电子流量如表 2-1 所示。

表 2-1　不同高度各能量范围电子流量（0～30 千米）

高度/km	各能量范围内的电子流量				流量总和
	15～35 MeV	35～55 MeV	55～75 MeV	75～95 MeV	15～95 MeV
30	0.067 5	0.033 75	0.013 266	0.006 633	0.121 49
20	0.315 0	0.157 5	0.063	0.031 5	0.567 1
15	0.495 0	0.247 5	0.099	0.049 5	0.891 1
0	0.009	0.004 5	0.001 8	0.000 9	0.016 2

2.3.3　重力波

爱因斯坦在广义相对论中预言，任何物体处在加速状态下都会发出重力波，重力波是空间扭曲的一种动力输运结构。

• 名词解释

- 重力波 -

在具有一定层结（空气密度或气温具有一定的铅直分布）的大气中，空气在重力和铅直惯性力作用下，围绕某一平衡位置产生振荡现象，这种振荡向四周传播形成的波动称为重力波。

重力波属于横波，在大气中分为外波和内波两种。重力外波产生于大气上下边界或理想自由面上，可以沿任一水平方向传播而强度不减。重力外波是一种快波，波速接近 300 米/秒。重力外波产生的外在条件是边界层面上存在垂直扰动，产生的内在条件是这种垂直扰动在重力作用下形成的水平气压梯度及伴有水平辐合辐散的交替变化。重力内波是在稳定层结中，垂直扰动浮力振荡的传播，传播速度通常为每秒几十米，属于中速波型。重力内波的形成条件是，在稳定层结中的垂直扰动及伴有的水平辐合辐散。

重力波对大尺度天气系统的发展没有什么影响，但对中、小尺度天气系统的演变具有一定作用，并在中层大气中起着重要的动力作用。

一般认为，临近空间大气中的重力波产生于风切变、地形、强对流等因素。图 2-19 为在一次雷暴之上产生的重力波仿真示意图。针对临近空间飞行器，重力波具体而直观的影响主要与其飞行方向和空速有关，主要表现为上下振荡。

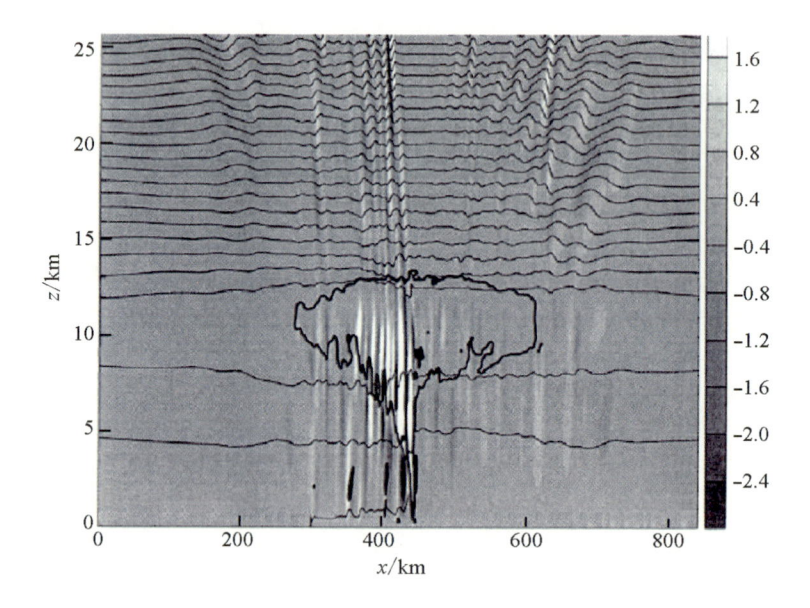

图 2-19 一次雷暴之上产生的重力波仿真示意图

2.3.4 平流层闪电和中高层大气放电

平流层闪电与中高层大气放电会对临近空间飞行器的工作安全性产生重要影响。如图 2-20 所示，产生巨大喷流的雷暴内存在强烈的对流活动，如果飞行器在此环境下运行，势必对其工作稳定性以及安全性造成巨大的威胁，因此，需要对该区域乃至全球范围内的闪电与大气放电现象进行系统的研究，找出规避风险的规律性方法。

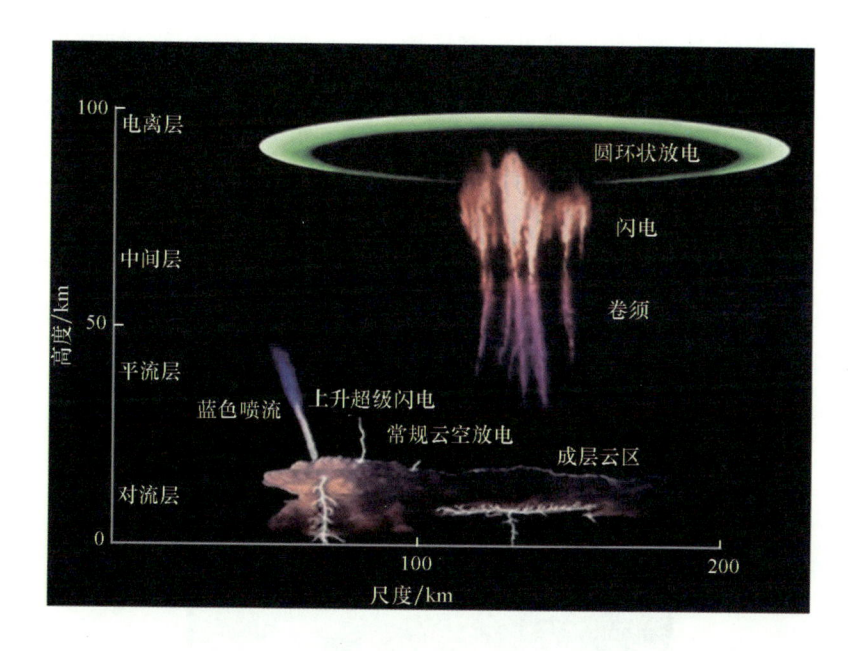

图 2-20　平流层闪电和中高层大气放电示意图

2.4　临近空间环境探测方法

临近空间各环境因素（包括温度、气压、湿度、风向、风速、辐射、臭氧、粒子等）是研究大气热力和动力过程、进行环境分析和预报的基础资料，是开展飞行器设计与性能分析、飞行器飞行控制的重要依据。获得这些资料的常用方法有气球探测、火箭探测、遥感探测等。

2.4.1　气球探测

气球探测主要是借助于气球在空气浮力的作用下不断上升来获得不同高度上的风向风速，同时借助于所携带的气象要素传感器和无线电遥测技术来获得大气不同高度上的温度、气压、湿度等环境参数。经过 100 多年的发展，已在全球范围内形成了一个观测规范、组织严密的高空探测网络。

气球探测使用的气球一般叫探空气球（sounding balloon），通常由天然橡胶或氯丁合成橡胶制成，有圆形、梨形等不同形状，如图 2-21 所示。探空气球充入适量的氢气或氦气，最大飞行高度达 40 千米，升速一般为 6~8 米/秒，上升到高空后自行爆裂。

图 2-21　探空气球

使用气球探测时，由于气球在水平方向上随风飘动，根据气球位置、时间变化，可以确定气球在水平方向上的移动速度，从而获得大气水平方向的风速，即气球测风。可以采用卫星导航探空仪、测风雷达、经纬仪等设备确定气球在空中的位置。

1. 卫星导航探空仪定位

卫星导航测风是通过导航卫星的高精度定位来测定气球的空间位置，方法是在气球携带的探空仪上安装小型的简易"北斗"、全球定位系统（global position system，GPS）等导航信号接收机。目前，卫星导航测风在全球气象探空业务中得到广泛应用。

2. 测风雷达定位

测风雷达用于确定气球的位置，即通过雷达天线系统测定气球的方位角和仰角。测风雷达可以分为"一次雷达"和"二次雷达"。当用"一次雷达"测风时，气球下方一般携带金属箔片作为反射器，反射雷达发射电磁波，雷达系统根据电磁波的往返时间确定气球与雷达之间的距离。"一次雷达"测风要求雷达的发射功率较大，否则探测高度或斜距较大时回波信号太弱而难以探测。当用"二次雷达"测风时，气球下方携带有"应答器"，通过测定雷达发出"询问"信号和收到"回答"信号之间的时间差，可以确定气球与雷达之间的距离。"二次雷达"在电子探空仪的协同下，不仅可以将探测高度和距离提高到 30 千米高空、200 千米距离，而且可用于高空大气各层的气压、温度、湿度、风向、风速等气象要素的测量。在气象探空业务中比较常见的是"二次雷达"。

3. 经纬仪定位

经纬仪主要用于通过观测气球来获得气球的方位角和仰角。气象研究常用的经纬仪有光学测风经纬仪和无线电经纬仪。

• **名词解释**

― 光学测风经纬仪 ―

光学测风经纬仪是一种常用的测定角度的精密光学仪器，其光学系统有足够的放大倍数，视野广阔，视野中心有便于定位的十字线，望远镜光轴有 90°折角，而且具有夜间照明设备。

无论白天还是夜间，光学测风经纬仪都方便用于跟踪出现在天空任何位置的气球，并可从目镜的刻度盘上直接读出气球的方位角和仰角。无线电经纬仪与光学测风经纬仪类似，只不过它是通过测定气球携带的探空仪发出的信号来确定其方位角和仰角。单个经纬仪能测出气球的仰角和方位角，气球高度由升速和施放时间推算，由此可以确定气球的位置。

2.4.2 火箭探测

火箭探测系统由运载系统、探测系统和应用系统三个一级分系统组成。其中，运载系统包括探空运载火箭（简称探空火箭）和地面发射设备等，探测系统包括有效载荷（指装在火箭内用于完成特定探空任务的载荷）以及地面跟踪、测量、接收设备等。

• 知识延伸

探空火箭可以探测 20～100 千米高度内大气温度、气压、密度、风速、风向等气象要素的垂直剖面分布，是一种能够直接准确地在这一高度范围内探测大气热力学变量和风场的设备，具有其他探测手段难以达到的空间分辨率优势。气象火箭探空仪所获取的资料可用于天气预报、地球和天体物理研究，并为飞行器的研制提供必要的环境参数。

2.4.3 遥感探测

遥感探测是以地物波谱特征为基础，通过卫星（天基）、飞机（空基）搭载的探测仪器或在地面上（地基）对环境进行探测，然后以电磁波为信息载体进行传输并被接收系统接收后，通过科学算法反演出能够反映大气、陆地、海洋状态的各种物理和生态参量，并进行专题应用的过程。基于卫星遥感的平流层重力波特征如图 2-22 所示。

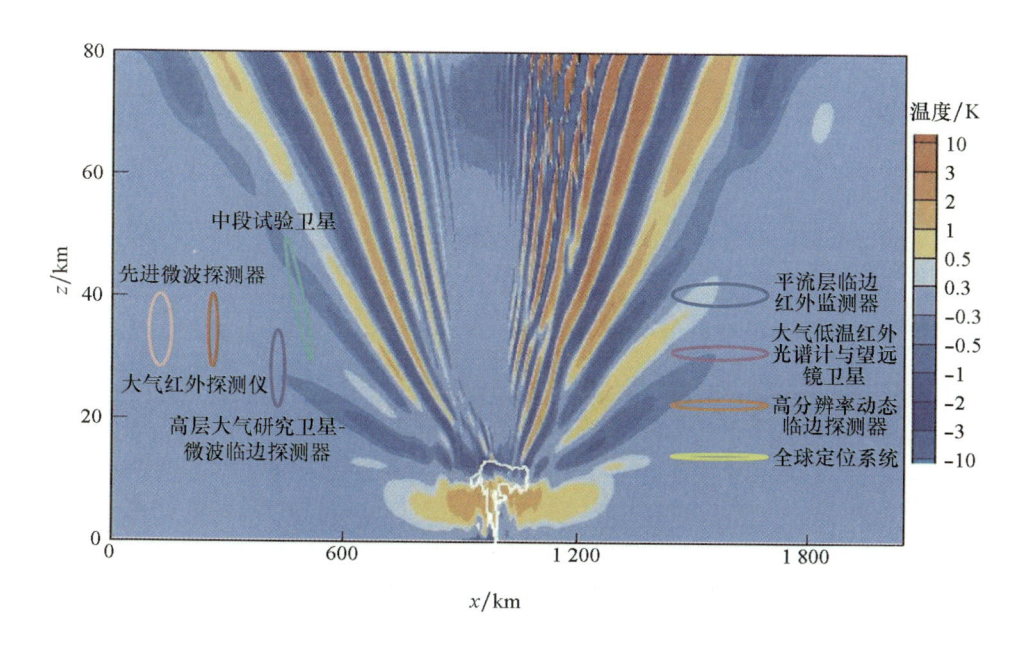

图 2-22　基于卫星遥感的平流层重力波特征

根据探测波长，气象遥感系统主要采用可见光、红外和微波波段，前两者统称为光学遥感。相比较而言，微波遥感由于起步较晚且数据获取难度大、数据应用处理复杂等原因，在环境领域的应用广度和深度均不如光学遥感。但是由于微波遥感具有光学遥感难以实现的全天候、全天时的对环境监测能力，再加上微波的强穿透能力和对地表理化特征（如介电常数、湿度、粗糙度）的敏感性，微波遥感技术在环境常规监测领域的应用前景被广泛认可。

2.4.4　GNSS 大气探测

随着"北斗"导航卫星系统（BeiDou navigation satellite System，BDS）、全球定位系统（GPS）、伽利略定位系统（Galileo positioning system）等全球导航卫星系统（global navigation satellite system，GNSS）的发展和广泛应用，GNSS 遥感技术应运而生。利用 GNSS 技术遥感地球大气的学科称为 GNSS 气象学，其主要任务是探测对流层大气的特征参数，如大气折射率、湿度、温度、密度、气压和风场等。根据探测仪安放位置的不同，GNSS 遥感探测主要包括地基 GNSS 遥感探测、空基 GNSS 遥感探测和天基 GNSS 遥感探测。

• **知识延伸**

地基 GNSS 遥感探测利用安放在地面的 GNSS 接收机接收 GNSS 拨号，进行气象探测，从而获得安放点上准确连续的大气信息。例如，GNSS 信号从卫星传播至地基接收机的过程中，会被大气中各种成分折射，利用大气折射率对水汽的敏感性，地基 GNSS 接收机就可以提供测站上空的水汽含量信息。地基 GNSS 遥感起步最早，已成为大气和地表参数遥感探测技术手段的重要组成部分。

空基 GNSS 遥感探测是将 GNSS 信号接收设备放置在飞机、气球或飞艇等平台的一种遥感手段，例如美国机载掩星事件探测系统 GISMOS、美国和法国联合开展的球载掩星探测实验 STRATEOLE - 2。

天基 GNSS 遥感系统利用安装在低轨卫星上的 GNSS 接收机观测在掩星过程中 GNSS 卫星信号横向穿过大气层时所引起的多普勒频移，进而通过反演方法得到地球大气的压力、温度、湿度的详细剖面。天基 GNSS 遥感系统有 FY - 3C/3D 掩星探测系统、Metop 掩星探测系统和 CYGNSS 系统等。

临近空间大气环境的变化规律十分复杂，科学认识临近空间大气环境变化，实现临近空间大气环境的探测以及定点、定时和定量分析预报，是临近空间武器装备设计、研制、飞行试验和应用的迫切需求。

2.5 临近空间环境预报技术

对于临近空间飞行器，其放飞和回收窗口（地面风场和急流区）、驻留高度（准零风层）和时间选择等重要工作都依赖于对天气环境的掌握情况，高精度的环境预报技术是开展临近空间飞行器工作的重要保障。

环境预报技术的研究对象是天气演变过程,研究过程用到大气运动基本方程组。大气运动基本方程组由运动方程、连续方程、热力学方程、状态方程和水汽方程等组成,遵循牛顿第二定律、质量守恒定律、热力学能量守恒定律、气体实验定律和水汽守恒定律等物理定律。

数值预报时所用数学计算方案的整体,是实际大气的近似数学模型,表现为一组方程式及其数值解法,能根据气象要素场的初始状态和反映环境影响的边界条件,确定其未来状态。按所用方程不同,可分为地转模式、平衡模式、原始方程模式等。按解法不同,可分为差分模式、谱模式等。按水平范围不同,可分为全球模式、有限区域模式等。

模式分辨率是数值天气预报模式所能描写的最小天气系统的空间尺度(空间分辨率)和时间尺度(时间分辨率),是模式精确程度的重要标志。由于天气系统的时间尺度依赖于空间尺度,一般所说的模式分辨率指空间分辨率,其又分为水平方向分辨率和垂直方向分辨率。对于数值天气预报格点模式,水平方向分辨率由计算网格间距决定;对于数值天气预报谱模式,水平方向分辨率取决于截取的最大波数。数值天气预报模式的垂直方向分辨率由垂直层数和模式顶高度决定,并与垂直坐标相关。

• 经典案例

以欧洲中心中期数值天气预报谱模式 T799L91 为例,其基本预报变量在球面上采用球谐函数展开,谱截断方式为三角形截断,最大截断波数为 799;对应空间的格点分布采用线性精简高斯格点方案,在赤道纬圈格点数为 1 600,水平格距约为 25 千米,即水平方向分辨率为 25 千米。垂直方向采用有限元离散方案,模式分层为 91 层(对流层 51 层,平流层 31 层,中间层 9 层),模式层顶高度约为 80 千米(1 帕)。时间积分采用半隐式半拉格朗日方案,时间积分步长为 720 秒,即时间分辨率为 720 秒。图 2-23 为中期数值天气预报谱模式 T799L91 空间分辨率示意图。

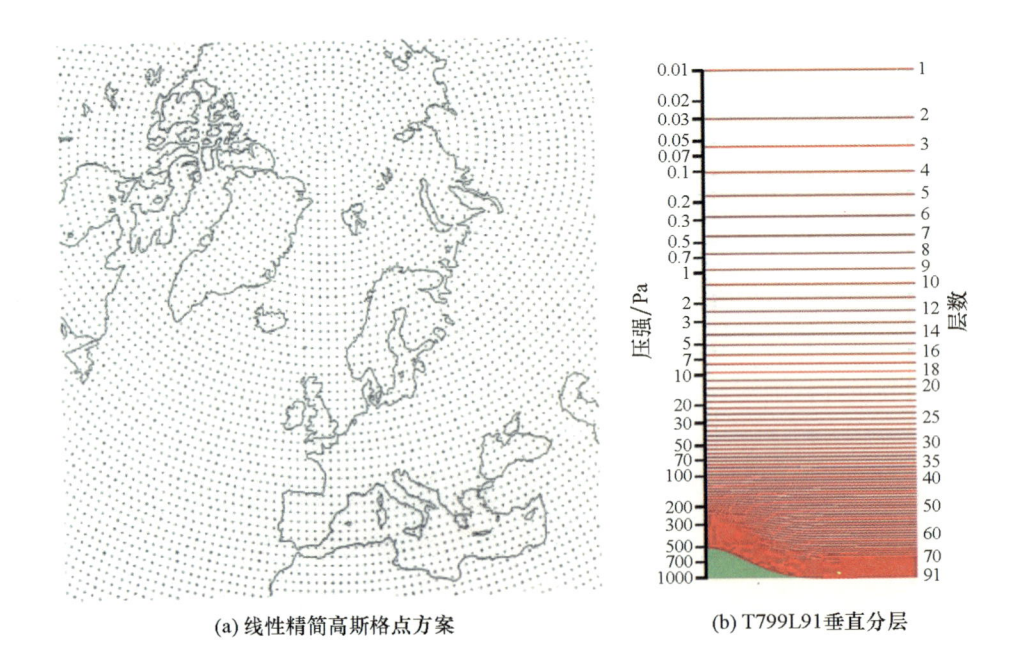

(a) 线性精简高斯格点方案　　(b) T799L91 垂直分层

图 2-23　中期数值天气预报谱模式 T799L91 空间分辨率示意图

第 3 章
低动态临近空间飞行器研究现状

3.1 低动态临近空间飞行器概念与分类

- 名词解释

— 低动态临近空间飞行器 —

低动态临近空间飞行器主要工作在距地面 20 千米附近的高度区域，利用相对稳定和风速较低的平流层下部环境条件，采用太阳能循环能源和氢能源等供能方式，可实现长达周、月、年量级的持续飞行，携带各种任务载荷，可形成成像覆盖 400 千米以上直径、通信覆盖 1 000 千米以上直径的区域型信息获取与对抗的作战能力。

低动态临近空间飞行器按工作原理主要分为浮力型临近空间飞行器和升力型临近空间飞行器，如图 3-1 所示。浮力型临近空间飞行器可以分为平流层飞艇和高空气球等。升力型临近空间飞行器可以分为太阳能飞机和氢能源飞机等。其中，浮力型临近空间飞行器项目情况如表 3-1 所示。

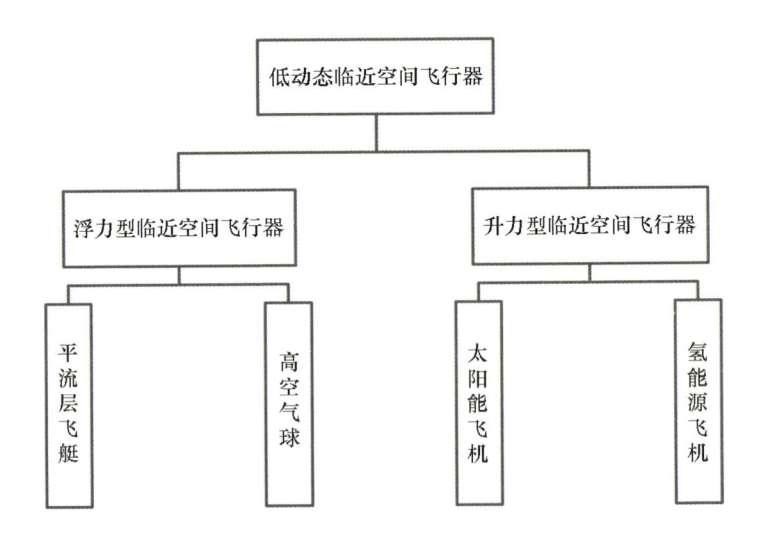

图 3-1　低动态临近空间飞行器分类

表 3-1　浮力型临近空间飞行器项目情况

项目名称	支持部门	启动时间	任务目标	总体方案
"高空哨兵"飞艇（HiSentinal）	美国陆军空间和导弹防御司令部	1996 年	小载重、低成本，用于短期应急的 ISR 和通信，可在指定地点进行起飞，战前进行快速部署，提供信息中转、网络中继通信，以及持续的情报、监视和侦察能力	非成形升降，无副气囊，不可重复使用，不定点回收。HiSentinal 20 长度 44.5 m，直径 10 m，载荷 9 kg，设计高度 22.6 km。HiSentinal 50 长度 54.5 m，直径 12 m，载荷 22.5 kg，设计高度 20.2 km。HiSentinel 80 长度 60 m，直径 14 m，载荷 38.8 kg，设计高度 20.16 km

第 3 章
低动态临近空间飞行器研究现状

续表

项目名称	支持部门	启动时间	任务目标	总体方案
高空飞艇（HAA）	美国导弹防御局、陆军空间和导弹防御司令部	2003 年	长时间驻留在美国大陆边境地区 20 km 高空，监视可能飞向北美大陆的弹道导弹、巡航导弹等目标	成形升降，可重复使用。最终方案飞艇长度 152 m，直径 48.7 m、体积 15 万 m^3，载荷 227 kg，设计飞行高度 18 km，驻空时间 35 d。演示验证艇长度 73 m，直径 21 m，体积 1.4 万 m^3，载荷 22.68 kg，设计飞行高度 18.3 km，驻空时间 15 d
传感器与结构一体化（ISIS）飞艇	美国 DARPA、空军研究实验室	2004 年	用于长期驻空、区域预警监视，满足美国空军全球 ISR 和战区持久 ISR 的长远需求	成形升降，可重复使用，大孔径数字相控阵雷达与飞艇结构一体化集成设计。艇长 300 m，直径 50 m，体积不小于 30 万 m^3，巡航速度 110km/h，设计高度 20～21 km，驻空时间 90 d
"攀登者"军用飞艇	美国 JP 航空宇宙公司	2003 年	提供低成本空间进入，用于高空侦察勘测、地面到轨道间高空中转、通信中继等任务	外形呈 V 字形，全长 53 m，宽 30 m，由燃料电池提供能量，造价约 50 万美元
平流层巴士（Stratobus）	法国泰雷兹·阿莱尼亚宇航公司	2014 年	高空观测平台和反恐作战平台，用于边境和海上监视、通信、广播、导航等任务	成形升降，升空返场时间不超过 4 h，设计寿命 5 年。艇长 100 m，最大直径 33 m，总重 5 000 kg，设计驻空高度 20 km，抗风能力 90 km/h，载荷能力 250 kg
天龙（Sky Dragon）飞艇	德国斯图加特大学、美国 Sanswire 公司	1996 年	新型平流层浮空平台，可用于高空侦察监视	多段囊体组装而成，内部设置球形副气囊，可在数小时内组装发射。试验艇 Argus One 总长 33.3 m，高 3.3 m，载荷 13.6 kg，飞行高度 3～7 km

续表

项目名称	支持部门	启动时间	任务目标	总体方案
平流层平台（SPF）	日本国家航空实验室	1998 年	用于宽带无线电通信、广播和地理环境监测等任务	概念艇长度 245 m，最大直径 61 m，体积 48 万 m³，载荷 1 000 kg
超长航时气球计划（ULDB）	美国 NASA	1997 年	搭载多种大型科学仪器，开展极地和中纬度地区高空科学试验	南瓜形超压气球方案。设计飞行高度 33.5 km，载荷能力 1 600 kg，飞行时间超过 100 d
谷歌气球计划（Project Loon）	谷歌 X 实验室	2013 年	通过布置数千个高空气球搭载通信设备在空中组网，解决偏远地区难以快速廉价的互联网接入问题	南瓜形超压气球方案，由 0.076 mm 厚聚酯薄膜制成，完全充气后直径约 15 m，高度约 12 m，最大超压量 800 Pa

3.2　平流层飞艇研究现状

鉴于平流层飞艇军事应用潜力巨大，早在 20 世纪 80 年代初，国际上就开展了平流层飞艇军事用途和技术可行性研究论证。受当时基础工业和技术水平限制，平流层飞艇没能研制成功，工作主要集中在总体设计和关键技术攻关阶段。

进入 21 世纪，相关技术的性能指标已能初步满足平流层飞艇的需要，如高性能蒙皮材料在低空飞艇上得到了应用，柔性太阳能薄膜电池开始进入工业化生产，燃料电池技术由于汽车、潜艇等行业的需求也取得了长足的进步，这些都使发展平流层飞艇成为可能。美国、法国、英国、德国、日本等国都积极投入巨资进行研发，抢占制高点。

近年来，在区域高分辨率实时侦察与监视、导弹预警、导航定位、战区通信快速重构、大气环境监测、防灾减灾、国土安全监视与防御、反恐等需求的驱动下，美国、俄罗斯、日本等国都在投入大量经费研制平流层飞艇，并取得了一定的进展，部分关键技术已经取得突破，并进行了多项飞行试验验证，但目前世界范围内还没有研制出可以长期驻空应用的平流层飞艇。

3.2.1 美国

美国是最早开展平流层飞艇研究的国家。美国政府多个部门以及一些企业都对临近空间飞行器有着雄心勃勃的计划，不仅陆军、海军和空军均已开展各自的研究计划，导弹防御局（Missile Defense Agency，MDA）、国防高级研究计划局（Defense Advanced Research Projects Agency，DARPA）、美国航空航天局（National Aeronautics and Space Administration，NASA）等机构以及洛克希德·马丁公司（简称洛·马公司）等也纷纷涉足其间。美国国防部2005年8月颁布了《无人机路线图2005—2030》，对低动态临近空间飞行器的研制较为重视。平流层浮空器由于具有驻空时间长、载荷能力大、结构稳定可靠的特点，已成为美国重点发展的方向。

1. 高空飞艇

2002年美国MDA在先进概念技术演示验证（advanced concept technology demonstration，ACTD）计划中提出要建造军用高空飞艇（high altitude airship，HAA）。HAA为多用途飞艇，主要作战任务是长时间停留在美国大陆边缘地区20千米的高空，监视可能飞向北美大陆的弹道导弹、巡航导弹等目标，如图3-2所示。HAA还可以在战区上空不间断地监视敌方部队的运动去向，甚至携带激光测距瞄准仪，可为美军的巡航导弹及其他制导炸弹指示目标。按照MDA导弹防御系统的构想，至少将有10艘飞艇的分布覆盖美国太平洋沿岸和大西洋沿岸，每艘飞艇均装有作用距离达1 200千米的监视雷达和其他传感器，能连续30天对来袭的弹道导弹、巡航导弹、飞机等提供预警。

图 3-2　美国高空飞艇（HAA）概念方案

• 经典案例

2003 年 9 月 29 日，MDA 选择洛·马公司作为该飞艇的承研方，并投入 4 000 万美元。根据该公司的设计方案，HAA 长约 150 米，最大直径约 50 米，容积 15 万立方米。艇体采用柔韧的多层纤维复合材料，艇内充氦气，两侧各有 2 台电动螺旋桨发动机作为主动力源。飞艇表面铺装的柔性太阳电池组不仅能为飞艇动力系统提供能源，还可另外提供大约 10 千瓦的输出功率，用以保证飞艇上设备的正常工作。飞艇上还配有再生氢燃料电池，以备晚间或紧急情况下的动力需要。飞艇最多可搭载包括监视雷达、红外传感器、通信设备等大约 1 800 千克有效载荷。2005 年 6 月，MDA 向洛·马公司追加 1.37 亿美元进行为期四年的第三阶段项目，研制长 131 米、直径 45.74 米的原型飞艇，可飞行到 18.3 千米的高度，驻空时间 1 个月，可承载 227 千克的任务载荷。

2009 年，美国陆军空间和导弹防御司令部与美军军事力量策略司令部对平流层飞艇的发展进行了总结和规划，计划发展系列寿命长的无人太阳能平流层飞艇，主要开展两方面的努力：一是小载荷类浮空器；二是大载荷的 HAA，载荷 1 000 千克左右，飞行高度 18~21 千米，工作时间几个月，执行长期持续监视及通信中继任务。

2011年7月27日,洛·马公司制造完成HAA的演示样机HALE – D(如图3 – 3所示)在俄亥俄州的阿克伦城进行了首次飞行试验,目的是验证平流层高空控制的可行性,载荷质量25千克,载荷功耗500瓦。HALE – D首飞过程一开始还算顺利,到达约32 000英尺(约9.75千米)的高空,穿过俄亥俄州东部进入宾夕法尼亚州,但随后碰到了技术问题,飞艇无法继续上升到60 000英尺(约18.29千米)的目标高度,技术团队随后决定终止飞行试验,试验未能成功实现预期目标。

图3 – 3 HAA 演示样机 HALE – D

美国洛·马公司在2013年的《HAA项目的现状和计划》中给出了2011年飞行试验故障情况的解释:副气囊阀门结冰,导致排气流量显著降低而无法上升,迫使地面操控人员下达了紧急下降指令。在飞艇进行撤收的过程中,太阳电池短路引起起火,导致囊体和太阳电池烧毁,有效载荷也受到损害。

2. "高空哨兵"飞艇

"高空哨兵"飞艇(HiSentinel)是美国西南研究院与Raven 工业公司共同开发的平流层试验飞艇,美国陆军空间和导弹防御司令部对该验证项目提供资助。美国西南研究院是该项目负责单位,负责飞艇的设计并提供遥测技术、动力和推进系统的飞行控制器。Raven工业公司子公司Aerostar公司提供详细的设计和工程服务，制造了飞艇的囊体并参与了飞行操作。空军实验室制订发射程序、提供测试设施并为飞艇升空提供后勤服务。

• **知识延伸**

HiSentinel 由囊体、Y 字形尾翼、推进系统、能源系统、动力系统、设备舱、配重舱、电子设备以及任务载荷组成。其中，推进系统为全电推进装置，安装于囊体的尾部。电子设备、任务载荷、降落伞等安装于设备舱内，位于囊体的下部靠前的位置，吊舱可以沿着滑轨移动，用于在 20 千米高度调节飞艇的重心，太阳电池安装于囊体内部。该飞艇并无副气囊，通过氦气和配重来调节囊体的浮力和质量，以保持飞行高度。HiSentinel 总体布置图如图 3-4 所示。

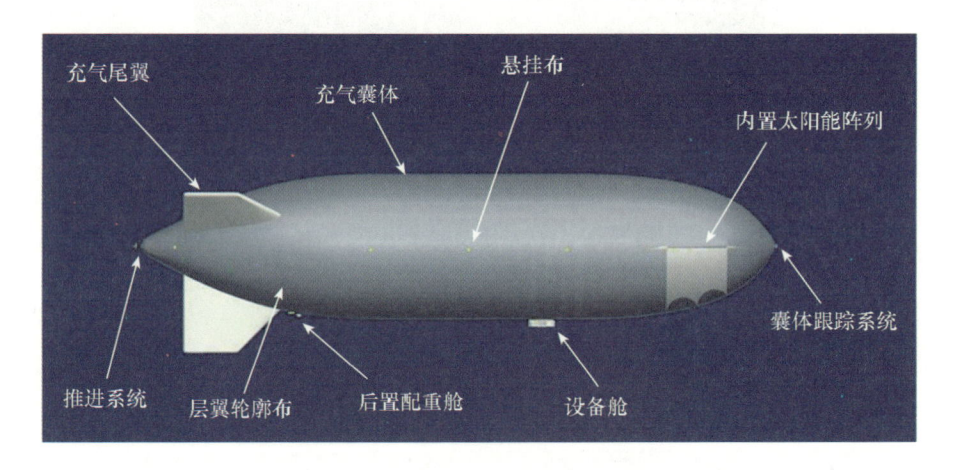

图 3-4 HiSentinel 总体布置图

2005 年 11 月 8 日，HiSentinel 20（如图 3-5 所示）在新墨西哥州罗斯韦尔成功地进行了一次平流层动力飞艇的升空和飞行测试。美国陆军空间和导弹防御司令部对该验证项目提供了资助，飞艇和系统装配耗时 4 个月。这次飞行是为了验证动力飞艇在 74 000 英尺（约 22.56 千米）高度上的技术可行性，飞艇携带了大约 27 千克的设备，飞行高度达到 22 千米，飞行时间为 5 小时，是历史上第二次有动力的飞艇在平流层中飞行。飞艇放飞采用了类似高空气球的方法，起飞时为部分充满状态，随着上升逐步使其膨胀成形。因为没有用再生电源系统，所以这次飞行持续的时间较短。

图 3-5 HiSentinel 20 平流层飞艇

2008 年 6 月，HiSentinel 50 在新墨西哥州阿拉莫戈多地区进行了测试飞行。此次飞行集成了通用电力公司的通信中继和国际电报电话公司的高分辨照相机，通过试飞来验证其军事用途。COLSA 公司将这些载荷与载荷控制系统集成在一起。在升空至 20 千米高度后，由于囊体压差过高引起囊体破裂，在此高度停留约 30 分钟后便开始下落，40 分钟后坠落于地面。整个飞行过程约 2 小时。

2010 年 11 月 10 日，HiSentinel 80 无人高空飞艇成功完成首次飞行测试。飞艇从美国亚利桑那州升空，沿东北方向朝着犹他州和科罗拉多州飞行。其载荷是美国陆军空间和导弹防御司令部/陆军战略司令部项目的一部分，于 11 月 11 日在犹他州蒙蒂塞洛寻回。测试飞行的目的是获取高空飞艇的性能数据，测试各种载荷能力，验证系统载荷长期工作的工程可行性和潜在军事应用。HiSentinel 80 在 66 300 英尺（约 20.2 千米）高空驻留 8 小时，在飞行终止前采集了指挥与控制及载荷连通性方面有价值的数据。由于电机驱动器出现异常，飞艇试飞整个过程中都处于气球平飘状态，降落时一个氦气阀门出现故障，导致降落时间比预期时间长。

3. 传感器与结构一体化飞艇

传感器与结构一体化（integrated sensor is structure，ISIS）飞艇项目的目标是将电子设备的传感器和天线与飞艇结构进行一体化设计，最大限度地提高飞艇的承载能力或减小飞艇的体积。要达到这一目的，需要开发能使超大型、轻质量的定相阵列雷达天线集成到飞艇平台的技术，而主要的技术挑战是研制超轻型天线、天线校准技术、电源系统、位置保持方法以及支持超大型天线的飞艇。ISIS 飞艇的天线集成于飞艇的结构中，几乎与飞艇一样大，可使用数年时间监视与跟踪空中和地面目标（如图 3-6 所示）。该探测器具有跟踪超过 600 千米距离的最先进的巡航导弹和地面近 300 千米距离的敌方作战人员的能力。

图 3-6 ISIS 飞艇示意图

2006 年 4 月，美国 DARPA 通过空军研究实验室（air force research laboratory，AFRL）与诺思罗普·格鲁曼公司（简称诺·格公司）签署了一份 870 万美元的合同，为 ISIS 项目研制一种质量轻、能耗低的主动搜索阵雷达。2006 年 4 月底，DARPA 又与洛·马公司签署了一份 880 万美元的合同，针对 ISIS 项目的关键技术进行研究，目标是设计、分析、开发和验证一种高效直流收发器，以降低大孔径相控阵雷达的电源需求。

2009年4月，洛·马公司取代诺·格公司获得美国DARPA授予的总值4亿美元的ISIS项目第三阶段的合同，与雷神公司（授予合同总值8亿美元）共同为DARPA建造和试验一艘缩比二分之一尺寸的原型艇。DARPA认为ISIS飞艇是未来革命性的监视平台，可一次持续使用多年，能够替代E-3机载预警与控制系统（airborne warning and control system，AWACS）和E-8C联合监视目标攻击雷达系统（joint surveillance and target attack radar system，JSTARS）飞机。

ISIS项目第三研制阶段于2009年启动，该阶段工作任务包括：制造50%缩比样机系统，艇体尺寸为50%缩比尺寸，而雷达为10%尺寸，已完成初始集成和雷达动力系统的关键设计评估。ISIS样机原计划在2014年2月开展飞行试验验证。根据2012年美国政府审计办公室（Government Accountability Office，GAO）报告，ISIS样机难以按原计划试飞，其成本已经大大超支。

4. "攀登者"军用飞艇

美国空军支持了名为"攀登者"的临近空间军用飞艇研制计划。"攀登者"军用飞艇为V字形结构，长53米，宽30米，规模比一个棒球场还大（如图3-7所示），是美国科罗拉多州施里弗空军基地空间战实验室和空间战中心的重要项目之一。飞艇采用螺旋桨推进系统，能在30~50千米的高空长时间飞行。"攀登者"军用飞艇造价仅50万美元，远低于任何一种有人驾驶侦察机的价格，但拥有较强的升空能力、货物运输能力、长时间飞行能力，集卫星和侦察机的功能于一身。该飞艇由地面遥控设备操纵，能完成高空侦察、勘测任务，也可作为战场高空通信中继站，保障指挥员在山脉中或山的另一侧与部队通话，保障战场上各战斗小组间的联系基本上不受地面和空中武器系统的攻击，是美国空军重点建设的一个高空飞行器项目。"攀登者"军用飞艇只是JP航空宇宙公司与美国空军合作的三大项目之一，该公司研究的另外两个项目是"轨道攀登者"飞艇和"黑暗空间站"高空漂浮飞艇平台。

图 3-7 "攀登者"军用飞艇

5. 平流层卫星

Sanswire Networks 公司开发了一种用于军事和国家安全事务的平流层飞艇，命名为"平流层卫星"，其飞行高度为 15～21 千米，用于通信和实时监视等领域。2005 年 5 月，Sanswire Networks 公司宣称已经完成预定计划的平流层卫星原型（如图 3-8 所示）演示验证，其在艇库内展示了具有刚性骨架和气动外形的试验样机，采用了升力和浮力的组合来提升飞行器能力，探索解决平流层飞艇昼夜驻空存在的问题，但未见后续飞行试验和开展应用的具体报道。

图 3-8 平流层卫星原型机

6. 高空侦察飞行器

高空侦察飞行器（high altitude reconnaissance vehicle，HARVe）是约翰斯·霍普金斯大学应用物理实验室提出的一次性使用的近太空飞行器（如图 3-9 所示），其突出特点是低成本，据称包括发射平台的每套系统的造价不超过 10 万美元，因此未来能大量部署。发射平台拟采用现有巡航导弹，但需要拆掉昂贵的弹头。使用时，HARVe 首先折叠放入巡航导弹中，由巡航导弹将其携带至高空释放，此时飞行器将自行充气，同时启动电推进系统升至约 30 千米的临近空间区域，然后快速部署到预定位置，利用所装载的传感器昼夜执行超地平线通信中继或情报、监视和侦察任务。按设计，HARVe 能在 30 千米高度持续工作两周甚至一个月，携带 22.7～45.4 千克的传感器载荷。电推进系统和传感器均由太阳电池组供电。这种一次性使用的临近空间飞艇极具军用潜力，是保卫国土安全和满足军方侦察与通信需求的理想平台。

图 3-9 高空侦察飞行器（HARVe）

3.2.2 俄罗斯

俄罗斯于 2006 年启动平流层飞艇研究，主要进行了多方案设计比较研究。

1. 多尔戈普鲁内自动化设计局概念艇

俄罗斯多尔戈普鲁内自动化设计局于 2006 年开始研究平流层飞艇（如图 3 – 10 所示），该飞艇设计长度为 200 米，艇囊容积 36 万立方米，有效载荷 2 500 千克（19～21 千米高空），艇载太阳电池面积为 8 000 平方米，续航或驻空时间约为 6 个月，可定位于直径 1 000 米范围内。据悉，该企业已攻克了可提供足够强度和硬度的大型飞艇制造用的复合材料生产技术。同时，研究出了平流层飞艇新的控制方法，特别是起飞和降落阶段的控制。为了提供较长的续航能力，该企业研制出了独特的供电系统，可保证飞艇在 20～25 千米高空可靠有效地运行，其持久自主供电系统可能采用太阳电池、直流发电机和高效镍化氢蓄电池。

图 3 – 10 多尔戈普鲁内自动化设计局的概念艇

2. 俄罗斯"金雕"平流层飞艇

俄罗斯阿夫古里 – 俄罗斯航空系统公司从 2008 年开始进行平流层飞艇技术的研究试验工作。计划同时推出针对极地和亚热带地区不同应用条件的 3 款"金雕"系列平流层飞艇。"金雕"系列飞艇的主要参数如表 3 – 2 所示，外形如图 3 – 11 所示。

表 3-2 "金雕"系列飞艇主要参数表

主要参数	"金雕"-ET	"金雕"-ML	"金雕"-HL
定点高度/km	20~22	20~22	20~22
艇长/m	150	200	250
最大直径/m	50	50	50
长细比	3	4	5
容积/m³	1.92×10^5	2.56×10^5	3.2×10^5
总质量/kg	13 500	18 000	22 500
有效载荷/kg	1 200	1 200	1 200
留空时间/月	4	4	4

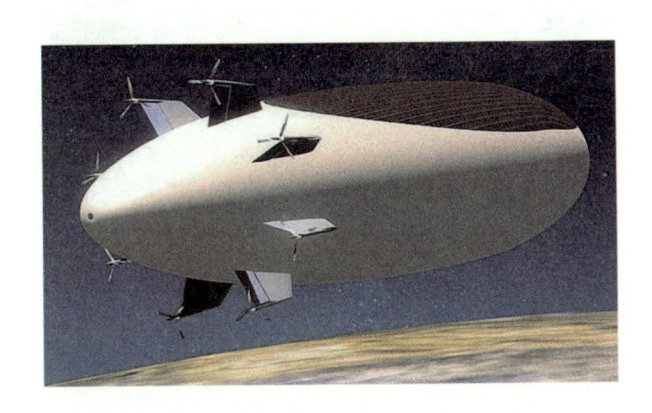

图 3-11 俄罗斯"金雕"平流层飞艇

3. 俄罗斯"空气静力"平流层飞艇

俄罗斯"空气静力"公司提出了一个艇囊容积为 35 万立方米的平流层飞艇方案，拟分为三个阶段来实现（如图 3-12 所示）。

图 3-12 俄罗斯"空气静力"平流层飞艇

第一阶段（18 个月）：设计取名为 A-300 米的小型飞艇，体积 6 000 立方米，长 58.3 米，宽 16.1 米，高 18 米，最大直径 14.6 米。

第二阶段（30 个月）：设计 A-06 中型飞艇，体积 60 000 立方米，长 140.5 米，宽 28.4 米，高 31.9 米，最大直径 27.6 米。

第三阶段（42 个月）：实现取名为"空气静力"平流层飞艇的设计，体积 35 万立方米，长 251 米，宽 51 米。

4. 俄罗斯中央空气流体动力研究院概念艇

俄罗斯中央空气流体动力研究院自 2008 年开始进行平流层飞艇的设计（如图 3-13 所示），但至今未做出原型艇。

图 3-13　俄罗斯中央空气流体动力研究院的概念艇

3.2.3　欧洲其他国家

2000 年以来，欧洲太空局（简称欧空局）、法国、德国、英国等对平流层飞艇进行了深入研究，制定了长期发展规划。研究计划主要是法国的"平流层巴士"项目，其他主要集中在关键技术攻关和创新方案研究方面。

• 知识延伸

2000 年，欧空局与德国、英国及荷兰的研究机构和工业界共同完成了对平流层平台的概念评估，2003 年下半年启动概念研究与设计，此项计划的主要目标是通过对可能的应用领域和发展欧洲的平流层平台的基础进行翔实的分析，在此基础上进行平台的最佳概念设计，选择适合欧洲的平台系统作为发展目标。2004 年，欧洲又成立了一个研究高空飞行器和飞艇的组织，该组织由比利时、德国、英国等国家的 7 个研究机构和工业机构组成，由以色列的机构作为召集人。该机构计划从 2005 年 1 月起，实施一项为期 18 个月的计划，在该项计划中，对当今世界上各国的平流层平台的发展动态和计划进行分析，基于需求分析提出研制目标和可能的应用对象，明确潜在的最终用户和技术合作伙伴，了解和掌握今后发展需要进行的研究内容，在此基础上对在欧洲发展平流层平台得出最终结论，并定义发展政策和战略。

2003 年，欧盟出资 560 万欧元实施 CAPANINA 计划，开展基于平流层平台的宽带通信技术研究，如图 3-14 所示，该项研究计划有英国等 7 国共 13 个欧洲境内的研究机构参加，日本信息与通信技术研究所是唯一参与该计划的欧洲以外的研究机构。2005 年，利用高空气球在 24 千米的高度首次成功地演示了下行光传通信，速率达到 1.25 吉比特/秒。

图 3-14 欧洲 CAPANINA 计划

为了进一步推进欧洲的平流层平台技术研究，欧洲科学技术研究合作组织（European Cooperation in Science and Technology，ECOST）于 2005 年 4 月启动了另一个平流层平台研究计划，即欧洲委员会支持的一个开发高空平台有效载荷技术组织的网络，欧洲有 17 个国家参与此项研究计划。该计划的主要目的是通过对平流层平台的研制、使用和调控研究来发展新方法，增加对平流层平台用于通信和其他业务的了解。整个计划为期 5 年，预算经费为 1 100 万欧元。

1. 法国

平流层巴士（Stratobus）项目由法国泰雷兹·阿莱尼亚宇航公司于 2014 年启动，其定位于高空观测平台和反恐作战平台，可用于执行边境和海上监视、通信、广播、导航等任务，最显著特征是长航时和完全自主区域驻留能力，其外观如图 3-15 所示。

图 3-15 平流层巴士

• 知识延伸

平流层巴士艇体长 100 米，最大直径 33 米，总重 5 000 千克，设计驻空高度 20 千米，具备 90 千米/时的抗风能力和 250 千克的载荷能力。飞艇采用"太阳电池阵＋再生燃料电池"循环能源体制；采用太阳能聚光器和"气囊环"设计，具备太阳光线自主跟踪能力，在减小飞艇体积的同时实现太阳能最大化利用；艇体采用三气囊结构，其中两气囊用于填充氦气或氢气；蒙皮采用抗紫外线的高强度碳纤维织物材料；配置两个以燃料电池为能源的螺旋桨推进系统，可在高达 25 米/秒的风速中实现定点驻留，两个电动机将根据风速自动调整输出功率进行补偿。

2016 年，泰雷兹·阿莱尼亚宇航公司同法国国家投资银行达成协议，由后者通过债券形式为其提供以 2 年为期的 1 700 万欧元融资；2017 年，Airstar Aerospace 公司收购其部分股权，正式开始第一艘验证艇的研制；2018 年 7 月，同美国西南研究院签署联合开发的谅解备忘录，组建联合工作委员会，西南研究院将基于其丰富的轻于空气技术经验为泰雷兹·阿莱尼亚宇航公司提供技术建议和支援；2018 年 10 月，完成了飞艇全尺寸光伏模块静态机械验证试验；2019 年 7 月，在位于法国南部拉塞讷的工厂研制测试飞艇吊舱移动系统。2020 年 1 月，法国国防采购局与泰雷兹·阿莱尼亚宇航公司、泰勒斯公司签署合同，要求其开展能满足法国军方情报、监视和侦察（ISR）等作战需求的平流层巴士平台研究。合同将研究长续航平流层巴士平台在提高和扩展法国防御能力方面的优势，具体内容涉及 ISR 任务作战概念研究（包括模拟其在战场作战的演练）及可在平流层飞行的全尺寸样机概念研究。

平流层巴士是国外目前唯一公开在研的大型长航时平流层飞艇项目，已完成了吊舱移动系统验证试验（如图 3 - 16 所示），太阳电池板能够自动跟随太阳角方位运动，从而有效地吸收辐射能量，建成了全尺寸测试试验台（30 米长，10 米高），能够保障飞艇的验证试验。目前，重点围绕太阳电池与囊体的结合技术以及接口一体化方面进行研究，预计将在 2023 年底前进行飞行验证。

图 3 - 16　吊舱移动系统验证试验

2. 英国

1998 年，欧洲航天局（European Space Agency，ESA）提出高空长航时（high altitude long endurance，HALE）平台研究计划。英国 Lindstrand 公司从 1999 年开始，与德国 Daimler Chrysler Aerospace 公司开展合作设计，给出了飞艇方案（如图 3 - 17 所示）。该飞艇设计飞行高度为约 20 千米，长度约为 200 米，滞空时间为 1~3 年，最终能够实现成为移动电话基站的目标。该计划开展了 HALE 平流层飞艇概念设计和可行性研究，但未开展工程研制。

图 3 - 17　英国 Lindstrand 公司的 HALE 飞艇

英国先进技术集团（Advanced Technologies Group，ATG）提出的平流层飞艇计划分为两个阶段：第一阶段计划为演示验证阶段，计划在项目正式启动后的两年内完成，投资 1.6 亿美元建成一套能够驻空 3 个月的演示系统；第二阶段为目标阶段，计划用时两年半，投资 4 亿美元，如图 3 - 18 所示。另外，公司还与马来西亚政府、日本宇宙航空研究开发机构（Japan Aerospace Exploration Agency，JAXA）保持密切联系。

图 3-18　英国 ATG 的平流层飞艇

3. 德国

德国研制飞艇的历史悠久、经验丰富，为了发展高空飞艇技术，它提出了飞行高度 20 千米，载重 1 000 千克的 HALE-platform 计划，并以斯图加特大学飞艇研究团队轻于空气技术研究组为基础，针对飞艇外形和太阳电池开展了相关试验，同时研制了 Lotte 验证飞艇，通过多次飞行，其在倒流线外形、新能源、控制技术等方面都取得了很大进展，研究成果也得到了国际上多家专业机构的认可，并被多个从事平流层飞艇研究的国家所借鉴。

- 知识延伸

斯图加特大学开展了新构型平流层飞艇研究。1996 年提出了天龙（Sky Dragon）飞艇创新技术的成熟构思，其将飞艇整个艇体分割为几个相互连接的单一艇体，分段囊体内部包括球形副气囊，通过对分段艇体的单独控制实现飞艇在飞行过程中的稳定性控制，以此取代传统尾翼舵面的控制方式，如图 3-19 所示。1999 年，该技术创意荣获欧洲最大工业研究奖。自 2002 年起，斯图加特大学在美国 Sanswire 公司的资助下，开展了多次不同类型的大规模试飞演示，试验飞行高度在 5 千米左右。而且已在飞行控制、浮力控制、热管理等多个方面取得了突破。2011 年斯图加特大学和 Sanswire 公司取消了合作关系，开始独立研究，并寻找新的投资商。美国 Sanswire 公司则在两者合作的基础上，继续开展研究，并将项目更名为 Argus，其首个试验艇 Argus One 也于 2011 年 11 月首飞成功（如图 3-20 所示）。

图 3 - 19　德国斯图加特大学的天龙飞艇

图 3 - 20　Sanswire 公司的 Argus One 飞艇

4. 瑞士

瑞士 StratXX 临近空间技术公司研发了高空平台站（high altitude platform station，HAPS），命名为 X - Stations，它可以用于固定海拔高度的无线通信和遥感勘测，如图 3 - 21 所示。X - Stations 具备一些创新性的设计，具有可快速部署与重新部署的特点，可以提供对特定区域的高分辨率监视。

图 3-21 瑞士 X-Stations 平流层飞艇概念图及地面缩比样艇

3.2.4 亚洲国家

1. 日本

自 1998 年开始发展平流层飞艇以来,日本通过大量的理论和试验研究,在该技术领域积累了丰富的经验。目前,日本已在平流层飞艇平台系统设计、构型布局、材料特性、生产工艺、燃料电池与太阳电池、飞艇发射和回收、飞艇跟踪和控制、定点控制和能量管理等方面取得了重大突破,并对平流层平台(SPF)在宽带无线电通信、广播和地理环境监测等领域的应用进行了研究(如图 3-22 和图 3-23 所示)。

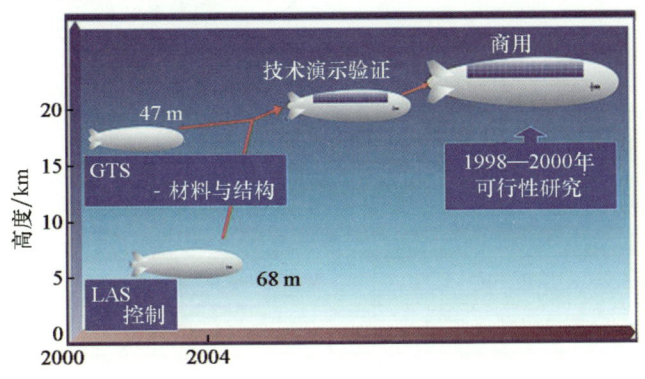

图 3-22 日本平流层平台发展路线

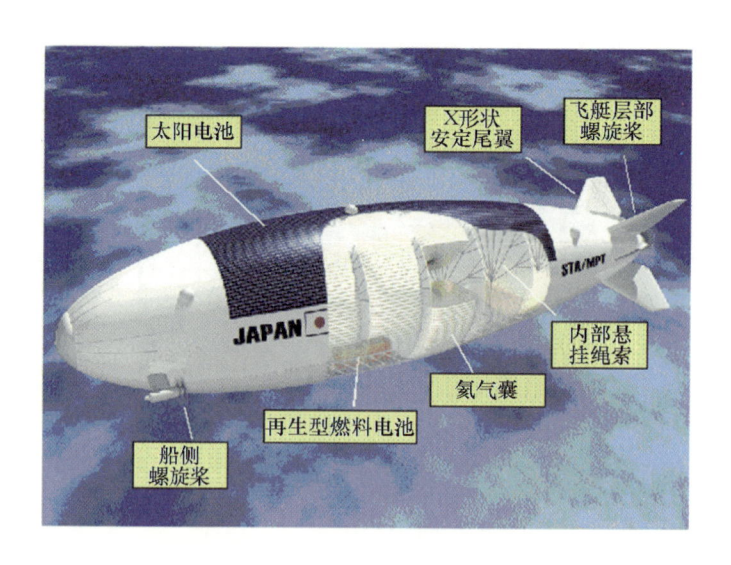

图 3-23　日本平流层平台的概念设计图

日本平流层平台的发展路线为（2005 年前制定）：

第一阶段：技术熟悉完善阶段，包括研制飞艇平台缩比模型（已完成）。

第二阶段：研制出平流层平台（计划定点高度 20 千米，飞艇长 245 米，最大直径 61 米，容积 48 万立方米，任务载重 1 000 千克，如表 3-3 所示）。

第三阶段：商业化生产阶段（计划用 15 个平流层定点飞艇通信平台覆盖日本国土）。

表 3-3　日本平流层平台概念设计总体技术指标（1999 年）

技术指标	参数
运行高度/km	20
巡航空速/（m·s^{-1}）	30
有效载荷/kg	1 000
有效载荷/kW	10
长度/m	245
最大直径/m	61

续表

技术指标	参数
长细比	4
总质量/t	32.4
总体积/m³	48 万
推进功率/kW	180
艇体外形	传统椭圆形
结构形式	半硬式双层薄膜艇体设计
能源系统构型	柔性薄膜太阳电池 + 再生燃料电池（regenerative fuel cell，RFC）

• 经典案例

2003 年 8 月，日本使用英国空对地导弹（air-to-ground missile，ATG）专利垂直发射模式，在日立港成功发射了一个长 47 米、直径 12 米、体积 3 566 立方米、有效载荷 40 千克的飞艇型无人气球，该气球在 30 分钟内到达了 16.4 千米的试验高度，之后使用放气与降落伞相结合的方式返回地面。此次试验测试的技术主要包括垂直发射模式、浮力精确测量、浮力控制、压力调节以及放气策略等。2004 年 11 月，日本在北海道的 Taiki 试验场又成功放飞了一艘气囊体积 10 500 立方米、长 67 米、直径 17 米、重 6 500 千克、有效载荷 250 千克的无人自主导航多气室结构飞艇，升空高度达 4 000 米，包括电池在内的有效载荷达 400 千克，动力装置采用了航空发动机。此次试验测试的技术和功能主要包括热和浮力控制、远程遥控和自动驾驶、定点控制、地面植被和交通状况观测以及电信测试等。

在开展大量理论研究和试验研究的基础上，JAXA 认为平流层飞艇研制的成败取决于两大关键技术：轻质高强度蒙皮材料技术和高性能电池技术，特别是高比能量储能电池技术。2005 年以后，JAXA 逐渐由总体演示验证转向对以上两大关键技术的攻关（如图 3-24 所示）。

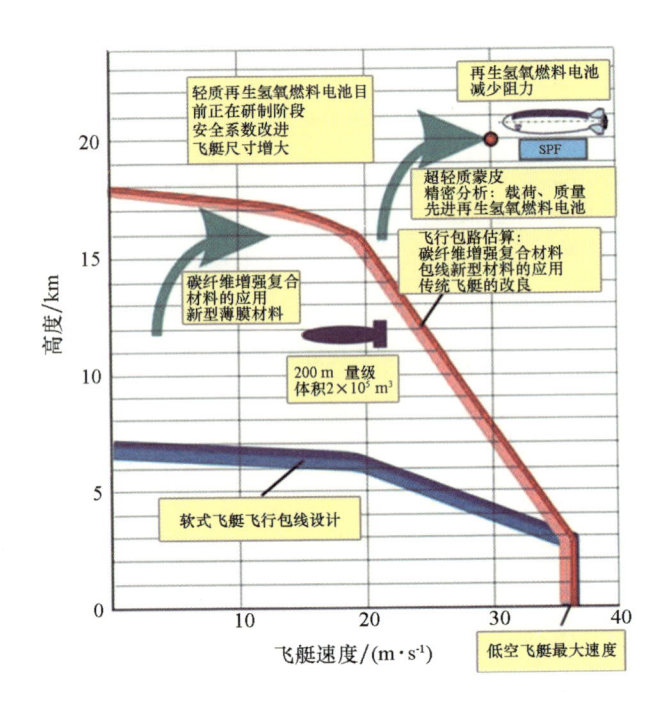

图 3-24　JAXA 平流层飞艇性能提升技术途径设想（材料和能源技术）

2. 韩国

2000 年，韩国宇航研究院开始启动平流层飞艇项目，目标是发展有效载荷为 1 000 千克、供电功率为 10 千瓦、运行高度为 20 千米的平流层飞艇，用于通信中继和地面观测（如图 3-25 所示）。2003 年 10 月，韩国平流层低空技术验证艇（validation and identification airship，VIA）VIA-50 在全罗南省高兴县飞行测试场成功进行了第一次飞行。虽然韩国在 2000 年左右制定了三步走的发展规划，但完成第一阶段的演示验证飞行后，关于韩国平流层飞艇项目后续进展的报道非常少。

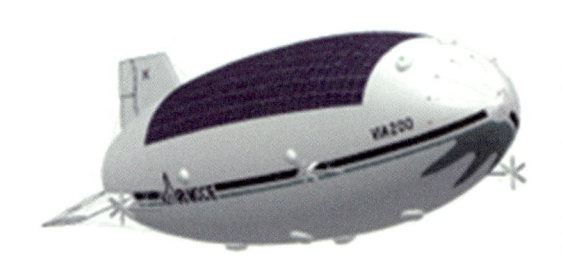

图 3-25　韩国宇航研究院的临近空间飞艇

3. 以色列

以色列航空工业公司曾在 2000 年左右提出研制平流层侦察飞艇的设想，希望借此取代价格昂贵的间谍卫星，执行侦察、预警和通信任务。以色列航空工业公司提出的概念飞艇长 190 米，升空高度 21 千米，有效载荷约 2 000 千克（如图 3-26 所示），足以容纳巨型高分辨率望远镜和一系列其他遥感器以及电子战设备、目标追踪器、通信设备。

图 3-26　以色列航空工业公司的平流层飞艇

3.3　高空气球研究现状

3.3.1　美国

1. 谷歌气球

谷歌气球计划（Project Loon）是谷歌公司的 X 实验室宣布的一个公开项

目,它是一个运行在平流层的网络,旨在解决地球上大部分地区难以通过相对低廉的价格快速地接入互联网的问题。其解决方案是通过安装在高空气球上的无线通信设备给气球覆盖的地面区域提供无线上网服务,这些高空气球可利用平流层风场的特点,飞行到地面需要网络的区域。

谷歌气球由球体、降落伞、气泵、太阳电池板、吊舱等部分组成(如图3-27所示)。球体使用了类似南瓜形的设计,气球在地面完全充气之后的直径约为15米,高度约为12米,采用0.076毫米厚的聚酯薄膜制成,气球的超压量可以达到800帕,飞行时间超过100天。在气球的顶部设计了降落伞包、频闪航标灯和氦气排放阀门,在气球的底部是高度调节装置,通过气泵向副气囊内充入空气或者打开阀门排出副气囊的空气来改变气球的浮力,可实现气球约2千米范围的高度调节。在气泵和阀门的下部是一个水平安装的太阳电池板,采用的是轻质高效的薄膜单晶硅材质,在光照充足的情况下能够提供约100瓦的功率,足够维持气球上的设备供电,并且给吊舱内的锂电池充电,以供其在夜间飞行时使用。谷歌气球的主要电子设备安装于一个大小约为300毫米×300毫米×600毫米的吊舱内,包括GPS接收机、锂电池、温控系统、通信设备、测控设备、雷达角反射器和二次雷达应答机等。

图3-27 谷歌气球

• 经典案例

2013年6月,谷歌在新西兰南岛基督城郊区和莱克特卡波市的坎特伯雷两个发放点进行了首次公开飞行测试,如图3-28所示。有30只谷歌气球被放至天空,50名志愿者参与了地面网络测试,首次享用了由气球提供的互联网连接服务。2014年6月初,在巴西的飞行测试创造了世界纪录:首次在赤道附近发放谷歌气球,克服了湿热的环境影响;首次进行了长期演进(long term evolution,LTE)技术的测试,气球与地面的传输速率最高可达22兆比特/秒,与手持设备的传输速率则最高可达5兆比特/秒;大规模升级高度控制系统,气球便能在很大程度上避开强风,选择更为合适的高度进行飞行。通过不断的技术改进,谷歌气球的飞行时间不断提高,到2015年,单个气球创造了187天持续飞行纪录,平均每个气球飞行时间超过100天。

图3-28 谷歌气球放飞

2016年,在巴西、澳大利亚、新西兰、斯里兰卡等国家开始气球试飞,在秘鲁实现了98天的区域驻留,开始在全美测试并计划为期两年覆盖美国50个州。2017年10月6日,谷歌向美国联邦通信委员会提交申请并在当天获得批准,立即开始在飓风"玛丽亚"之后向波多黎各提供紧急LTE覆盖。该计划允许30个气球中继连接到人们手机的地面终端之间的通信。2017年10月

8日，波多黎各在美国联邦通信委员会批准后，在加勒比海岛屿上启动了谷歌气球项目。

2018年8月，谷歌气球实现了在1 000千米范围内保持7个平流层超压气球之间的互联网连接。从内华达州的地面将数据包传输到20千米顶部的气球，这些数据沿着6个气球组成的网络传播了近1 000千米，从沙漠到山脉再次返回。几周后又通过在距离超过600千米的两个气球之间成功发送数据，实现了迄今为止最远的气球点对点连接。2019年7月3日，谷歌气球在肯尼亚进行首次商业测试，2019年7月24日，谷歌宣布已经创下在地球平流层飞行100多万小时的纪录。2020年3月，单个谷歌气球实现单球连续驻空312天的纪录，该气球在南半球环游地球10个月，证明了气球网络的可靠性；同年，谷歌气球开始为肯尼亚提供大范围覆盖的商用网络服务，并与APSMobil发起共建高空平台通信联盟（high altitude platform station alliance, HAPS alliance），其涵盖了世界上的电信、航天、教育及政府机构，目的是促进平流层飞行器应用，建立HAPS网络互操作性的标准化。2021年，由于商业利润受限的原因，暂停了谷歌气球项目。

2. 超长航时气球

美国NASA于1997年提出了超长航时气球（ultra long duration balloon, ULDB）计划。这种气球采用更高的超压、新型材料以及新型结构以实现更好的飞行性能，如图3-29所示。通过使用超压设计，气球可以有效地降低飞行期间由于气体温度变化引起的高度改变，飞行高度更为稳定。气球将装备适用于长时间工作的能源系统，并具备较强的通信能力和导航定位能力。ULDB的目标是飞行高度33.5千米，有效载荷1 600千克，飞行时长超过100天。这种气球平台作为卫星和航天器的替代平台在亚轨道空间长时间运行，能满足长时间科学实验的需求，也可作为通信、导航和观测平台。

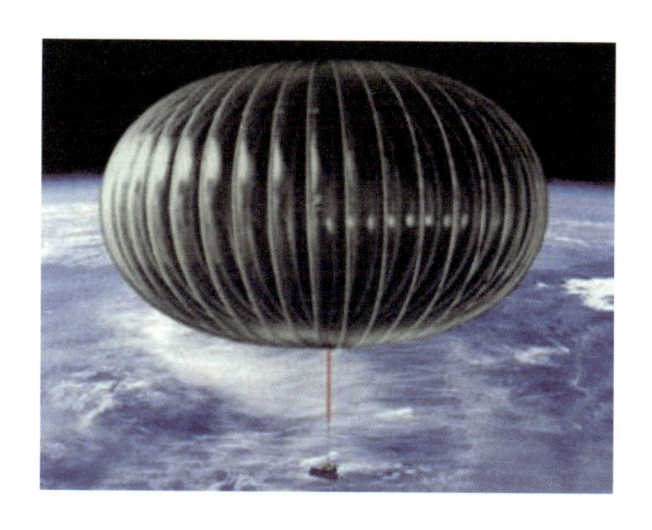

图 3-29　超长航时气球

• 知识延伸

ULDB 主要包括球体、回收系统、管理系统和飞行轨迹控制系统。其中，球体部分从纤维织物薄膜材料制成的正球形发展到南瓜形超压气球，球膜材料采用线性低密度聚乙烯（linear low density polyethylene，LLDPE），加强筋的材料使用的是 PBO 纤维，球体主要由美国渡鸦公司制作提供。回收系统为 NASA 气球飞行任务中所使用的标准回收降落伞，并加装了抗紫外线保护套。

ULDB 已加入 NASA 气球项目每年的例行飞行任务中。2008 年底，ULDB 在南极被放飞并完成 54 天超长航时飞行，实现环南极飞行；2013 年，ULDB 在南极创造了 55 天的飞行续航记录；NASA 随后逐步将飞行地点转移到中高纬度，2015 年 3 月，ULDB 从新西兰发放并完成 32 天飞行，横跨南美洲，绕过非洲，并最终在澳大利亚降落，几乎实现了中纬度地区的接近环球飞行，如图 3-30 所示。

图 3-30　超长航时气球拍摄照片

2016 年 5 月，ULDB 搭载康普顿光谱成像仪从新西兰放飞，经过长达 2 小时 8 分钟的飞行，体积为 53.2 万立方米的超压气球成功抵达 33.5 千米的平飞高度，总飞行时间达到 46 天，首次完成中高纬度环球飞行，创造了大型科学气球中高纬度地区飞行续航时间新纪录。2018 年 6 月，在美国得克萨斯州巴勒斯坦的哥伦比亚科学气球基地放飞搭载由多伦多大学、普林斯顿大学、达勒姆大学开发的超压气球成像测试，采用零压气球，飞行总时间为 21 小时 13 分钟。目前，NASA 仍在大力紧密推进 ULDB 研究和试验工作，计划在南北极进行 100 天的超压气球环绕飞行，在中高纬度地区有更长的航时和载荷能力，拥有完善的高空科研和环境监测能力，并可向民用领域推广。

3. 平流层零压气球群组网平台

2018 年初，美国诺·格公司公布了其研制的平流层零压气球群组网平台 STRATACUS，可提供持久的宽域指挥、控制、通信、计算机、情报、监视和侦察（command, control, communication, computer, intelligence, surveillance and reconnaissance，C^4ISR）能力。

但是，平流层气球的发展也不是一帆风顺的。NASA 的 McMurdo 南极站 2018 年度平流层气球发放季的主要载荷是 SuperTiger Ⅱ（如图 3-31 所示），用以探测宇宙射线。然而由于恶劣天气的影响，经过 16 次的尝试后，NASA 决定取消 SuperTiger Ⅱ 的发放计划。2018 年 12 月 19 日，尝试放飞 SuperTiger Ⅱ

后其仅飞行了 6 小时就提前降落,据估计是球体遇到了漏气问题,任务宣告失败。

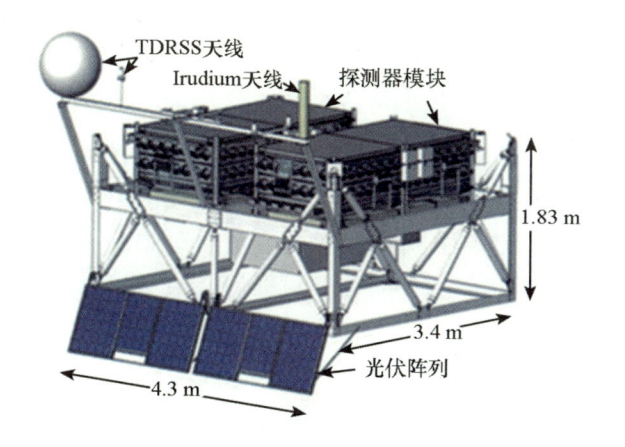

图 3-31　美国 NASA 平流层气球有效载荷 SuperTiger Ⅱ

尽管平流层浮空器的发展进展缓慢,技术瓶颈难以突破,但是美国军方还是非常重视该领域的发展。2018 年 8 月 2 日,美空军发布下一代情报、监视与侦察(ISR)优势飞行计划,寻求维持并增强空军在数字时代的决策优势,以更好地应对大国竞争和快速技术变革。其中,临近空间飞艇等高空侦察平台为支撑下一代 ISR 优势飞行计划的十个关键技术领域之一。

3.3.2　法国

法国国家空间研究中心(centre national d'études spatiales,CNES)支持多项科学气球计划,包括新平流层长时间飞行系统和 CNES 研究的相关任务。

1. 零压气球(Zero Pressure Balloon)项目

2018 年 7 月 28 日至 8 月 31 日,CNES 进行了 5 次零压气球的放飞(如图 3-32 所示)。其中 3 次是为法国科学研究院进行的放飞试验,1 次是为加拿大科学研究院进行的放飞试验,还有 1 次是两家机构的联合实验。

图 3-32 零压气球不同载荷

2018年秋，CNES第二次放飞了FIREBall气球（如图3-33所示），该款气球是CNES为NASA研制的用于进行天文研究的观测平台，该平台载重1 900千克。在2019年第一次技术放飞验证之后，CNES对其进行了系统升级和改进。但是在第二次放飞过程中，由于气囊泄漏，极大缩短了观测时间。

图 3-33 FIREBall 气球载荷

2. 平流层探测2号（Strateole-2）项目

Strateole-2项目由法国CNES提出，得到法国以及国际科学界和机构的支持。计划 3 年内进行 2 次放飞试验，每次的放飞试验都在前一年的 10 月初到后一年的 3 月这一段窗口期，每次计划放飞约 20 个平流层气球。

项目计划在 2019—2024 年间放飞约 50 个平流层浮空器，研究影响赤道地区对流层和平流层之间通信的气候过程，探测重力波，改进气象预报系统。2021 年 10 月，团队在塞舌尔岛开展了正式的科学试验。

3. 欧洲科学气球基础设施（HEMERA balloon infrastructure）项目

该项目于 2018 年 1 月下旬启动，于 2018 年至 2021 年实施，由欧盟在其 2020 年度计划范围内资助，其主要目标是在研究和技术领域扩大平流层气球的用户群体。该项目由法国国家空间研究中心协调，涉及欧洲和加拿大的 13 个空间机构和科学机构。

计划将进行 6 次零压气球的飞行，每次的目标有效载荷为 150 千克，为来自不同科学领域的用户提供免费的气球放飞试验。单个有效载荷可以从小于 1 千克到几十千克不等。目前尚未有相关实验的公开报道。

3.3.3 日本

JAXA 长期开展高空气球飞行试验。

1. BS13-03 气球高空飞行试验

JAXA 曾释放了一个聚乙烯气球搭载高精度光学探空仪在海拔 20 千米进行试验，同时，释放了一个乳胶气球在海拔 30 千米进行试验，配备电化学浓度电池（electrochemical concentration cell，ECC）型高精度臭氧探空仪，先进的大气引力波测试仪器。此外，还配备有一个新的小型光谱仪，验证臭氧观测精度的过滤器类型，也尝试利用光谱仪检测二氧化氮。BS13-03 气囊充气和释放如图 3-34 所示。

(a) 充气　　　　　　　　　　　　(b) 释放

图 3-34　BS13-03 气囊充气和释放

2. BS13-04 超压气球试验

验证超压技术所使用的球膜材料,可以实现轻量化,具有较高的承压性能。重新测量薄膜日夜温差,并测试夜间橡胶气球浮力变化、尺寸和压力之间的变化关系。BS13-04 串列气球释放如图 3-35 所示。

图 3-35　BS13-04 串列气球释放

3. BS13-08 气球高空飞行试验

2013 年 9 月 20 日，日本放送协会（Nippon Housou Kyoukai，NHK）报道，JAXA 研制的用于气象观测的新型气球 BS13-08，20 日从北海道起飞（如图 3-36 所示），成功飞至地面上空 53.7 千米的高度，这一高度刷新了 11 年前同样由 JAXA 创造的纪录（2002 年，该研究机构的前身"文部科学省宇宙科学研究所"曾创造了 53 千米的气球升空高度纪录）。

图 3-36 BS13-08 气球准备释放

气球直径达 60 米，体积 6 万立方米，使用 2.8 微米薄聚乙烯薄膜（之前使用的为 3.4 微米），气球整体质量也减少到 35 千克。在充入氦气后以 250 米/秒的速度上升。经过 2 小时 40 分钟的飞行后，到达 130 千米之外的太平洋上空，气球升至 53.7 千米的高空。之后气球按照地面无线电信号指示自行爆破，随后落入距离地面试验场 150 千米的海中。JAXA 指出，这种气球有望替代昂贵的观测用火箭，用于高度 50~60 千米处的气象观测。

3.4 临近空间太阳能飞机研究现状

• 名词解释

— 临近空间太阳能飞机 —

临近空间太阳能飞机是指飞行在临近空间高度，以太阳能实现能源闭环并持久飞行，依靠自身的机动能力，保持区域内长期驻留的一类飞行器。

一直以来，国内外对于太阳能飞机开展了广泛的研究，但由于太阳电池、储能电池、结构等系统发展水平的限制，目前太阳能飞机处于关键技术攻关和长航时飞行验证阶段，并朝着更长航时、更大载荷的方向发展。

自太阳电池问世以来，人们就梦想着采用这种用之不竭的能源作为飞行器动力，特别是近年来，美国、英国、瑞士、意大利等国家分别开展了以太阳能作为能源的高空长航时飞行器研究计划。这些项目的开展极大提升了总体设计水平，促进了能源、推进、结构等关键技术的进步，有力地推动了太阳能飞行器的发展。但由于该类飞行器特殊的飞行环境及对能源的苛刻要求，且受限于轻质结构和高效能源系统的发展水平，至今仍处于飞行演示验证阶段。随着相关关键技术水平的不断提升，如储能电池比能的大幅提高和高性能复合材料的广泛应用，临近空间太阳能飞机日渐趋于成熟。

3.4.1 ERAST 太阳能无人机

1. 概述

1994 年，NASA 和工业部门联合开展飞机和传感器技术（environmental research aircraft and sensor technology，ERAST）计划，旨在发展高空长航时无

人机技术，以验证相关载荷技术和大气研究的传感器能力，解决无人机控制和操纵问题，证明无人机在科学研究、市政和民用领域的用途，促进美国无人机领域的蓬勃发展。对于 ERAST 联盟的公司（包括航境公司等），NASA 实施计划的方式是制定"共同研究协议"。

"共同研究协议"提供一种合理的、柔性的合作方式，在飞行器发展和飞行过程中，并没有要求严格遵守 NASA 安全守则，而是允许他们采用各自的方式来确保结果可靠，合作的公司需要提供飞行器设计和操作程序的相关材料，还需要提交年度计划，以供政府部门审批。尽管这一计划和传统飞行器计划一样，但协议框架的便利促进了研制流程的发展，使得计划以较少的预算快速地完成标志性研究。

该计划共发展了五代太阳能飞行器，分别是"探路者"（pathfinder）、"探路者增强型"（pathfinder plus）、"百夫长"（centurion）、高空型"太阳神"原型机（HP01）和长航时型"太阳神"原型机（HP03）（如图 3-37 所示）。

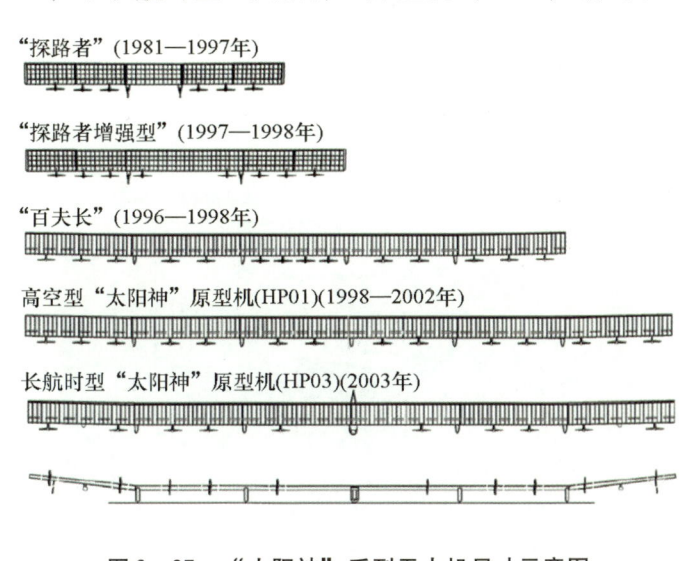

图 3-37 "太阳神"系列无人机尺寸示意图

2. "太阳神"系列太阳能飞行器的发展

（1）"探路者"无人机

"探路者"无人机是第一代高空长航时无人机，翼展 30.5 米，有 6 台电动机提供动力。飞行器有 2 个在机翼下方的机舱，机舱内包括起落装置、电池、仪器系统和飞控计算机。"探路者"无人机是一种用来验证太阳能动力保持平流层飞行的多种技术试验平台，验证的技术包括轻质超大复合材料结构、低翼载的机翼、冗余和容错的飞控系统、轻质低功耗的航电系统、低雷诺数的空气动力学、高空温控系统、高效太阳电池阵、同温层的飞行操控技术。

• 经典案例

1995 年 9 月，整个上表面贴有太阳电池单元的"探路者"创造了 15.4 千米的太阳能动力飞行高度纪录。经过改进，飞行器被转移到位于夏威夷岛隶属于美国海军的太平洋导弹试验中心。

1997 年春，"探路者"（如图 3-38 所示）创造了太阳能螺旋桨飞行器的新纪录——21.5 千米。在这次飞行中，"探路者"无人机带有 2 个轻质成像设备，这些设备可对岛屿领土以及沿岸生态系统进行成像研究，表明这类飞行器可作为科学研究的试验平台。

图 3-38　飞行中的"探路者"无人机

（2）"探路者增强型"无人机

"探路者增强型"无人机使"太阳神"原型机的实现又前进了一步。通过利用"探路者"无人机中五段机身中的四段，并在机身中部增加一段12.2米的平直段，使得"探路者增强型"总长度达到36.6米。之后的继承者"百夫长"也采用了与这种中段设计相同的思路。"探路者增强型"的电动机增加至8个，具有更高的升限，并用来验证"百夫长"无人机的结构设计、机翼和太阳电池阵等技术。太平洋导弹试验中心共制造了三架"探路者增强型"。1998年8月6日，"探路者增强型"创造了24.4千米的新的飞行高度纪录，此次飞行还验证了动力系统、空气动力学以及"百夫长"所需要的其他系统技术。

（3）"百夫长"无人机

第三代无人机"百夫长"的研制开始于1996年。最初，ERAST的目标是建造两架无人机：一架为"百夫长"，用于验证高升限任务（30.5千米）；另一架为"太阳神"，用于验证长航时任务（15.2千米高度飞行96小时）。为实现第一个目标，首先设计制造了1:4的"百夫长"缩比验证机，并进行了飞行测试，目的是验证新高度下的气动性能和评估飞行器的操纵品质。"探路者"中的关键技术被进一步设计成轻质且更为高效和鲁棒的子系统。

1998年，制造了全尺寸的"百夫长"无人机。该无人机由五段机翼组成，翼展62.8米，14台电动机用来提供30.5千米高度的水平飞行动力，机翼下方有4个机舱用来携带电池、飞控系统组件、压舱物以及起落装置（如图3-39所示）。1998年底，在太平洋导弹试验中心采用电池动力进行了三次飞行试验，用来验证飞行器操纵性能和结构集成性能。

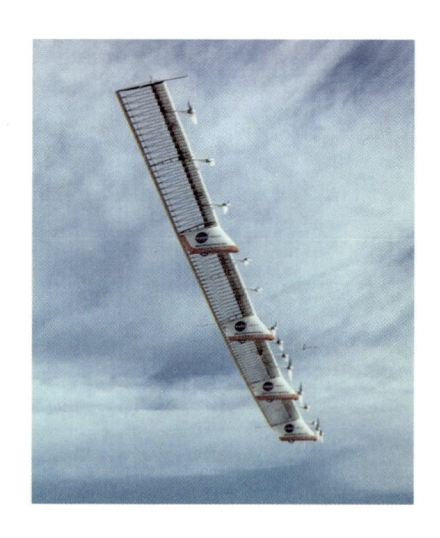

图 3-39 低空飞行中的"百夫长"无人机

（4）高空型"太阳神"原型机

1999 年初，由于预算的限制，只能制造一架飞机，NASA 和航境公司达成协议，采用统一的飞行器机身来验证 ERAST 的两个目标。为了验证 ERAST 在 30.5 千米高空持续飞行的目标，"百夫长"无人机从五段机翼增加到六段，其中中间采用两段新的、结构更强的机翼来代替之前的中间段，且增加了第五个起落装置。这种变动使得飞行器的翼展增加到 75.3 米。飞行器继续保留 14 台电动机，其中中间 4 台被重新布置在新的中间两段机翼上。鉴于这些改变，飞行器的名字也由"百夫长"更名为"太阳神"原型机（HP01），成为太阳能动力无人机系列中的第四代。

• 经典案例

NASA 采用传统的数量递增方法进行了飞行试验。1999 年，"太阳神"原型机首先进行了一系列由 6 块电池提供动力的低空试验，用来验证这种更长机翼飞行器的性能和操纵特性，后续高空和长航时飞行中所需要的各类仪器也在这些初始的低空试验中得到检验和校准。NASA 为评估高空布局进行了四次飞行试验，为评估加重后的布局额外进行了两次飞行试验，在此过程中，采用压舱物来模拟后续任务中可重复利用的能源系统硬件以及太阳电池阵。通过结合新的航电设备、高空环控系统以及新的太阳电池阵（62 000 个太阳电池单元），2001 年 8 月，HP01 从太平洋导弹试验基地起飞，飞行至 29.5 千米的高度，创造了新的飞行高度纪录（如图 3-40 所示）。

图 3-40　高空型"太阳神"无人机

（5）长航时型"太阳神"原型机

2003 年，用于验证长航时飞行的无人机是长航时型"太阳神"原型机（HP03），主要目标是采用氢-空气燃料电池来完成 15.2 千米跨夜间的持续飞行（如图 3-41 所示）。

NASA 和航境公司同样认为 HP03 的结构、稳定性和控制、气动弹性的安全裕度要小于 HP01，但这些安全裕度对于 2003 年要进行的长航时飞行验证是足够的。同时，HP03 的质量分布与最初设计的装有可再生燃料电池系统的验证机有着显著不同。设计安装可再生燃料电池的飞行器仅仅需要 2 个再生燃料电池舱，布置在从机身中线至翼尖三分之一处。而安装有原始燃料电池的飞行器在增加的 3 个电池舱位置处，大大增加了集中载荷。1 个较重的氢-空气燃料电池舱被布置在飞行器中线上，而 2 个高压的氢燃料罐被布置在两

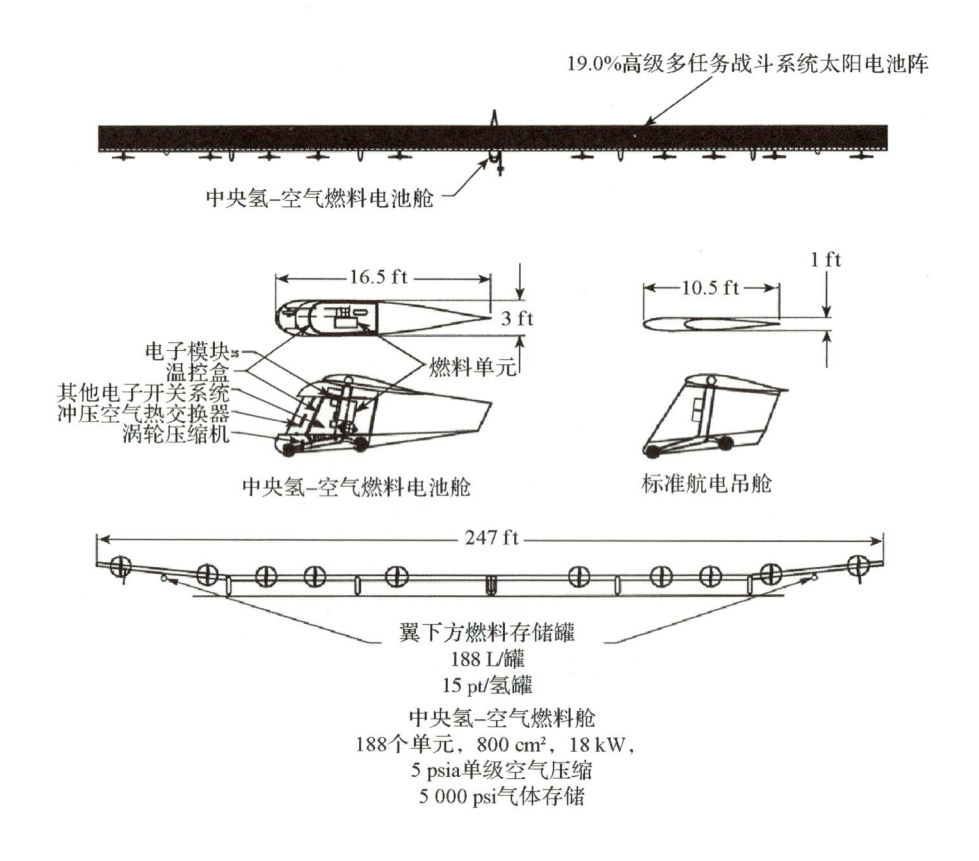

图 3-41　HP03 氢-空气燃料罐的布置

段末端机翼的中间。

2003 年 4 月，原始燃料电池的测试完成，安装到飞行器上，完成全部相关系统测试。最后 HP03 飞行器的总质量为 1 051 千克，而在 2001 年创造飞行高度纪录的 HP01 只有 718 千克。

• 知识延伸

HP03 的承载结构大部分由复合材料制成。机翼主梁由碳纤维组成，且主梁的上部和下部较厚，在碳纤维中包有 Nomex 蜂窝和凯夫拉（Kevlar）来提高强度，这种设计有助于吸收在飞行过程中可能发生的弯曲。翼肋由环氧树脂和碳纤维组成。机翼前缘由聚苯乙烯泡沫构成，整个机翼表面蒙有非常薄的透明塑料膜。飞行器由六段机翼构成，总长75.3米，吊舱布置在机翼段间的连接处，吊舱内携带起落装置、能源系统、飞控计算机和飞行设备。机翼没有锥度或者后掠，弦长2.44米（展弦比31），最大厚度0.29米，72个机翼后缘升降舵分布于整个机翼。

2003年5月15日，项目组成功进行了直线飞行试验，主要目的是验证飞行器的上反角分布是否合理，这次试验通过一次短距离的直线着陆，完成所有起飞前的准备，测试高空飞行的飞行程序。对飞行的评估结果表明，飞行器基本具有合理的飞行上反角分布，且所有的飞行系统（包括电池单元、地面支持系统）在没有太阳电池阵的情况下能够很好地工作。测试数据考虑了飞行器质量分布的微调、末端翼的迎角、升降舵的设置和飞控系统的增益，以帮助在高空飞行研究中建立安全的飞行操纵包线。

2003年6月7日，HP03-1完成了首飞（如图3-42所示），对试验数据的评估表明，HP03具有在15.2千米高度飞行约30小时的能力。在飞行过程中，试验数据都是在真实时间下测量的，这样做一方面是为了验证飞行器气动弹性预测的有效性；另一方面是为验证飞行器在长航时飞行条件下气动弹性的稳定性。由于冷却系统和压缩空气的泄露，HP03-1起飞15小时后被终止。

图3-42 飞行中的HP03-1

2003年6月26日，HP03在飞行试验中遭遇低空强湍流解体（如图3-43所示），此后项目终止。

图3-43　HP03遭遇低空强湍流解体

3.4.2 "微风"（Zephyr）研究计划

1. 概述

"微风"（Zephyr）系列轻质太阳能动力高空长航时无人机由英国航空航天系统公司（BAE Systems）、奎奈蒂克公司（QinetiQ）研制（如图3-44所示），目标是发展一种全天候高空远程自主飞行系统，可供军民两用。民用型可执行地面监视（如农作物调查、森林防火、水资源保护、边界控制）、通信中继、遥感、地图测绘等任务；军用型可用于低成本的长期留空战场监控任务，预计在18千米以上的高空执行拍摄和数据转发任务，每次升空可连续飞行3个月以上。

图 3-44 Zephyr 系列无人机想象图

Zephyr 系列无人机属于大展弦比的高空超轻型无人机（如图 3-45 所示），机体采用超轻型碳纤维复合材料制造，最终翼展超过 22.5 米，质量仅 53 千克。机翼上表面覆盖有美国联合太阳能奥弗诺克公司研发的太阳电池板，可提供约 15 千瓦电力，白天可满足 Zephyr 两翼上 2 台电动螺旋桨引擎的电力需求，维持在 18 千米以上高空飞行，并将剩余电力存储到机上搭载的锂-硫电池中，为夜间飞行供电；夜间飞行时，Zephyr 的飞行高度会降到 16 千米以下。之所以让 Zephyr 保持该高度飞行，是因为这一高度高于大多数民用飞机的巡航飞行高度，也能躲避对流层恶劣气候现象的影响。

图 3-45 Zephyr 大展弦比结构

• 经典案例

Zephyr 系列无人机的研制始于 2001 年，目前总共发展了从 Zephyr 2 到 Zephyr S 七种型号。2008 年，Zephyr 6 飞行 82 小时 37 分钟，打破了 2001 年由美国"全球鹰"无人机创造的 30 小时 24 分钟的飞行纪录。2010 年，Zephyr 7 成功进行 14 天 21 分钟的试飞。2018 年 7 月，Zephyr S 创造了连续飞行 25 天 23 小时 57 分钟的飞行器续航纪录。2022 年 8 月，Zephyr S 持续飞行了 64 天，打破了自己创造的飞行纪录。

2. Zephyr 发展历程

Zephyr 无人机计划最初是为了打破载人热气球升空高度纪录而进行的尝试。有两个热气球爱好者一直在寻找能把热气球升到 40 千米以上的办法，这两个热气球爱好者请求总部设在英国范堡罗的 QinetiQ 公司帮他们设计一种轻型的无人驾驶飞行器，这种飞行器可以在他们的热气球升空过程中陪伴在周围并拍摄整个过程。打破载人热气球升空高度纪录的任务始终没有完成，但 Zephyr 无人机却被制造并保留下来。从那以后，这个项目就从民用飞行器转向服务英国国防部的集收集情报、侦察、监视、进行通信多种功能于一身的综合平台。

（1）Zephyr 2

2001 年，QinetiQ 公司制造出第一架样机——Zephyr 2。作为一架概念验证机，Zephyr 2 质量仅 7 千克，有自由飞行与系留飞行两种模式。在英国布里斯托尔的克利夫顿吊桥试飞（如图 3-46 所示）。Zephyr 2 的试飞成功，验证了方案的可行性。

图 3-46　Zephyr 2 试飞

（2）Zephyr 3

QinetiQ 公司于 2002 年制造了 Zephyr 3 无人机（如图 3-47 所示）。该型机翼展 12 米，质量为 13 千克，装备 5 台发动机。Zephyr 3 作为巨型氦气球 QinetiQ1 的系留无人机，主要用来拍摄巨型飞艇打破最高飞行纪录的尝试。但因为 QinetiQ1 气球出现泄漏，Zephyr 3 也没能试飞。

图 3-47　Zephyr 3 地面运输

(3) Zephyr 4

虽然高空气球计划失败，但 Zephyr 系列得以保留。QinetiQ 公司要把 Zephyr 系列发展成一种拥有空中监视、地球观察、远程控制、中继通信、火灾预警等功能的无人机平台。基于此，QinetiQ 公司制造了 Zephyr 4 无人机，尝试降低关键技术的风险，完善新的概念。Zephyr 4 翼展 12 米，质量约 17 千克，采用搭载氦气球在高空发射的起飞方式（如图 3-48 所示）。

Zephyr 4 于 2005 年 2 月在澳大利亚南部武默拉进行测试。Zephyr 4 在 9 144 米高空放飞，飞行 1 小时。此次飞行试验的主要目的是验证高空长航时无人机的基本参数，如无人机飞行时需要的能量、飞行器在夜间飞行时的适宜飞行高度等。

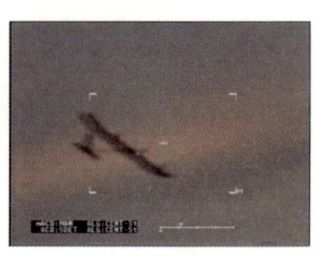

(a) 搭载气球　　　　(b) 地面准备　　　　(c) 飞行图像

图 3-48　Zephyr 4 无人机搭载气球试验

(4) Zephyr 5

QinetiQ 公司在制造 Zephyr 5 时继续尝试降低技术风险，完善无人机的设计。工程师决定 Zephyr 5 采用地面手抛的起飞方式而不是早期的由气球载入高空空投的发射方式。因为经过试验发现，Zephyr 无人机在低速飞行时，其机体完全可以承受低空复杂的大气环境影响。

根据能源系统的差异，Zephyr 5 共衍生出两种主要的型号：Zephyr 5-1 和 Zephyr 5-2。Zephyr 5-1（如图 3-49 所示）同时安装了蓄电池与太阳电池，质量为 31 千克；Zephyr 5-2 仅安装了蓄电池作为能源，质量为 25 千克，由于仅安装了简单的不可充电电池，Zephyr 5-2 飞行时间不能超过一夜。

图 3-49　Zephyr 5-1 无人机

2005 年 12 月，Zephyr 5 两型无人机在美国新墨西哥州的白沙导弹试验场试飞，各自飞行 4 小时和 6 小时，测试地面起飞、爬升、巡航、降落各个阶段状态，进一步拓展了飞行包线和演示载荷能力。

2006 年 7 月，Zephyr 5 两型无人机在白沙导弹试验场再次开展飞行试验。其中，Zephyr 5-1 飞行高度达到 10 972 米，持续飞行 18 小时（包括 7 小时夜间飞行）。目的是结合太阳电池和可充电电池，实现月量级飞行时间和 15.2 千米的飞行高度，形成持久监视平台。试验还包括了光学和红外载荷，并实时传回了图像和视频，验证视距外通信。Zephyr 5 两型无人机共飞行 35 小时。

（5）Zephyr 6

QinetiQ 公司在 Zephyr 5 的研究基础上，制造了 Zephyr 6 无人机。作为该系列无人机中真正意义上的一款长航时无人机平台，Zephyr 6 进行了全功能演示，并验证了能源系统的可行性。

Zephyr 6 翼展 18 米，得益于超轻复合材料的应用，其质量不足 30 千克（如图 3-50 所示）。2007 年 7 月，Zephyr 6 在美国新墨西哥州连续飞行了 54 小时，高度达到 17.8 千米。同年另一次飞行 33 小时 43 分钟，高度为 16 千米，携带了监视传感器。2008 年 7 月 28 日，Zephyr 6 在美国亚利桑那州尤马测试基地又进行了一次试验，飞行时间长达 82 小时 37 分钟。这一时间大大超过了由美国"全球鹰"无人机保持的 30 小时 24 分钟的无人驾驶飞行纪录，也超过了它自己在 2007 年 7 月的试飞中创造的 54 小时的纪录。由于没有负责认证世界纪录的国际航空联盟（Federation Aeronautique International，

FAI）的成员在场，这一成绩还只是一项"非官方"的纪录。

图 3-50　Zephyr 6 无人机

（6）Zephyr 7

相比于早期型号，Zephyr 7 翼展增大到 22.5 米，质量也增加到 53 千克（如图 3-51 所示）。机翼面积比 Zephyr 6 增大 50%。换用 T 字形尾翼。为提高稳定性，Zephyr 7 首次在翼尖增加了一对翼梢小翼。

图 3-51　Zephyr 7 无人机

• 经典案例

Zephyr 7 于 2010 年 7 月 9 日开始新航程，连续飞行 336 小时 21 分钟，飞行高度达到 21.6 千米，巡视了美国陆军位于亚利桑那州的尤马测试基地。FAI 的一名官员见证了 Zephyr 7 的航行过程，并确信其航行稳定，打破了许多世界纪录,包括其自己保持的最长时间无人飞行"非官方"纪录。在不停顿和不加油的情况下,Zephyr 7 比任何其他飞机的飞行时间要长。它超过了"鲁坦旅行者"号(Rutan Voyager)飞机1986年创造的9天3分24秒的连续飞行纪录。

(7)Zephyr S

2013年,QinetiQ 公司将 Zephyr 项目卖给了空中客车防务与航天公司(Airbus Defense & Space,以下简称空中客车公司)。空中客车公司在英国范堡罗建了一家制造该飞行器的工厂。在 Zephyr 7 的基础上,空中客车公司推出了 Zephyr S(如图3-52所示)。Zephyr S 翼展为25米,重75千克。在白天,Zephyr S 能在约21千米的高度巡航;在无法使用太阳能的夜间,Zephyr S 能完全依靠电池驱动,但是由于动力受限,其飞行高度会降到16.7千米。这架飞机于2018年7月11日从亚利桑那州起飞,历时25天23小时57分钟后才着陆。这是量产版 Zephyr S 的首次飞行。该机改进型于2022年8月完成64天持续飞行。

图3-52 Zephyr S 无人机

Zephyr S 通过地面控制,还有可能携带各种各样的有效载荷,收集高分辨率图像,提供语音服务,或像 Aquila 无人机(Facebook 研制的无人机)一样为偏远地区提供网络。

3. 应用前景

2013 年，空中客车公司收购了 Zephyr 项目的资产，并将 Zephyr 项目中的关键技术人员吸纳到其于 2008 年成立的高空伪卫星（high altitude pseudo-satellite）项目中。另外，空中客车公司致力于将飞行器民用和商业化，实现高空类卫星的功能。2014 年，空中客车公司与阿联酋先进科学技术研究所（Emirates Institution for Advanced Science and Technology，EIAST）联合在迪拜进行了民用航空授权的飞行试验。此外，该公司于 2014 年 4 月 23 日宣布开始 Airbus Zephyr 8 的研制计划，旨在发展高空长航时无人飞行系统的新一代机型。Airbus Zephyr 8 翼展达到 28 米，而质量也由 Zephyr 7 的 53 千克增加至 59 千克。2018 年 7 月，试飞的 Zephyr S 更是达到了约 26 天的新纪录。目前，Zephyr S 已实现量产。

在军事任务中，Zephyr S 无人机可用于视线通信中继，或装备轻型光电传感器有效载荷。Zephyr S 无人机采用 GPS 导航飞行航路点，如果需要，在飞行途中可更改航线。这种轻型长航时的飞行器设计的出发点是保证每次发射后可以在某个区域数千英尺的高空连续几周或者几个月执行任务。目前，英国特别空勤团（special air service，SAS）已经购买了三架 Zephyr S，欲打造太阳能侦察机舰队。

Zephyr S 无人机的另一项设计功能是充当一个高空通信中继平台。它超高的飞行高度可以使它免受急流、绝大多数天气状况以及商业飞行的影响。

相比于能装载上千磅（1 磅 = 0.435 6 千克）重物的飞艇来说，Zephyr S 无人机的有效载荷只有 5~6 磅。尽管载重量不大，但在白沙导弹试验场它仍然完成了几次通信中继任务。Zephyr S 无人机拥有一个自给自足的载荷系统。它的上面安装了一个用于侦察的光电传感器，该传感器本身拥有一套用于导航和锁定目标的全球定位系统。QinetiQ 公司测试了 Zephyr S 无人机上使用合成孔径雷达（synthetic aperture radar，SAR）的效果，但据公司研发人员称，这项研究还处于实验阶段，他们表示有信心开发出一种质量为 11 磅左右甚至更轻一些的合成孔径雷达。

与 1 500 万欧元一颗的监视卫星相比，一架 Zephyr S 仅需 100 万欧元。Zephyr S 工程负责人卡罗琳·斯利姆表示："我们并不是说这项发明会取代人造卫星，但它将成为必要的补充。与昂贵的卫星监视平台相比，这种无人机可自我维持运转，不需燃料，当然也会更廉价，并能提供更精确的观测数据，在许多方面将更有效。我们相信太阳能无人侦察机的时代已经到来。"

3.4.3 "秃鹰"（Vulture）研制计划

1. 概述

"秃鹰"研制计划是由 DARPA 在 2007 年启动的一个高空超长航时无人侦察机项目，要求无人机系统能携带 450 千克任务载荷，提供 5 千瓦功率电源，能在 20～30 千米的高空不间断地飞行 5 年，并在典型风力环境下 99% 的时间保持在预定航线上，从而为美国提供一种不依靠国外基地或维修站的长期监视能力，这种无人机虽然飞行速度很慢，但可以预先部署，随时对任务做出响应。本质上"秃鹰"是能够像卫星一样进行监视和通信中继的飞行器，但是它不受轨道力学的限制，可以在临近空间的高度上监视半径 500 千米的范围。同时，它改善了卫星的通信能力，大大增加了机载传感器的分辨率。

DARPA 认为，对于这种无人机的技术挑战是巨大的，包括系统可靠性、能量循环、空气动力和结构效率，以及防止在临近空间长期飞行的材料降解技术等。对于大型的无人机而言，诺·格公司的"全球鹰"能够连续飞行 40 小时，而"秃鹰"起飞以后在 5 年内不需要维修或者返回基地，所以它已经不能被看作是起飞、回收、维修、再起飞的不断循环的常规定义下的飞机了。

• 知识延伸

这种飞行器的最大挑战是能量的循环使用。NASA 的"太阳神"系列太阳能高空无人机采用了在翼展长达 75 米的平直大展弦比机翼上装 65 000 片太阳电池板的布局。这种布局很适宜在阳光充足的夏威夷上空使用，即使在阳光不是很强烈的时候，这些太阳电池也可以为飞机提供 10 千瓦的电能，使飞机能够爬升，到中午时分，太阳电池提供的电能高达 40 千瓦，飞机能以 30～50 米/秒的巡航速度飞行，而且有足够的电能储存用于夜间飞行。但是问题在于世界上大多数地方远离赤道，特别在高纬度地区的冬季，四分之三的时间都是晚上，飞行的能量几乎都需要来自自身存储的能源，平直大展弦比机翼上装太阳电池板这种方案就很难适应这种环境的飞行需要。

另一个挑战是轻质大变形结构的气动弹性问题。为了能够在 20 千米以上的临近空间高空长期飞行，这种飞行器最理想的布局就是采用轻质的超大展弦比机翼的形式，但是这种机翼由于气动载荷引起的弹性变形很大，特别是当它从地面飞向临近空间的这一过程中，还需要能够经受住对流层飞行阶段各种大气绕流的困扰。2003 年"太阳神"空中解体就是一个典型的例子。

2. 计划发展过程

2008 年 4 月 17 日开始第一阶段工作，NASA 分别和极光飞行公司、波音公司和洛·马公司签订了合同，要求他们各自提出概念设计方案。极光飞行公司提出的"奥德修斯"方案很独特，三架太阳能飞行器各自起飞，升空之后彼此相连，形成一架 150 米长的大型飞行器，这种飞行器可变形为 Z 字形以更好地利用太阳能（如图 3-53 所示）；波音公司与 QinetiQ 公司合作，利用"微风"飞行器取得的成果，进一步利用多飞行器组合模式设计方案；洛·马公司与航境公司合作，利用"太阳神"进一步增强结构安全性思路开展方案设计（如图 3-54 所示）。

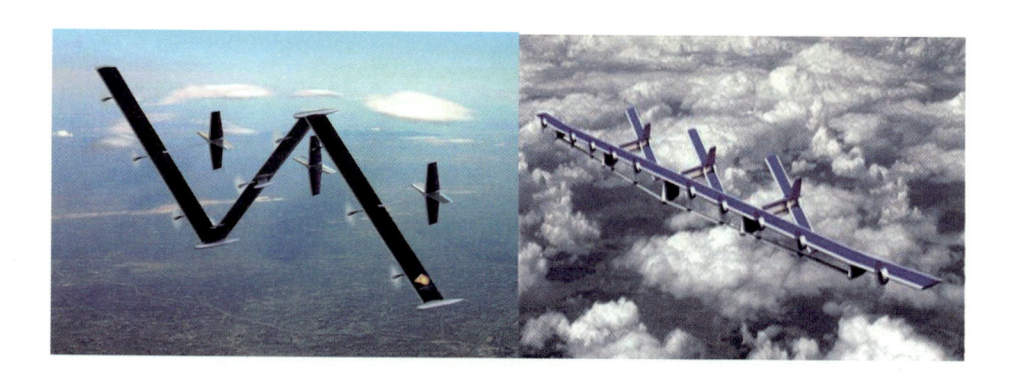

图 3-53 极光公司的"奥德修斯"方案

图 3-54 洛·马公司方案

经过第一阶段的筛选,最终 DARPA 选择了波音公司和 QinetiQ 公司合作所制订的方案"SolarEagle"(如图 3-55 所示)。波音公司表示,他们的方案将和 QinetiQ 公司在"微风"的技术上进行研制。2010 年 9 月,DARPA 给予波音公司 9 000 万美元的资助。

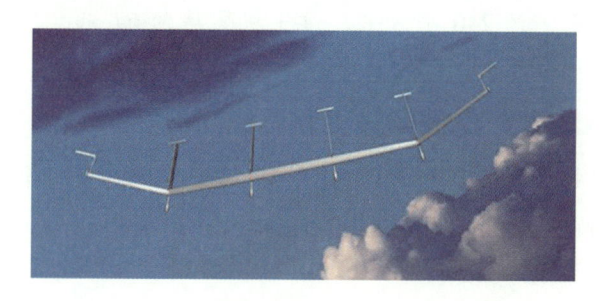

图 3-55 波音公司的"SolarEagle"方案

3.4.4 其他太阳能飞机研究计划

此外，瑞士、美国、意大利、英国等开展了中低空及小型太阳能飞行器计划，目前主要集中于长航时飞行验证阶段。

瑞士"阳光动力号"（Solar Impulse）作为世界上第一架完全由太阳能提供动力的载人飞机在应用太阳驱动方面取得了巨大进展（如图 3-56 所示）。2011 年 5 月 13 日，"阳光动力号"从瑞士西部小镇起飞，飞越法国和卢森堡两国上空，在 3 600 米的高度连续飞行了近 13 小时后，于当晚在布鲁塞尔国际机场平稳着陆。

图 3-56　飞行中的"阳光动力号"太阳能飞机

• 知识延伸

"阳光动力号"的动力装置由太阳电池组、直流电动机、减速器、螺旋桨和控制装置组成。为了获取足够的太阳能，飞机上铺设有大面积太阳电池板，因此机翼面积较大，约 240 平方米。该飞机翼展约 64 米，与空中客车 A340 等大型飞机相当，但其大量采用碳素纤维复合材料，质量只有 1 600 千克，约 12 万片太阳电池板覆盖机翼和尾翼负责采集太阳能，飞机底部也装有太阳能光电板，用于接收发射光，机身还装有 400 千克的超薄锂电池，用于储存太阳能转化而成的电能，供飞机在夜间飞行使用。

"阳光动力号"飞机可以进行昼夜飞行。飞机在日出时起飞,高度逐渐上升,在上升过程中,太阳能系统转换的电能一部分为飞机提供飞行动力,另一部分为超薄锂电池充电;在飞机攀升到 9 000 米或更高的高空时,蓄电池已经充满电荷;日落后,飞机飞行高度和蓄电量都达到峰值,飞机使用蓄电池中的电荷为飞机提供飞行动力,同时高度开始下降至 1 500 米,以减少能耗。只要操作得当,蓄电池中的电量足以支撑到第二天日出之时。"阳光动力号"太阳能飞机,其创造性的设计和出色的表现展示了太阳能飞行器研究的可行性和未来巨大的应用价值。

在"阳光动力号"的基础上,瑞士阳光动力公司设计了"阳光动力二号"(Solar Impulse 2)(如图 3-57 所示)。2015 年 3 月 9 日,"阳光动力二号"从阿布达比起飞向东飞行,由两位飞行员、同时也是阳光动力公司创办人贝特朗·皮卡尔、安德烈·博尔施博格轮流驾驶,计划花五个月时间环游世界。"阳光动力二号"以充满未来感的尖端技术打造而成。整机净重 5 000 磅(约合 2 268 千克),翼展 72 米,用 4 个电机提供电力。飞机的起动速度可以达到 144 千米/时。机身铺设 17 万余片采用交叉背接触(interdigitated back contact,IBC)技术的太阳电池板,厚度仅有 23 毫米,但转换效率高达 23%。同时,为减轻太阳能面板的质量,这些电池表面以索尔维特种聚合物事业部(Solvay Specialty Polymer)所开发的防水、高透明、耐高温 ECTFE 蒙皮铺设,

图 3-57 飞行中的"阳光动力二号"太阳能飞机

有效降低电池表面的温度并提高耐性。

此外，欧盟开展了高空长续航平台（helios platform，HELIPLAT）计划（如图 3-58 所示），该计划要在 20~30 千米高空建立低价格的飞行载荷平台，飞行数周或更长时间，主要应用于通信、遥感和科学考察等，研制的 HELIPLAT 可组成平流层应用网络（helios network，HELINET），提供的服务包括互联网和电子邮件、电话和数据传输、电视会议、广播电视等。研制经费由意大利空间局支持，意大利负责总体设计并进行平台设计，西班牙和英国负责平台构造和电机配置。英国约克大学负责定位、环境监测和广播通信等应用系统研究，瑞士参与环境监测，匈牙利和西班牙负责网络通信，斯洛文尼亚负责导航通信。

图 3-58　HELIPLAT 外形示意图

HELIPLAT 气动外形选用单翼、双尾撑、大尺寸水平尾翼和 2 个垂直尾翼构型，机体大量使用复合材料。该飞行器设计翼展 73 米，机翼面积 176 平方米，根梢比 3，全机重 816 千克，有效载荷 100 千克，巡航速度 71 千米/时。该机能源系统由高效单晶硅太阳电池和燃料电池组成，推进系统配置 8 台直流无刷电机，以提高系统可靠性。研究人员已经制作了缩比验证机用于设计方案的评估。

除上述大型太阳能飞行器之外，许多国家还开展了一些小型的太阳能飞行器计划（如图 3-59 所示），旨在以小型飞行器作为牵引，发展总体设计、闭环能源系统、轻质结构等关键技术，验证长航时太阳能飞行器技术。美国 2005 年研发的 SoLong 无人机完全由太阳能提供能量，最长飞行时间为 24 小时，这架飞机翼展为 4.75 米，质量为 10.8 千克，遥感控制及探测范围为 8 000 米。Sky – Sailor 飞行器是由苏黎世技术研究中心研发的，作为一款适用于未来太空探测的飞行器模型。这架无人机质量为 2.6 千克，翼展为 3.2 米，最长连续飞行时间超过 27 小时。NASA 研发的 Venus 是携带减速伞的、具备探测性任务的无人机，能量来源主要是太阳光，飞行速度达 95 米/秒，飞行高度为 65~75 千米，它的设计目标是成为依靠太阳能在金星上持续运行的飞行器，在这种高度上的大气压力基本类似于金星地面的飞行压力。

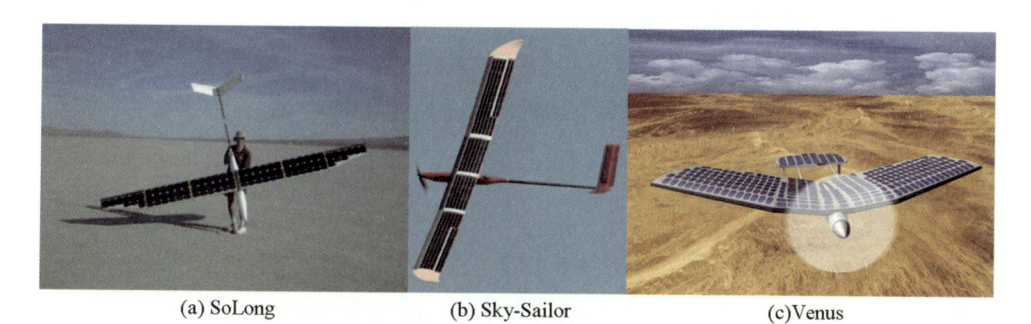

(a) SoLong　　(b) Sky-Sailor　　(c) Venus

图 3 – 59　几种小型太阳能飞行器

3.5　临近空间长航时飞机研究现状

临近空间长航时飞机，主要包括高亚声速飞机和氢能源飞机。在高亚声速飞机中，影响力较大的有"全球鹰"无人机、RQ – 170 和 RQ – 180 无人机；而氢能源飞机主要有航境公司的"全球观测者"无人机和波音公司的"鬼眼"无人机。

目前，临近空间长航时飞机主要朝着智能化、系统化、更长续航能力方向发展。

3.5.1 "全球鹰"无人机

1. 发展历程

"全球鹰"是美国空军乃至全世界最先进的无人机之一。作为"高空持久性先进概念技术验证"（advanced concept technology demonstration，ACTD）计划的一部分，包括"全球鹰"（Global Hawk）和"暗星"（DarkStar）两个部分的"全球鹰"计划于1995年启动。该计划最初由DARPA管理，1998年10月转由怀特·帕特森空军基地的空军系统计划办公室接管。后来"暗星"计划由于技术原因于1999年1月取消。

"全球鹰"无人机是诺·格公司研制，此外，参与研制的公司还有：雷神公司空间与航空系统分公司（综合传感器组件）、雷神公司情报与信息系统分公司（地面站）、劳斯莱斯公司（发动机）、L-3通信公司（通信系统）、沃特飞机工业公司/ATK公司（机翼）、极光公司（垂尾）、古德里奇公司（电驱动刹车系统），以及霍尼韦尔和英国航空航天系统公司等（如图3-60所示）。"全球鹰"无人机共发展了RQ-4A和RQ-4B两种型号。

图3-60 参与"全球鹰"研制的公司

• 经典案例

RQ-4A"全球鹰"无人机（如图3-61所示）于1998年2月首飞，在ACTD计划执行期内完成了58个起降，共719.4小时飞行。1999年3月二号原型机坠毁，携带的专门为RQ-4A设计的侦察传感器系统毁坏；1999年12月，三号机在跑道滑跑时出现事故，毁坏了另外一个传感器系统。因此在之后的试飞中，没有加装电子/红外传感器系统。但测试了单独的合成孔径侦察雷达，并获得了侦察影像。2000年6月，一个完整的"全球鹰"系统重新部署到了爱德华兹空军基地。2001年4月22日，一架RQ-4A"全球鹰"无人机完成了从美国到澳大利亚的越洋飞行。这是无人机首次完成这样的飞行，使得"全球鹰"可以逗留在某个目标的上空长达42小时，以便连续不断地进行监视。

图3-61 RQ-4A"全球鹰"无人机

2001年11月，"全球鹰"无人机机载监视系统被派到阿富汗战场执行任务。年底，由于维修人员的失误，一架RQ-4A"全球鹰"无人机在战场坠毁。2002年7月，一架RQ-4A"全球鹰"无人机在巴基斯坦境内坠毁。2003年3月，"全球鹰"无人机的人员和设备在伊拉克战争中部署，并开始执行任务。2003年5月，美国国防部开始以"全球鹰"无人机作为平台，启动核动力飞机的研究开发工作。其主要任务是把核动力用于无人机，使其滞空时间由以往的几十小时提高到数月；新型核动力无人机除执行侦察任务外，还可装备空地导弹，用于对地攻击。该核动力无人机，采用的核动力与传统的裂变反应堆有所不同，它是由铪-178提供能量。

• 经典案例

2003年8月，美国诺·格公司综合系统分部完成了首架生产型RQ-4A"全球鹰"无人机的制造。"全球鹰"无人机成为获美国联邦航空管理局的空域表面层飞行许可证的第一种无人机，这为"全球鹰"无人机在本国领空内支持本土防御任务铺平了道路。2003年10月，"全球鹰"无人机飞抵德国，开始为验证欧洲航宇防御系统公司开发的新型电子情报传感器进行一系列飞行。2004年10月，第一架用于美海军"全球鹰"海上演示计划的RQ-4A"全球鹰"无人机于10月6日从加利福尼亚的帕姆代尔飞到了爱德华兹空军基地，完成首次飞行，如图3-62所示。2005年12月，美海军完成"全球鹰"无人机海上验证。

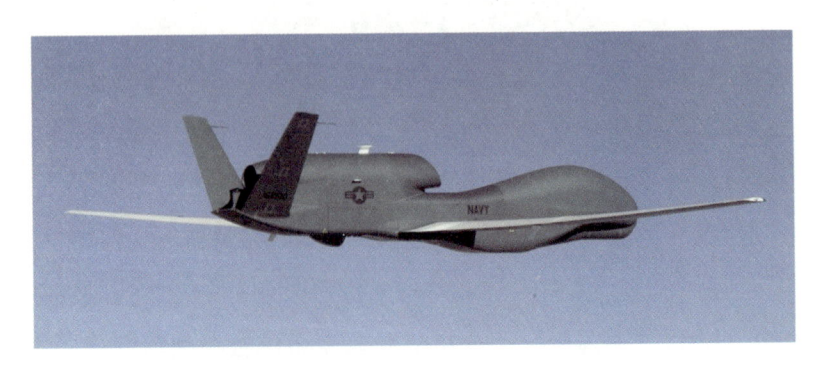

图3-62 美海军的"全球鹰"无人机

2. 性能参数

RQ-4A型"全球鹰"机身长13.5米，高4.62米，翼展35.4米，最大起飞质量11 622千克。翼展和波音747相近，是一种巨大的无人机。机载燃料超过7吨，最大航程可达25 945千米，自主飞行时间长达41小时，可以完成跨洲飞行，可在距发射区5 556千米的范围内活动，可在目标区上空18 288米处停留24小时。该无人机飞行中由预编程序控制，也可随时改编程序。飞行控制系统采用GPS和惯性导航系统，可自动完成从起飞到着陆的整个飞行过程。

RQ-4B是RQ-4A的升级型，如图3-63和图3-64所示，其翼展为39米，比RQ-4A的翼展长3.6米，机身也大于RQ-4A，载荷由RQ-4A的900千克提高到1 350千克；RQ-4B的续航时间增长，可自主控制飞行；采用一台新型发电机对劳斯莱斯公司的AE-3007进行少许修改，电输出功率增大150%。此外，RQ-4B采用开放的系统结构，使其能够"即插即用"各种增强型载荷。除携带信号情报和电子情报载荷外，RQ-4B还携带多平台雷达技术嵌入项目（multi-plantform radar technology insection programme，MP-RTIP）载荷，技术水平比RQ-4A有了很大提高。

图3-63 正在厂房内进行安装的首架RQ-4B型"全球鹰"无人机

Near Space Vehicle and
Its Applications
临近空间飞行器及其应用

图 3-64 RQ-4B "全球鹰" 无人机

• 知识延伸

"全球鹰"无人机有"大气层侦察卫星"之称，其机上装有光电和高分辨率红外传感系统、电荷耦合元件（charge-coupled devive，CCD）数字摄像机和合成孔径雷达。光电传感器重100千克，工作在0.4~0.8微米的可见光波段；红外传感器工作在3.6~5.0微米的中波段红外波段；合成孔径雷达重290千克，在X波段工作，同时具有一个600兆赫兹、3.5千瓦峰值的活动目标指示器。该雷达获取的条幅式侦察照片可精确到1米，定点侦察照片可精确到0.3米，甚至可测出隐藏在树丛中恐怖分子。"全球鹰"无人机能在2 000米高空穿透云雨等障碍连续监视运动目标，准确识别地面各种飞机、导弹和车辆的类型，甚至能清晰分辨出汽车轮胎的齿轮；对以20~200千米/时速度行驶的地面移动目标，可精确到7米。一次任务飞行中，"全球鹰"既可进行大范围雷达搜索，又可提供74 000平方千米范围内的光电/红外图像，目标定位圆概率误差最小可达20米。

"全球鹰"无人机拥有功能强大的数据处理能力，在无人机上就可将情报数据转换成图像，并将图像直接反馈给地面部队。"全球鹰"无人机上装备的合成孔径雷达能从地面杂波中区分出固定目标和运动目标，连续地监视运动目标，并能有效地识别伪装和穿透掩盖物。因为无线电波能穿透云层和雨雾等障碍，所以"全球鹰"无人机在夜间和阴雨天气也能正常执行侦察任务，是一种真正的全天候侦察机。"全球鹰"无人机一天之内可以对约 137 000 平方千米的区域进行侦察（如图 3-65 所示）。

(a) 可见光成像照片　　(b) 红外成像照片

图 3-65　"全球鹰"无人机拍摄的照片

"全球鹰"无人机更先进的优点是，它能与现有的联合部署智能支援系统（joint deployment intelligence support system，JDISS）和全球指挥控制系统（global command and control system，GCCS）连接，图像能直接实时地传给指挥官，用于指示目标、预警、快速攻击与再攻击、战斗评估。RQ-4A 型"全球鹰"无人机还可以适应陆、海、空军不同的通信控制系统，既可进行宽带卫星通信，又可进行视距数据传输通信。宽带通信系统可达到 274 兆比特/秒的传输速率；Ku 波段的卫星通信系统则可达到 50 兆比特/秒。另外，无人机上装有备份的数据链。

3. 应用情况

当"全球鹰"无人机还处于工程与制造发展和低速初始生产阶段（"全球鹰"无人机于 1994 年开始研制，1998 年 3 月样机试飞，2001 年春天才通过了系统设计）时，它已经成功参加过两次作战行动，第一次是 2001 年在阿富汗的"持久自由"行动，第二次是 2003 年的"伊拉克自由"行动。自 1998 年首次飞行以来，"全球鹰"无人机的飞行纪录已经超过 7 000 小时，其中超过 5 400 小时是执行作战任务。

• 经典案例

在阿富汗战争中，"全球鹰"无人机执行了 50 多次作战任务，累计飞行 1 000 小时，提供了 15 000 多幅敌军目标情报、监视和侦察图像，还为低空飞行的"捕食者"无人机指示目标。"全球鹰"无人机在阿富汗"持久自由"行动中的表现验证了控制无人机这一新概念。原来"全球鹰"无人机的作战概念只是将其作为一架能够按照预先指定路线飞行并收集情报的自动飞行器。但由于天气、观察角度和其他因素而不得不重新为无人机制定新的任务，大量控制人员和传感器操作手参与控制无人机。无人机在空中连续飞行 18 小时，且根据战斗的节奏不断变更作战任务，并能够对自己重新定位，以发现新的目标。

在"伊拉克自由"行动过程中，一半以上时间关键目标数据是由 RQ-4A 型"全球鹰"无人机提供的。"全球鹰"无人机在伊拉克战争中首次被用来为 F/A-18C 战斗机传递数据，攻击伊拉克导弹系统。"全球鹰"无人机共执行了 15 次飞行任务，提供了 4 800 幅图像。虽然这仅仅代表战争期间全部飞空中摄像任务的 3%，但是它产生了大约 55% 的时敏目标数据，用于杀伤伊拉克防空力量。同时小型无人机还可使地面部队远离敌方，大大减少了美陆军在作战中的伤亡数量。"全球鹰"无人机在跟踪武装分子、挫败路边炸弹袭击、保护车队和发射导弹攻击中发挥了越来越重要的作用。从"全球鹰"无人机获得的图像帮助摧毁了 13 个地对空导弹连、50 个地对空导弹发射器、70 辆地对空导弹运输车、300 个地对空导弹箱和 300 辆坦克。被摧毁的坦克占伊拉克已知总数的 38%。从"全球鹰"无人机得到的传感器数据在战场处理后，发送到加利福尼亚州比尔（Beale）空军基地，经第 152 情报中队分析图像并发布结果。这个过程总共只需几分钟。在一次战例中，"全球鹰"无人机机载合成孔径雷达提示机上的 AAQ-16 光电/红外传感器对准伊军隐蔽的导弹发射架；数据通过卫星数据链路传到地面控制站，在传递给美国海军的 F/A-18C 战斗机之前进行分析和压缩，F/A-18C 利用这一信息瞄准并摧毁在桥下的伊拉克导弹系统。从观察、探测到发射导弹摧毁目标所用的时间仅为 20 分钟。

目前，大福克斯基地驻扎的第 319 侦察联队是美空军唯一的 RQ-4B 第 30/40 批次"全球鹰联队"。该基地任意时间均控制 8~9 架 RQ-4B 型"全球鹰"无人机，同时保证全年任意时间均有 3 架 RQ-4B 型"全球鹰"无人机在空中执行情报监视侦察任务。据统计，从 2020 年 6 月 1 日到 2021 年 5 月 31 日，该基地的 RQ-4B 型"全球鹰"无人机已完成 1 304 次飞行，累计任务时间高达 26 570 小时。

近年来，"全球鹰"无人机在日本、韩国等地开展部署应用。2014 年 5 月 24 日，美军一架"全球鹰"无人侦察机飞抵日本青森县的美军三泽基地。韩国目前引进了 4 架"全球鹰"无人机，并一直进行作战部署。

"全球鹰"虽然是世界上最先进的高空无人侦察机，但它也有一些美中不足，其巡航速度只有 636 千米/时，难以逃脱高速战斗机的追击，也在大部分防空系统的射程范围之内，同时其隐身方面设计不足，雷达散射面积大，且喷气发动机工作时会产生较强的红外特征。2019 年 6 月 20 日，伊朗革命卫队在霍尔木兹海峡击落了一架美军的"全球鹰"无人机，宣称采用的是"雷神"防空系统中的"霍尔达德-3"雷达制导地空导弹。基于"全球鹰"无人机防御能力弱的问题，美国空军近年来也在极力推动"全球鹰"无人机的退役。

在民用方面，美国将"全球鹰"无人机用于大气科学探测研究。"全球鹰"无人机的独特优点，使它可以胜任大气科学探测研究。"全球鹰"无人机的飞行距离达 22 236 千米，可以在空中停留 32 小时以上，最大飞行高度可以达到 19.8 千米，有效载荷可达 680 千克，使其非常适合用于大气科学探测研究。因为"捕食者"无人机的飞行高度达不到大气科学探测的要求,所以不会考虑将"捕食者"无人机用于大气研究。

"全球鹰"无人机的其他潜在民用方面还包括利用其光电/红外传感器探测森林火灾。如果用"全球鹰"无人机执行这种任务,就不会出现蒙大拿州发生数次未能预警的重大森林火灾的情况,因为该无人机能监视整个地区,并很快将信息下传到监控中心。当"全球鹰"无人机在9 144米高度飞行时,其视距通信距离为161千米;若它在18 288米高度飞行,其视距通信距离则远至483千米。

3.5.2 RQ-170和RQ-180无人机

1. 发展历程

RQ-170无人机是一款由美国空军开发的低侦察性无人机系统,主要为美国联合部队指挥官执行侦察和监视任务。它曾在"持久自由"行动中被部署在阿富汗境内,在韩国等地开展测试飞行,并于2011年在巴基斯坦参与执行突袭本·拉登的军事行动。RQ-170无人机采用无尾飞翼布局,翼展约为20米,长度为4.5米,机高1.8米,起飞质量约4.5吨,巡航时间约6小时。该无人机外形如图3-66所示。

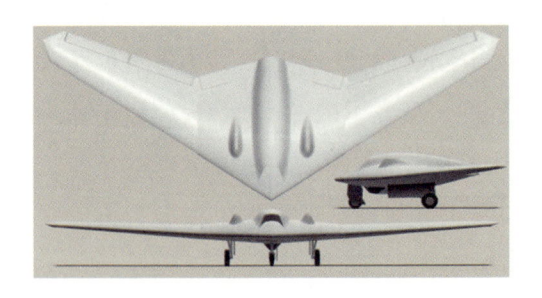

图3-66 RQ-170无人机气动构型

RQ-180无人机是美国空军研发的一款新型远程隐身无人侦察机,是在其前续机型RQ-170无人机的基础上发展而来。美国空军认为,SR-71"黑鸟"超声速战略侦察无人机退役后,"全球鹰"无人机无法在所谓"高风险空域"执行情报侦察任务,因此需要一种高空侦察隐身无人机。RQ-180 无人机(如图 3-67 所示)继承了 RQ-170 无人机相似的技术路线,与"全球鹰"无人机不具备隐身能力不同,RQ-180 无人机突出了高空突防和高隐身特性,主要用于应对高烈度战场环境下的战略侦察,被定义为一个能够深入敌方领空并持续存在的网络和侦察平台,是美军实现重返亚太战略的重要支撑,该类型无人机有意替代现役的"全球鹰"无人机等传统战略侦察平台。

图 3-67 RQ-180 无人机概念图

RQ-180 无人机的研制和测试试验属于美军严格控制的机密内容,根据公开的信息判断,该无人机在 2013 年被首次确认存在,由诺·格公司研制,处于边研发测试边试验应用的阶段。2020 年 11 月,美国《航空周刊与空间技术》杂志曝光一张疑似 RQ-180 无人机在加利福尼亚州爱德华兹空军基地军事行动区附近试验飞行的照片,照片中的这架无人机外形与美军现役无人机均不同,在高空拖出长长的冷凝尾流,如图 3-68 所示。

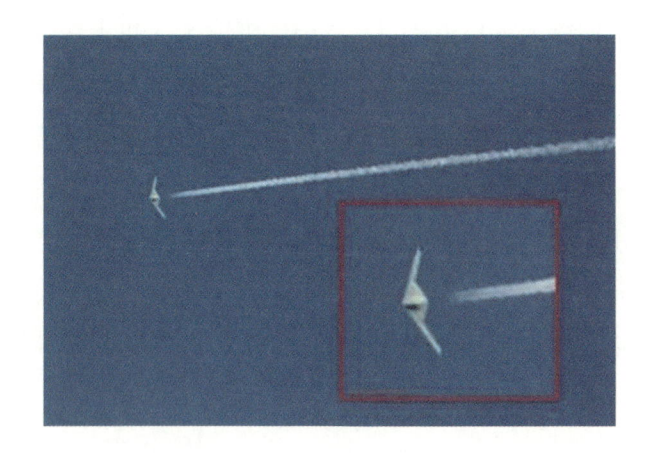

图 3-68　2020 年 11 月曝光的疑似 RQ-180 无人机试飞照片

2. 技术指标

随着《航空周刊与空间技术》杂志对 RQ-180 无人机的持续关注和挖掘，外界得以在美国空军和诺·格公司不予回应的情况下，勾勒出这架神秘无人机的粗略影像。

根据资料显示，RQ-180 无人机机长 21 米，翼展 62 米，航程 33 000 千米，飞行高度 2 万米，最大起飞质量 14 641 千克，续航时间大于 24 小时。该无人机主要执行情报、监视与侦察任务，因此配备可见光及红外侦察设备、主动电子扫描阵列雷达和各种电子监视设备等，同时具备超视距信息实时传输能力。此外，该无人机还可执行电子攻击任务，未来将配合 B-21 战略轰炸机执行作战任务。

3. 技术特点

RQ-180 无人机最关键的特征是在 F-117、F-22、F-35 的基础上进一步提高全向宽频雷达隐身能力。高隐身特征将有利于对抗来自各方向的低频和高频威胁。该设计还将隐身与超高效气动布局融合起来，从而增加了飞行高度、航程和执行任务时间。该型无人机采用了诺·格公司隐身的"无尾飞翼"布局设计，由大后掠角的中心体和细长的大展弦比外翼构成。在综合了隐身和空气动力学的最新成果后，RQ-180 无人机的低可探测性可以应对诸如低频雷达之类的新威胁。

同时，RQ-180 无人机还具有较好的数据融合和互联互通能力，RQ-180 无人机在敌方领空高空飞行时，能够从 F-35 战斗机和 B-21 轰炸机的多功能先进数据链（multi-functional advanced data Link，MADL）以及 F-22 战斗机的机载数据链等系统收集视线数据链数据，为每架飞机提供一个战场的"上帝的视角"，包括每个节点的位置、状态和相关的传感器数据。这种数据融合和互连互通水平大大提高了每架飞机驾驶舱或每架无人机计算机化大脑中信息的保真度，从而增强了意识和合作，进而显著提高杀伤力和生存能力。

3.5.3 氢能源无人机

氢能源无人机是指以氢为主要燃料的低速临近空间飞行器，主要项目包括美国的"全球观测者"（global observer，GO）无人机和"鬼眼"（Phantom Eye）无人机。

"全球观测者"无人机（如图 3-69 所示）为美军最新型的无人侦察机，由美国航境公司制造。全球观测翼展为 175 英尺（53.28 米），约相当于一架波音 747 飞机，其机翼由全复合材料制成。"全球观测者"无人机设计可以在 16~20 千米高度飞行 5~7 天。该无人机是一款很具创新性的产品，使用氢气

图 3-69 "全球观测者"无人机

而不是传统燃料。该无人机的潜在用途巨大,既可以用于高空侦察,也可以作为通信中继机使用。航境公司共制造了两架"全球观测者"原型机(GO-1和GO-2)。2011年1月首次采用氢燃料电池飞行,最大飞行高度达到12千米。GO-1在第九次飞行中坠毁,目前,GO-2原型机仍在进行相关试验。

"鬼眼"无人机(如图3-70所示)是由波音公司研制的一款高空长航时无人机,采用液氢发动机。"鬼眼"无人机可以在特定区域的平流层保持长航时存在,并执行情报、侦察、监视和通信等任务。验证机拥有45.72米的翼展,在携带204千克有效载荷的情况下可在约19千米高度下连续飞行超过4天。"鬼眼"无人机的全部推进系统包括发动机、涡轮充电装置和发动机控制系统,系统在2011年3月1日成功地完成了80小时的高空台试验。2012年6月,"鬼眼"无人机完成验证机首飞,升至1 240米,飞行28分钟后着陆。2013年2月,"鬼眼"验证机成功进行了第二次飞行,最大飞行高度为2 400米,飞行持续了66分钟。2013年6月,波音公司获得导弹防御局680万美元资助。

图3-70 "鬼眼"无人机

2013年6月14日,"鬼眼"无人机进行了第四次飞行试验,在20 000英尺(6.096千米)高空飞行了4小时。9月14日的第五次飞行,飞行高度到达28 000英尺(约8.534千米)。2014年1月6日的第六次飞行试验持续5小时,比之前的所有飞行时间都要长。

2014年2月,在NASA德莱顿飞行器研究中心的推荐下,由空军412操作团队将飞行器提升至试验状态。然后"鬼眼"无人机经历六次飞行试验，并要满足 NASA 安全标准，按照美国空军测试中心的试验分类标准，"鬼眼"无人机将会不再受限于爱德华兹空军基地，可转移到数千米外的试验场地，进行进一步的航时与升限飞行试验。

2014 年，验证机进行了第九次飞行试验，并在 54 000 英尺（约 16.459 千米）高度飞行了 8~9 小时，之后验证机存放于 NASA 阿姆斯特朗飞行器研究中心。2016 年 8 月结束飞行测试，被送往空军飞行试验博物馆展示，暂无进一步发展计划。

第4章
低动态临近空间飞行器技术与应用

4.1 浮力型临近空间飞行器性能特点与发展趋势

4.1.1 平流层飞艇性能特点

平流层飞艇平台可长期在特定观测区域上空驻留,具有驻留高度适中、载荷能力大、飞行速度慢、可重复使用、生存能力强、使用成本低等特点,可携带可见光、红外、高光谱、激光和微波等载荷,对重点关注区域进行全天候、全天时的观测,可有效提升目标侦察定位、打击效果评估、区域预警探测、环境保障等能力。

1. 飞行高度适中,覆盖范围广,探测精度高

平流层飞艇的驻空高度一般为 18~21 千米,远低于卫星运行的高度,有利于对地面的观测和通信。与地球同步卫星运行高度(约 36 000 千米)相比,平流层飞艇的自由空间衰减有所减少,延迟时间小于 0.03 毫秒,远小于同步卫星的 12 毫秒,有利于通信终端的小型化、宽带化。相对于侦察卫星,平流层飞艇距离地面更近,可利用其携带的各种光学或电子侦察设备对陆、海、空、天目标进行侦察监视,对导弹发射进行预警,所搜集到的图像和数据在质量上比数百千米轨道上飞行的卫星更好，因此非常有利于获取目标的高分辨率图像。与航空器相比较，平流层飞艇飞行高度高、视距远，大大降低了地球曲率对探测雷达的影响，能够在更大的侦察范围内对地面目标进行侦察监视，信息获取灵敏度高，信息获取与传输可持续性好。

2. 驻空时间长，生存能力强

平流层飞艇采用先进的能源系统和动力系统，具有长航时的特点，可在临近空间区域驻留半年甚至更长时间。

平流层飞艇采用全复合材料制造，虽然体积较大，但由于材料本身的雷达反射系数极小、飞行高度高、没有大尺寸高温部件，加之在飞艇设计时可采取降低机体的可观测性、对金属材料部件采用吸波材料进行表面喷涂以及外形隐身设计等措施，可保证飞艇具有较好的隐身性。据初步分析计算，平流层飞艇平台在顺、逆航向的雷达反射面积约为0.16平方米。

3. 成本低，可大量迅速部署

平流层飞艇制造及放飞、回收成本较低，与卫星相比具有很大的成本优势。

平流层飞艇具有结构简单、重复使用性强、载荷能力强等特点，一旦技术成熟即可形成大规模生产能力，使得其制造成本非常低。同时，平流层飞艇使用耗费低，可回收重复使用，便于快速装备部署和维修，具有较高的效费比。

4.1.2 高空气球性能特点

高空气球运行在平流层的中底部，载重量大、设备可以回收、价格相对低廉，作为低成本长续航时间的高空平台，使其很适合承担科学探测、地形地貌勘探、预警探测、通信中继、目标指示和位置导航等民事应用，具有以下四个特点。

1. 驻空时间久

高空气球以太阳电池为能源，驻空时间通常以"月"和"年"技术，其飞行平稳，可搭载任务载荷长时间定点驻留，长时间定点执行任务。

2. 应急部署快

高空气球具备自主导航飞行功能，在安全区域内，战时可机动到保障困难地区上空，填补预警盲区，提高情报应急保障能力。

3. 飞行高度高

高空气球飞行高度在战斗机的升限之外，一般战斗机很难对其发动攻击，处于大多数地面防空武器的杀伤区外，高端的地面防空导弹系统虽然可攻击高空气球，但面临"得不偿失"的成本问题。

4. 探测距离远

高空气球的飞行高度超 20 千米，其直视距离超 500 千米，因此其探测和监视范围较飞机远。

4.1.3 浮力型临近空间飞行器发展趋势

1. 保持长航时、大载荷发展目标

作为预警探测、侦察监视用大型浮力型临近空间飞行器，超长航时、大载荷能力，是实现应用能力目标的基本保障。尽管目前浮力型临近空间飞行器平台发展挑战巨大，但从仅存的发展计划和项目看，超长驻空能力（数月甚至年量级）、质量功耗兼备的任务载荷能力（数百千克甚至吨量级/数百千瓦）的目标从未改变。受限于飞艇规模体积，为提高载荷比，通过多功能结构、自主动态式机构等进行系统和分系统创新设计是重要发展趋势。

2. 探索利用环境能量

浮力型临近空间飞行器本身特征决定了完全依靠抗风驻留代价和挑战巨大。浮力型临近空间飞行器充分利用平流层准零风层和其上下东西风切换带的风场特点，通过智能自主高度调节和路径规划，以最小的能源代价实现在平流层高度的区域驻留和小范围巡航飞行，同步减小飞艇体积和规模，具备

区域信息支援和应急快响能力。

3. 平台与应用的结合日益紧密

侦察监视、预警探测、通信中继等应用需求日益迫切，为浮力型临近空间飞行器发展提供了新的机遇。无论是大型长航时平流层飞艇，还是灵活应用的高空气球；无论是历史上已经下马的项目，还是当前正在加快推进的项目；无论是军用背景的项目，还是商业公司实施的项目，都有明确的应用牵引，且应用模式研究与验证和飞艇平台研制与试验紧密结合，并行推进，成为大的发展趋势。例如，平流层巴士目前仍在技术攻关阶段，与法国国防采购局、大学与研究机构等都签订了合作协议，推进在ISR、环境探测等军民领域的应用概念研究；谷歌气球多次在不同国家和地区开展试用试验和执行防灾减灾任务。

4. 共性基础技术水平不断提高

在平台总体的牵引下，共性基础技术性能指标实现较大提升，囊体材料、太阳电池、储能电池等共性技术已逐步形成独立体系，对浮力型临近空间飞行器研制形成了强有力的支持。进一步突破材料、能源、动力等制约装备发展的共性关键技术，是加快浮力型临近空间飞行器应用的重要前提。

4.2 浮力型临近空间飞行器核心技术难点分析

4.2.1 环境与总体技术

1. 临近空间环境特征及变化规律认识问题

浮力型临近空间飞行器循环能源非常有限，主要依靠工作区域特殊的低速风带实现抗风驻留，如何选择弱风层和了解其分布规律是浮力型临近空间飞行器开展应用的前提。平流层大气有稳定的层结特性，但也为垂直运动的中小尺度重力波传播提供了有利条件，造成相关环境条件的变化，在极端情况下还可能导致强烈湍流和环境失稳。

• 知识延伸

大气光学辐射是能源获取的唯一方式，紫外线辐射和臭氧等会引起飞艇蒙皮和部件发生化学反应，对平流层飞艇长期驻空产生影响，需要研究平流层辐射场强度及其变化规律、平流层化学环境。平流层爆发性增温事件中的温度变化、伴随太阳活动的高能粒子事件、平流层闪电、对流层急流等极端事件均会危害到飞艇自身安全和艇内设备的正常工作。

2. 昼夜温度交变与压力、高度控制问题

浮力型临近空间飞行器受太阳辐射影响，白天囊内气体温度高于环境大气温度（超热），夜晚太阳辐射消失后，超热值变小，甚至可能变为超冷。在环境因素和自身热特性共同作用下，浮力型临近空间飞行器驻空过程中的内部气体温度随昼夜交替变化明显，造成浮空器压力和净浮力出现较大波动，严重影响结构安全性和高度控制，制约浮力型临近空间飞行器长期区域驻留。试验和分析认为，不采取有效措施，昼夜温差将引起浮力和囊体压力的变化，对囊体耐压和安全性造成影响，引起驻留高度的较大变化，增加高度控制的难度，因此需深入开展驻空热特性研究，通过缩小温差减小浮空器昼夜压力和高度变化。

3. 升降过程超冷或超热与速度、压力控制问题

浮力型临近空间飞行器在上升和下降过程中，外部环境和自身热环境发生大幅变化，引起浮升气体压力、静浮力、温度大幅变化，需研究升降过程中热力学与动力学耦合问题，开展浮空器动力学预测，通过速度控制解决因热交换不足导致的超冷或超热现象，实时控制净浮力和压力，实现安全可控上升和下降回收。如何通过风场环境复杂的对流层，是选择合适升降速度的一个核心因素。而速度与净浮力、超冷问题密切相关，也与采用成形和非成

形升降技术路线密切相关，对风机、阀门和压力控制提出了苛刻要求。

4.2.2 材料与结构技术

1. 囊体材料使用性能和评价问题

囊体材料特别是焊缝处在加工、运输、使用过程中反复弯折和摩擦，对浮空器结构安全构成潜在的威胁，仍需要在保证面密度和基本强度的基础上提高耐揉搓性能，提出明确的技术指标和测试、评价方法。囊体材料的性能表征及质量评价标准主要参考美标，与实际的囊体材料性能存在一定的不匹配性。当前各研发机构对于囊体材料的环境影响评价方法并不统一，直接影响着囊体材料原材料的选型和结构的设计。应针对浮空器高驻空、长航时的特点，建立一套完整的、符合实际的环境影响评价体系。

2. 大型囊体加工工艺提升和自动化检漏问题

当前阶段，大型囊体加工主要依靠人工操作，加工一致性难以保证，囊体的强度与密封性能难以控制。为提高大型囊体生产效率，有效控制囊体加工工艺质量，急需开展加工工艺提升技术研究，开展蒙皮光学检测与自动修补技术、自动对缝焊接技术、焊缝质量智能检测技术以及高精度封圆技术研究，加速实现加工自动化、检查智能化，为囊体高效批量化生产提供支撑。

飞行试验表明，囊体泄漏是降低飞艇驻空时间的主要因素。为保障囊体气密性，在成型、总装集成、转运、飞行试验之前的各个阶段都应该进行全面检漏，通过视觉与红外高速、实时扫描巡检，完成囊体缺陷的快速综合评价，实现对浮力型临近空间飞行器充气状态下漏点的高精度、自动化检测，为囊体气密性和重复使用提供支撑。

4.2.3 循环能源技术

1. 太阳能－储能闭环再生能源系统设计问题

能源昼夜循环再生是浮力型临近空间飞行器持久驻空的基础。能源系统配置受浮空器物理构型、驻留空域环境、负载特性、任务周期、成本等诸多因素影响，不但需要考虑太阳能发电、能源储能、能源管理与分配等多个环节，还需要考虑日期、纬度等外界环境变化，能源拓扑、环控等内部因素变化。因此，需开展能源需求及多因素条件下的循环平衡机理、能源系统拓扑结构及复杂工况控制、能源－结构－环控一体化设计等研究。

2. 大规模能源单机及组件制造与安全可靠集成问题

浮力型临近空间飞行器尺寸和功耗巨大，无论是太阳电池、储能电池，还是再生燃料电池，都会包括大量单体电池，单体电池又通过串、并联方式构成更大规模的电源组件、模块乃至系统。单体电池制造一致性水平、电池组件或模块的优化设计及均衡控制、大面积太阳电池阵铺设安装、大规模锂电池安全可靠措施、再生燃料电池高压氢和氧系统安全性等技术手段都决定着整个能源系统的安全性和可靠性等级。目前以太阳电池、储能电池组成的闭环再生能源系统在航天领域已得到成熟的应用，在航空领域尚需要进一步完善。

3. 大功率多能源管理与分配利用问题

实现闭环能量平衡再生是浮力型临近空间飞行器实现长航时飞行的前提。根据用电需求，太阳能－储能闭环能源系统中电池阵面积可能超过数千平方米、储能电池数以吨计，安装集成将采用分布式布局。能源消耗主要用于飞行驻留动力、飞控通信、航电载荷设备、热控，能源系统面临多载荷需求、多电压体制（从传统28伏到400伏以上），以及多接口输、变、配电管理等技术挑战。太阳电池发电效果受飞行驻留空域环境或姿态的光照条件影响显著，无法使全部太阳电池达到相同的工作状态；储能电池循环寿命和安全可靠性受充放电深度、倍率影响显著，均衡充放电过程管理复杂；需进一步开展基于太阳电池最大功率点跟踪（maximum power point tracking，MPPT）技术的供配电网络拓扑、母线电压与电缆布线的优化设计等基础性研究工作。

4.2.4 动力推进技术

1. 提高推进系统效率

计算表明，推进效率提高 5%，太阳电池面积可减少约 200 平方米，浮空器质量减轻约 1 500 千克，浮空器体积减小约 15 000 立方米。因此，提高推进系统效率至关重要。推进系统主要由螺旋桨和电机组成，其效率由螺旋桨效率和电机效率乘积得到，电机系统效率已接近 90%，进一步提高的空间不大，提高推进系统效率以提高螺旋桨效率为主。

螺旋桨效率主要由翼型和螺旋桨外形决定。其中临近空间螺旋桨的翼型是低雷诺数高亚声速空气动力学问题，与传统航空螺旋桨气动机理完全不同，易出现层流分离泡，非定常特征显著，提高其计算与实验准确度是重要的基础性问题。

提高推进系统效率的主要技术包括螺旋桨桨梢小翼高效布局设计技术，基于协同射流流动控制螺旋桨高效气动布局设计技术，大长细比复合材料螺旋桨结构设计、制造与试验技术等。

2. 推进系统宽工况适应性

定距螺旋桨在设计的高度和速度具有高推力，但不能保证从数千米到超过 20 千米的大高度变化和 0～40 米/秒的大风速变化时均产生高推力。一种解决方法是同时安装两套动力系统，以分别保证高低空飞行时均有足够的推力。这种解决方法增加了一套多余动力系统的质量。变桨距和变桨径可以打破常规的定距螺旋桨设计思路，但需要研究能适应高度和速度变化的机构系统和控制系统，带来新的技术难度，对质量和可靠性也要予以特别关注。

提高推进系统宽工况适应性的技术包括轻质量被动式多挡位的变桨径或变桨距机构设计，多飞行状态螺旋桨桨径、桨距最佳参数设计技术，轻量化、高效率、高可靠性的主动式无级变桨径和变桨距机构设计等。

4.2.5 气动与控制技术

1. 阻力准确预测与减阻设计问题

浮力型临近空间飞行器的阻力与其绕流特性、边界层转捩特性和分离位置相关。通过快速工程算法或数值模拟可初步确定飞艇的绕流特性和边界层转捩特性等，但由于绕流流场非常复杂，数值计算有较大难度。雷诺数从百万到千万量级，层流/湍流比重接近，转捩位置难于精确确定。作为最大直径为数十米量级的柔性飞行器，在风洞中进行试验面临巨大技术挑战，包括临近空间低温、低密度、低压力环境的有效模拟，大尺度缩比技术，柔性结构风洞试验的相似准则，试验数据修正，舵面气动力矩精确测量等问题。

浮力型临近空间飞行器阻力特性对能源消耗等具有重要影响，在平流层高风速条件下，优化飞艇外形，减小阻力，具有重要意义。阻力包括艇身、尾翼、吊舱等部件阻力及其相互干扰形成的阻力，减阻设计涉及因素众多，属于难点问题，需要研究的技术包括高精度、高效率、高可靠性的计算流体动力学（computational fluid dynamics, CFD）方法，低速湍流模型的评估与改进，转捩预测方法，浮空器柔性结构缩比风洞试验技术，艇身减阻设计技术，边界层主动控制技术，尾翼减阻优化设计技术等。

2. 部件耦合干扰与滑流影响

浮力型临近空间飞行器艇身和尾翼、外挂物等部件相互干扰，各种影响因素耦合，使得各部件气动干扰复杂。螺旋桨滑流的非定常流动与艇身绕流流场耦合，使流动结构更加复杂。部件耦合干扰和螺旋桨滑流加剧了浮空器气动载荷和推进性能的非线性、非对称性和非定常性，严重影响浮空器操控设计，进一步影响浮空器区域驻留控制。

3. 大尺度柔性结构的流固耦合问题

浮力型临近空间飞行器是一类超大尺度的柔性充气囊体结构，多种载荷与囊体的相互作用会引起沿囊体外表面压力分布发生变化，从而使囊体发生局部变形和整体形变,变形又会使绕流场发生变化,即产生内外部流场和结构之间相互作用的流固耦合问题。流固耦合问题会对浮空器飞行性能产生影响甚至引发安全事故。

4. 高精度区域驻留控制问题

浮力型临近空间飞行器需要长期驻空才能满足任务需求,持久驻留使其面临更为苛刻的风场环境。临近空间大气环境的热力学状态变化将导致质量、浮心、浮力、内外压差等发生变化,导致参数摄动和模型不确定;在定点驻留工况下,风场扰动将显著影响区域驻留控制精度。

针对浮力型临近空间飞行器长期区域驻留的任务需求,研究的重难点问题主要包括临近空间环境的热力学状态变化对飞行器质量和浮心等模型参数的影响规律、风场变化对驻留位置姿态的影响规律、精简控制布局下的姿态控制方法、时变风场条件下的飞行控制方法、自适应鲁棒控制系统设计、高可靠多余度控制系统设计方法等。

4.3 升力型临近空间飞行器性能特点与发展趋势

4.3.1 太阳能飞机性能特点与发展趋势

1. 性能特点

临近空间太阳能飞机的飞行高度高于传统的航天器,而又低于卫星,使得该类型飞行器兼具有飞机和卫星的一些独特优势。此外,由于太阳能飞机采用太阳能提供飞行动力,结合电池储能与重力势能储能,可达到昼夜飞行的能源平衡,飞行器驻空时间以年为单位,具有超长航时、支援成本低等特点。随着一系列太阳能飞机项目的开展,相关技术得到极大发展,太阳能飞机技术也日趋成熟,目前该技术主要处于高空长航时飞行验证阶段,技术难度适中,具有中期可实现性。

（1）信息获取或对抗能力强，区域覆盖范围大

太阳能飞机具有类似卫星的持久工作特性，而且延伸了卫星的能力，具有飞行高度低，可在固定区域巡航飞行的能力，可获得"战术空间效果"的作战能力，而且具有类似航空器可重复使用能力，信息获取和对抗的时间和空间效率大大提升，综合应用成本降低，维护能力明显提高，将对现代新军事变革产生深远影响。

• **知识延伸**

临近空间太阳能飞机主要工作在20~30千米高度，在5°仰角条件下，可实现针对直径400~600千米的区域持久高分辨率情报、监控和侦察（ISR）的能力，可实现针对直径约1 000千米区域通信、通信中继、导航、预警的能力。它既可携带光学和微波载荷作为信息获取手段，提升信息感知能力；又可携带各种电子对抗载荷，实现电子压制和电子打击；还可携带通信和导航载荷，用于区域应急通信、通信中继及导航服务。与天、空、地、海等信息装备配合，可形成信息资源互补、信息互联互通，在时间、空间、频谱方面协调的全天候、全天时信息获取与信息对抗的体系作战能力。

一架在24千米高度巡航的临近空间太阳能飞机，其视场半径约为472千米（5°仰角），是高空飞机的4倍，可以有效监视整个地面情况。作为地面通信应用，在24千米高空对地面的覆盖直径约为1 105千米（0°仰角）；而作为通信中继应用，在24千米高空两平台无遮挡，通信中继直径可达2 210千米，在城市上空布置这样的飞机就可以完成高性能的数据中继转发业务，可支持多路图像、视频、话音和数据传输，从而为周边提供有力的通信支援。

（2）驻空时间长，信息支援成本低

由于太阳能飞机采用太阳能提供飞行动力，结合电池储能与重力势能储

能，达到昼夜飞行的能源闭环，飞行器驻空时间以年为单位。

太阳能飞机可重复使用，更换载荷可形成不同的应用，相对于卫星而言，造价低廉。上述特点和性能使得低速临近空间系统在建造、使用、维护和更新等方面具有更低的成本，相对高性能的信息支援能力，特别是在区域驻留信息获取和信息对抗方面具有极大的优势。

综上所述，太阳能飞机具有空间覆盖范围广、时间和空间分辨率高、机动能力较强、承载能力适中等特色，可对目标实施长时间的侦察监视，并且运行成本低、反应快。

（3）技术难度适中

实现临近空间持久区域驻留能力的技术途径有高空气球、平流层飞艇和太阳能飞机等，不同技术途径难点各不相同。2006 年，美国空军科学咨询委员会发布了《在临近空间高度持久存在》的研究报告，提出了美国近期（2010 年前）、中期（2020 年前）和远期（2020 年以后）临近空间飞行器的发展和选择建议。该报告认为，太阳能飞机是美国空军在近期和中期利用临近空间执行持久监视、情报搜集和通信中继等任务的最好选择。报告还建议美国对诸如高效太阳电池、轻质或高强的新材料、高空推进系统等相关技术进行投资。

临近空间太阳能飞机具有技术基础较好、成本相对较低和技术实施过程易组织等优点，当前存在的大型轻质结构性能和安全性等问题，预期可以通过刚柔结构组合、功能与结构一体化、可变形飞行器等创新思路解决，因而发展临近空间太阳能飞机是立足现有技术基础，满足高可靠性、经济可承受性和利用临近空间的需要。

2. 发展趋势

（1）朝着更高高度方向发展

临近空间太阳能飞机飞行于"空天接合部"，可以起到连接传统航空器与航天器的功能。为了充分利用临近空间环境稳定的特点，一般要求太阳能飞机飞行高度较高。随着飞行高度的增加，飞行器对地覆盖范围也不断增大，可发挥出更大的通信中继、监视侦察等作用。因此，随着技术的不断发展，太阳能飞机也在不断地追求飞行高度的增加。

（2）朝着超长航时方向发展

提高飞行航时的效果是显而易见的，因此太阳能飞机的整个发展过程都在孜孜不倦地追求延长航时的方法。飞行航时的增加，可减少飞行器起降次数，极大地节约飞行成本，有效地减小在升降过程中发生危险的可能性。太阳能飞机一般飞行速度相对较低，可以在某一区域进行区域驻留，长期驻空飞行可以为地面提供全天时的不间断凝视服务，对于地面的长期实时感知，是普通飞机和单颗卫星所无法完成的工作。因此，超长航时成为许多太阳能飞机追求的目标和重要的发展方向。"微风"无人机在 2018 年的首次飞行中，连续飞行超过 25 天；而 DARPA 的"秃鹰"研制计划最终目标是长达 5 年的飞行；美国新兴的泰坦公司提出的"平流层卫星"的概念，也打算发展飞行时间长达 5 年的太阳能飞机。

对于长航时飞行，能源在其中扮演着核心角色，为了实现长期驻空，必须满足能源闭环。太阳能飞机是一类以太阳作为能量来源的飞行器，白天采用太阳电池片产生电能，一方面供飞行器动力系统、载荷系统使用，剩余的能量则采用其他形式存储起来，以供飞行器夜晚的能源消耗。

• 名词解释

- 能源闭环 -

能源闭环是白天产生的能量，要满足一整天的能源需求，达到能源可持续。

通常的技术路线是采用太阳电池片和高比能储能电池（如锂硫电池、锂空电池等）相结合的方案，也就是说白天太阳电池片产生电能，一部分供给飞行器飞行，另一部分供给储能电池充电，在夜晚，直接由储能电池给飞行器供电。因此，高比能电池成为长航时太阳能飞机的关键技术之一。

值得一提的是，当储能电池的能量密度较低时，如果单纯增加储能电池，进一步增大了飞行器质量，进而增加能量消耗，这一矛盾可能会导致能源无法闭环。解决的另一种思路，就是白天产生的电能将储能电池充满后，仍有富余，可以采用爬升高度的方式，增加重力势能；夜晚的时候，一方面用储能电池供电，另一方面缓慢降低飞行高度来延长飞行航时，直到新的一天开始新的能源循环。

• 经典案例

瑞士的"阳光动力号"太阳能飞机，白天采用富余的太阳能使飞行器爬升至8千米的高度，当夜晚来临时，缓慢下降至约1.5千米的高度，可延长约4小时的飞行时间，然后采用储能电池供电，首次完成载人太阳能飞机的跨昼夜持续飞行。

除上述方法外，一些新的供能方式也被不断地提出和发展，小型核反应堆、卫星中继的无线能量传输、地面激光供能等方式不断地发展，相信未来的一天，临近空间飞行器能够像卫星一样，实现以年为量级的持久飞行。

（3）朝着大载荷能力方向发展

由于储能、结构等技术的限制以及太阳能飞机特殊的飞行环境，对各个系统提出了非常苛刻的条件，特别是对于质量的要求，将载荷余量设计得非常小。Zephyr 7目前的载荷量也只有几千克，相对于传统的飞机而言，其载荷能力非常小。

为了增大飞行器载荷能力，太阳能飞机主要有以下发展思路：

一是增大飞行器尺寸。虽然临近空间密度较低，飞行器翼载荷较低，但增大机翼面积，可有效增大载荷量。美国"太阳神"飞翼，翼展75米，比波音747还宽，而"秃鹰"研制二期计划最终选择的"SolarEagle"方案也超过120米。

二是广泛采用轻质结构技术，大量使用复合材料，减小结构质量，提高载荷质量。研究表明，到2032年左右，太阳能无人机载荷质量与结构质量的比值将达到常规电动无人机水平，到2040年左右，搭载固定质量载荷的太阳能无人机最大起飞质量将下降到目前的三分之一。太阳能无人机质量构成的未来趋势如图4-1所示。

三是采取能源/载荷/结构一体化。为了提高飞行器的载荷质量，另一个有效的方式是采用能源/载荷/结构一体化的设计方法。例如，将储能电池作为机体承力结构，有效地减小结构质量；将飞机结构与天线载荷结合设计，大大提高飞行器的载荷能力。

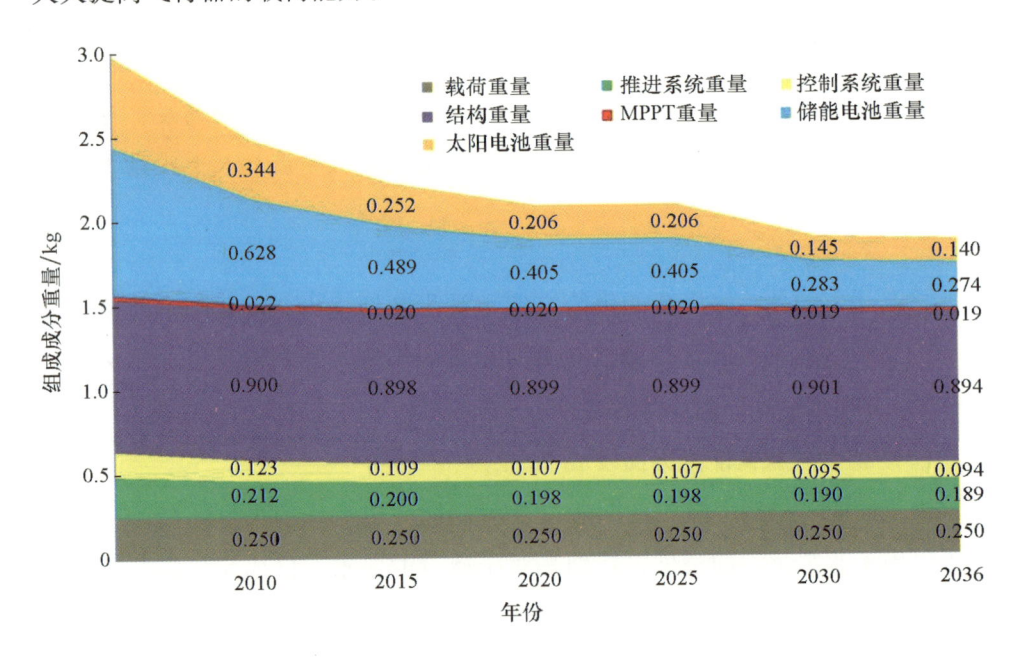

图4-1 太阳能无人机质量构成的未来趋势

（4）朝着高安全性方向发展

为了实现能源闭环，提高载荷能力的目标，太阳能飞机一般具有结构质量轻、翼展大等特点，带来的结果就是结构刚性非常差。在飞行过程中，受到气动力的作用易出现大的变形，并呈现强的非线性关系，严重影响了飞行器的安全性。美国"太阳神"飞翼,总质量只有707千克,比大多数小轿车还轻巧。2003年6月26日,HP03在试飞过程中,遭受湍流,失去控制在空中解体,并坠入夏威夷考艾岛附近海域。

为了解决飞行安全性的问题,一方面,大力发展大变形结构分析技术,深入研究此类结构的特性,建立适用于大展弦比大变形飞行器的鲁棒控制系统;另一方面,采用创新总体设计方法,减小飞行器在上升过程中遇到危险的可能。例如,"秃鹰"研制计划中极光公司的"奥德修斯"方案,采用多段子无人机的方案,每一段各自从地面飞行至目标高度,这样有效地减小了飞行器在低空遭受湍流而发生危险的可能性;然后在目标高度左右拼接成超大展弦比无人机,以达到载荷和能源的要求。

总体而言,太阳能飞机主要围绕着高高度、长航时、大载荷目标发展,为实现这一目标,不断在总体、能源、结构等方向寻求解决的可能。目前阶段,受技术水平制约,众多研究计划都集中于关键技术攻关,并在发展过程中注重概念和飞行演示,随着众多太阳能无人机项目的广泛开展,将有力地推动技术发展和成果转化应用。

4.3.2 临近空间亚声速飞机性能特点与发展趋势

1. 性能特点

临近空间亚声速高空长航时无人机,能够实现高空、天量级的飞行,具有响应快、载荷量大等优点。信息获取手段多、信息感知范围大、信息资源时间和空间精度高,既可携带可见光、红外、超光谱、雷达等载荷,作为持久区域信息获取手段,有效提升信息感知能力;又可携带各种电子对抗载荷,实现电子压制和电子打击;还可携带通信及其他能源中继载荷,用于应急通信、通信中继及能源中继服务。

(1) 信息时间分辨率高

现有的卫星系统在满足持续侦察需求方面的能力有待提升。如果采用卫星对某中低纬度区域进行覆盖侦察，利用卫星组网来进行工作，仿真结果表明按照平均概念意义上的总覆盖时间约为 1 小时，无法对目标进行持续稳定的覆盖。此外，卫星侦察的一大缺陷是其运动容易预测，可以方便地采取防范行动。而低动态临近空间飞行器可在某一区域长期驻留执行任务，它能形成特有的时间无缝隙的凝视观测效果，能够完成对特定区域的长时间预警、持久监视和实时侦察。

（2）信息空间分辨率高

低动态临近空间飞行器与卫星相比工作高度更低，一般只有测绘卫星的 1/25~1/10，这就为时间较高的空间分辨率提供了基础。在现有典型成像侦察载荷的基础下，光学成像分辨率可以提高到 0.1 米，合成孔径雷达分辨率可达 0.15 米，可对重点区域实现多手段高分辨率协同侦察，对军事设施如机场、导弹阵地、港口、军营、武器库等进行监视，查明武器的配置、兵力的部署等情况；实时侦察监视交通运输、后勤补给等情况；对战场上的各种移动目标，包括人员、装备等的活动情况执行不间断监视，以满足常规导弹的作战使用要求；实现对大范围海上目标的探测、定位和识别；实时监视边海防重点地区的军事设施、来袭目标、人员和装备的调动情况，实施有效的边海防监控。通过多传感器信息融合，形成目标情报、态势分析、威胁评估等情报，提高战场感知能力。表 4-1 列举了"全球鹰"无人机侦察能力清单，在一定程度上反映该类型无人机高空间分辨率的侦察能力。

表 4-1 "全球鹰"无人机侦察能力清单

传感器类型	可以完成的任务	不能完成的任务
可见光传感器	辨认小型或中型直升机的型号； 辨认预警、地面控制拦截、目标截获雷达天线的形状； 辨别中型卡车上的备胎； 辨认轿车和加长旅行车	辨认战斗机大小飞机（如米格-29）上的附件和整流罩； 辨认电子设备车上的舱门、梯子和通风口； 发现反坦克导弹的安装支座； 辨认铁轨上的各个轨枕

续表

传感器类型	可以完成的任务	不能完成的任务
红外传感器	区分单垂尾和双垂尾战斗机； 识别大型无线电中继塔的金属栅格结构； 发现堑壕内的装甲车辆； 识别大型商船烟囱的形状	发现大型轰炸机机翼上的吊挂物； 区分热车状态的坦克和装甲人员运动； 区分2轨或4轨SA-3发射架； 识别潜艇上的导弹发射筒顶盖

（3）系统部署和重构速度快

临近空间长航时飞行器往往可凭借平台结构简单、施放和发射相对容易、可重复使用、成本低廉等特点在短期内大量部署，低速飞行器准备时间往往不超过一天，亚声速飞行器准备时间更短，相比卫星测试和发射等长达周量级的部署准备时间更有优势。低动态临近空间飞行器可在临近空间快速建立信息链，和卫星、高空无人机和预警飞机配合，能有效地补充和完善空、天、地、海信息网络系统，实现获取信息和利用手段的多元化和一体化，提高系统的抗摧毁和抗干扰能力。

2. 发展趋势

（1）新一代高空长航时飞机朝着智能化、系统化方向发展

高空长航时无人机的发展正在朝着智能变结构控制和智能协同控制的方向发展。为了适应不同的工况，提出了飞行器智能变结构控制的应用需求。美国DARPA于2003年正式启动"变形飞机结构"（morphing aircraft structure，MAS）项目，该项目旨在通过在飞行中改变飞机的气动外形使飞机在执行不同任务或在不同飞行包线时的飞机性能都保持在最佳状态，即通过变形飞机部件使新一代军用飞机能够用于执行多种形式的任务。其长远目标是设计一种续航能力比"全球鹰"无人机更强、机动性比F/A-22战斗机更好的飞机。美国正在研究可在任意方向上进行可控变形的机翼，采用先进的智能结构和材料，加上智能化的控制系统，可使空中飞行的飞机在不同速度、迎角状态下，根据指令或自动改变机翼的后掠角、平面形状、弯度、扭转度、弧度、翘曲度等，甚至还能自行构造出翼尖小翼。这种智能变形机翼对于改善飞机的机

动性能、起降性能和安全性能，具有不可估量的价值。

临近空间高空长航时无人机多机集群、与其他有人机或无人机协同应用是实现作战效能提升的关键。美国在 U-2S 高空侦察机发展中，提出采用 U-2S 高空侦察机作为空中信息综合处理节点与 F-35 战斗机等协同工作的任务场景，如图 4-2 所示。

图 4-2 U-2S 高空侦察机与 F-35 战斗机协同

（2）临近空间亚声速飞机朝着超长航时、超隐身性能方向发展

续航时间是临近空间亚声速飞机的一个重要指标，更长的航时也是飞行器发展持续追求的目标。目前常规动力长航时飞机的航时一般在 24~40 小时，而采用氢能源、太阳能等新能源的长航时无人机的航时设计目标则瞄准数周甚至数月以上。由此可以预见，随着能源技术、动力技术、控制技术等的发展，临近空间亚声速飞机的飞行航时也将不断突破。

隐身技术在提高现代兵器的突防能力方面正发挥着越来越重要的作用。在入侵巴拿马、海湾战争以及侵略南联盟战争中，美国的 F-117 战斗攻击机执行了几千架次的空袭任务，却只损失了一架战机；而 B-2 隐形轰炸机从美国本土长途奔袭到南联盟执行轰炸任务却未受丝毫威胁。美军大力发展 RQ-180 等高空长航时隐身无人机，逐步退役隐身能力不足的"全球鹰"无人机的举措，在一定程度上也反映无人机隐身的发展方向。

4.4 升力型临近空间飞行器核心技术难点分析

4.4.1 太阳能飞机核心技术难点问题

发展临近空间太阳能飞机对现有科学与技术水平提出了极大的挑战,不但涉及飞行器总体设计与优化、太阳能再生能源、大型轻质结构、高效螺旋桨推进、持久导航与飞行控制等分系统的关键技术攻关,而且特别需要开展多个技术方向的耦合研究,这是制约临近空间太阳能飞机可行性和性能指标提升的核心难题。因此,应立足当前技术基础,充分发挥学科交叉可能带来的革命性效益,加快推进临近空间太阳能飞机研究。

1. 临近空间环境综合利用与适应性技术

环境和目标决定技术,临近空间环境资源包括稳定的风场、高度、密度、辐照等,充分利用临近空间自然环境资源是突破临近空间太阳能飞机实现难题的重要举措,同时也应该重点解决临近空间飞行器长期工作在临近空间环境的适应性技术问题,通过技术途径探索和创新总体设计,为发展具有持久区域巡航、高安全性和可靠性、中等载荷能力的新型太阳能飞机奠定技术基础。

为了实现上述目标,需要重点开展的研究方向包括临近空间环境特征、临近空间风场梯度昼夜综合利用与区域驻留控制、临近空间高度势能储能与能量综合分配技术、临近空间环境综合利用策略与飞行规划技术、临近空间环境持久工作适应性技术。

2. 飞机总体设计与优化技术

临近空间太阳能飞机由于其独特的飞行环境、闭环能源系统的要求,对于各个分系统提出了非常苛刻的条件。该类型飞行器是集总体、气动、结构、能源、推进、控制等于一体的综合平台,且许多系统之间耦合紧密,设计可行域非常小，可以说，总体设计就是在一条条可行路线上寻找设计点存在的可能。传统的基于单个学科的总体设计方法，很难再适用于该类型飞行器。因此，必须发展新的总体设计思路，突出太阳能飞机特点，建立多学科设计模型，研究各系统之间相互影响关系与参数敏感度，结合多学科综合优化方法，寻求最优设计点。

3. 变形飞行器与刚柔组合结构技术

太阳能飞机上升、下降过程中环境变化非常大，如20千米高度的大气密度仅相当于海平面的1/14，还需要考虑穿越对流层的强对流变化环境，这些都给临近空间太阳能飞机安全性造成了极大的影响。当前，主动变形和智能自适应技术得到了充分重视，美国DARPA将其作为飞行器结构未来发展的重点方向，可提高飞行器的机动范围或持久性，同时变形飞行器在临近空间稳定的大气环境中可以进一步扩展结构尺寸，克服单位面积载荷能力小的难题。开展变形飞行器与刚柔组合结构技术研究，可为提升临近空间太阳能飞机升降过程的安全性和载荷能力提供技术基础。

4. 翼型优化设计技术

临近空间超长航时太阳能无人机通常采用超大展弦比机翼，相比常规飞行器而言，诱导阻力占总阻力的比例较小，因此翼型的气动特性在很大程度上决定了机翼的气动特性。采用强制转捩、表面吹吸气控制等方式可以有效抑制层流分离，提升翼型气动性能，但这些方法实际应用难度较大，目前尚未普遍用于太阳能无人机。现阶段太阳能无人机机翼气动优化的主要内容仍是针对低雷诺数流动特点的翼型外形的优化设计。太阳能无人机常用的低雷诺数翼型包括Eppler系列、SD系列等。与普通翼型相比，低雷诺数翼型在外形上的差异主要有两点：一是翼型上表面更加平坦，二是翼型厚度较小。这些翼型可有效提升太阳能无人机在临近空间的气动效果。

5. 大展弦比轻质结构与振动控制技术

临近空间太阳能飞机大展弦比轻质大型结构的设计、分析、制作、测试与应用是制约飞行器实现的核心难题。较低的太阳能获取能力制约了飞行器速度和结构质量的提高。百米量级的大型结构每平方米 2~3 千克，而且要求飞行过程中具有较高的可靠性，这对复合材料和大型轻质结构提出了极为苛刻的要求，需要结合应用分析、基础技术等各个环节和多种手段的研究，提供满足质量、承载能力和可靠性等指标的大尺度轻质复合材料结构。

主要涉及的技术难点包括高升阻比气动布局优化技术，大展弦比机翼气弹分析与减缓技术，可变布局飞行器非定常流场分析技术，大展弦比轻质复合材料机翼结构优化、制备与连接技术，大展弦比轻质机翼结构振动测试技术，结构振动控制与自适应流动控制技术。

6. 太阳能光热综合应用与能源和结构一体化技术

突破太阳能利用效率低的问题，使得太阳能光/热综合应用效益提升到原有效率的一倍以上。突破再生能源系统与大尺度轻质机翼结构一体化设计和制作工艺难题，减轻能源与结构复合质量，提升结构力学性能，为临近空间飞行器提升性能奠定技术基础。

为实现一体化的设计，需要对以下技术进行深入研究：太阳能光/热综合应用技术，能源综合管理、集成与匹配技术，再生能源系统热特性综合环境控制技术，太阳电池阵列分布设计与曲面结构一体化赋型技术、储能电池与机翼结构一体化技术等。

7. 临近空间太阳能飞机再生能源技术

临近空间的底部为平流层的下层（20~32 千米），气流方向水平，风速较小且平稳，没有气象活动，非常适合于长航时的飞行，但大气密度较低，所能提供的升力较小。由于该区域的飞行器速度较低而航时很长，决定了其能源形式，或者采取能量密度很高的能源，或者从外部接收能源。目前，高能量密度的能源，如核能在这类飞行器上应用的技术困难还很大，短期内尚难以应用。从外部获取能源的方式主要是利用太阳能，其他的方式还有利用微波或激光从地面输送能量，但由于能量传输损失大，技术成熟度低，短期内较难采用。

临近空间太阳能飞机能源系统的核心是柔性薄膜太阳电池、可逆燃料电池，以及高效的能源管理系统，开展相关领域的攻关研究对提高飞行器性能指标有良好的推动作用。

8. 临近空间太阳能飞机推进技术

临近空间飞行器动力系统的核心是推进设计，综合考虑当前国外发展经验和低飞行速度等因素，考虑到该区域还有一定的空气密度，螺旋桨是 20～30 千米高度低速飞行器的主要推进方式。

持久区域驻留是临近空间飞行器相对于其他类型飞行器独有的特点，在军事应用中，上述特点能够实现高空间和高时间分辨率的观测应用。受高空风影响，临近空间飞行器实现持久区域驻留需要考虑高效推进系统抗风驻留能力以及区域保持飞行控制的需要，而可再生的太阳能作为单一来源非常有限，且存储代价高，螺旋桨推进装置的效率至关重要，需要开展电机和螺旋桨工作性能优化、动力推进工作模式与应用优化、考虑环境差异的高效螺旋桨自适应技术等工作。

9. 临近空间太阳能飞机制导、导航与控制技术

受有限的能源与动力约束，高空长期区域巡航的应用目标要求，临近空间飞行器制导、导航和控制（guidance, navigation & control, GN&C）技术要求精度高、稳定性和可靠性好、适应长期高空环境，且应具有自主重构能力等特点。同时，受年量级的飞行时间、基本没有设计余量的能源动力、有限的控制执行能力等约束，对飞行器系统的健康状态评估和容错能力提出了很高的要求，同时，满足区域环境变化的持久自主导航与智能自适应控制技术也是重点研究的内容。

（1）基于能源与动力约束的航迹与 GN&C 系统一体化设计研究

临近空间飞行器在高空悬浮巡航，受能源与动力的约束，控制系统执行能力有限，进而约束了航迹规划与制导系统的设计。因此，采取航迹规划与

GN&C 系统一体化设计技术，根据能源、动力等约束条件对航迹、导航、制导、控制系统设计进行优化。

（2）长期高空驻留环境下 GN&C 系统的高冗余设计技术研究

临近空间飞行器的可靠性是最重要的技术指标，由于飞行控制系统是整个飞行器的核心，因此，其健康状态的监测和故障的快速诊断显得尤为重要。

（3）高空巡航环境 GN&C 系统试验技术

临近空间飞行器采用多种导航与控制模式，需要建立对应的数学模型，在飞行器的不同研制阶段，相关模型应该能够进行校验和验证，得到更为精确的模型。临近空间飞行器飞行环境复杂，为了在地面模拟与验证 GN&C 系统拓扑结构的合理性、负载能力及实时性，研究飞行控制系统的控制性能等内容，必须开展 GN&C 系统的地面试验技术研究。

4.4.2 临近空间亚声速飞机核心技术难点问题

1. 高效高空涡扇发动机

临近空间涡扇发动机具有工作高度高、巡航速度快、耗油率低等应用特征。由于临近空间大气稀薄，需要在高效压气机叶片、多级高增压比、稀薄空气燃烧高效组织、高低空工作状态控制、精密叶片制造等方面开展理论、技术和应用研究，尽快实现高效高空涡扇发动机的突破。

2. 高升阻比气动布局

长航时飞行器的气动性能需要满足续航时间和巡航高度的要求，总体气动综合设计是飞行器战术技术指标和使用要求的核心关键技术，决定了飞行器的整体气动性能和飞行性能。临近空间亚声速飞行器飞行高度高，飞行环境中空气稀薄、动力衰减严重，飞行雷诺数较低，巡航时所需升力系数较大，且由于为了实现长航时飞行，要求机内储油空间大，低阻气动设计难度大。因此，临近空间亚声速飞行器气动综合设计需要综合考虑高升力、高升阻比等要求，系统开展新型亚声速气动布局、高升阻比构型设计、气动性能优化、主动气动控制等研究，建立可靠的数值分析方法和试验技术，提高飞行性能和可靠性，保障飞行器系统具有优良的作战效能和经济性。

3. 先进复合材料及轻质化结构应用技术

先进树脂基结构复合材料是一类重要轻质结构材料，是进一步提升高空长航时飞行器飞行高度和飞行航时的重要决定性因素。军机复合材料用量已达到了25%～40%的水平，直升机的复合材料用量高达50%以上，美国无人战斗机（X－45和X－47）复合材料用量达到结构质量60%～90%。

4. 隐身设计及隐身材料技术

高空长航时飞行器的隐身设计可以更好地提升其作战和防护能力。就飞机而言，其辐射的来源及其隐身的重点主要是自身的辐射及其对背景辐射的反射，研究内容主要包括隐身耦合的气动布局设计、隐身材料的设计与使用、发动机的尾喷口及其他受热部件的热设计、发动机的尾喷流的隐身设计、气动加热所引起的飞机蒙皮的红外辐射，以及机身受阳光、月光及人造光源等的照射所产生的反射和辐射等。

5. 飞行器结构的颤振与振动主动控制

对于临近空间长航时飞机而言，普遍采用轻质复合材料大展弦比机翼，使得结构质量减轻，诱导阻力减小，但是结构刚度不足导致飞机机翼的振动和静动/气动弹性问题成为一个重要难题。需要综合考虑结构强度、刚度、静动/气动弹性等多个方面的约束，系统研究飞机气动布局与气动弹性耦合设计问题、大展弦比机翼气动弹性分析与特性研究、飞机结构的颤振与振动主动控制技术等。与此同时，机翼的非线性气动弹性低频振动易与飞机飞行动力学产生耦合，导致复杂非线性飞行动力学行为，对飞行器结构和飞行安全造成很大隐患，飞行器主动控制技术采用驱动装置消除气动弹性不稳定性的影响，主要包括主动颤振控制和阵风减缓控制等。

4.5 军事应用分析

4.5.1 预警探测与侦察监视

1. 基本应用

低动态临近空间飞行器搭载雷达、光学等有效载荷后，可提供各种空中、海上来袭目标的预警情报，能够弥补远程防区外精确打击武器探测、识别、跟踪与引导能力方面的不足，同时很好地与地基、空基和天基预警系统和防御系统结合，实现战术手段与能力跨越式提升。

• 知识延伸

目前，常见的预警探测装备包括预警卫星、预警机、无人机、地基预警系统等。预警卫星等天基预警系统预警监视范围广，能进行早期预警探测，但空间和时间分辨率不高；预警机、无人机等空基预警系统具有高机动性，能对关注区域应急部署，灵活性好，但侦察探测范围较窄，生存能力弱，且无法实现空中悬停、定点凝视；地基预警系统容易受地球曲率的影响，探测范围有限。低动态临近空间飞行器作为预警卫星、预警机、无人机和地基预警系统的重要补充和增强手段，能够对各种远距离战略目标，如大型舰船、航母战斗群、隐形飞机、弹道导弹等进行实时探测、跟踪和识别，实现早期战略预警；也可远距离探测、跟踪巡航导弹、突防飞机等低空、超低空来袭目标，查明其航向、航速等情况，并进行相关目标的识别和跟踪，由于是自上而下的探测，还可以有效探测识别各种隐身目标。

低动态临近空间飞行器适合于战场实时 ISR 任务，与航天和航空装备在信息时间和空间分辨率对比等方面有优势，可以根据作战任务的要求，快速部署到战场附近空域（如图 4-3 所示），进行连续不间断的实时侦察监视，而且其观测成本低、空间和时间分辨率高、观测范围大，可有效提升战场态势感知能力。

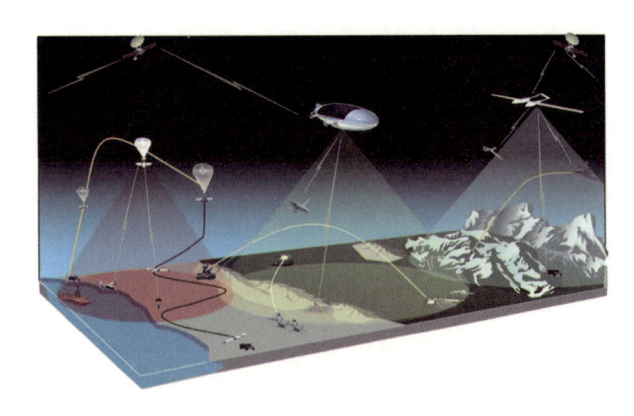

图 4-3　低动态临近空间飞行器战场侦察示意图

（1）军事设施监视

对军事设施如机场、导弹阵地、港口、军营、武器库等进行监视，查明敌方战争准备的程度、武器的配置、兵力部署等情况。

（2）运输补给监视

实时侦察监视敌方交通运输、后勤补给等情况，为各级指挥机构，特别是师团级作战提供动态情报保障。

（3）战场移动目标监视

对战场上的各种移动目标，包括人员、装备等的活动情况执行不间断监视。

（4）海上移动目标探测监视

实现大范围海上移动目标的主动探测、定位、识别和监视。

（5）打击效果评估

对战场重要目标进行不间断的侦察监视，实时获取被打击前后的目标图像信息，通过对比方法完成打击效果评估任务。

(6) 边境监视

平流层飞艇可以依据封边控边范围和边境地形机动部署，大范围实时监视对方境内的军事设施，来袭目标，人员和装备的调动情况等，从而实施有效的边海防监控。

2. 应用流程

平流层飞艇进行预警侦察作战任务的业务流程如图 4 - 4 所示。

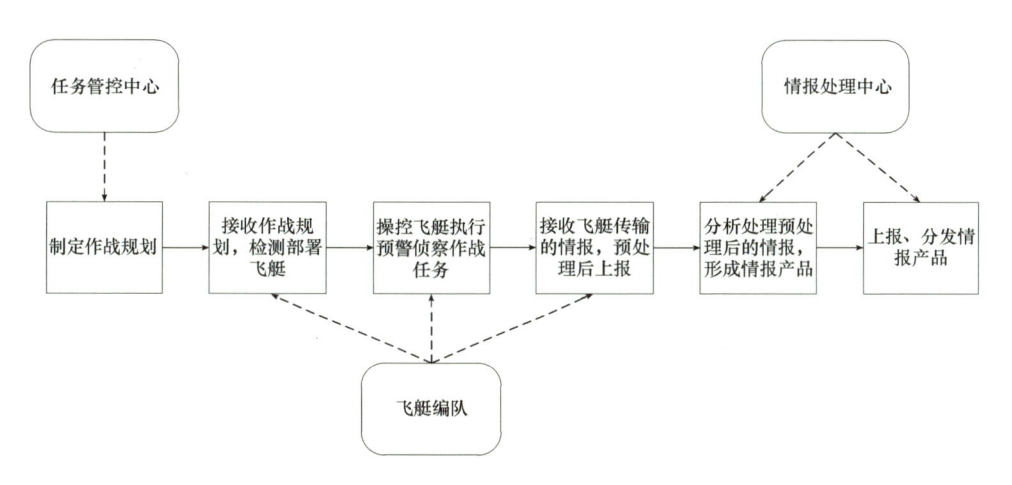

图 4 - 4 平流层飞艇预警侦察业务流程

飞艇任务管控中心制定作战规划，将作战规划传达到飞艇编队，并实时监控飞艇状态，进行飞艇平台和载荷运行调度。飞艇编队接收到任务管控中心的作战规划后，首先检测部署飞艇，然后操控飞艇执行预警侦察作战任务，并接收飞艇传输来的情报信息，对情报信息预处理后上报给飞艇情报处理中心。飞艇情报处理中心分析处理飞艇编队预处理过的情报信息，综合处理对各类情报形成情报产品，并对产品进行上报和分发。

(1) 组装调试

飞艇初次使用时，需对全系统进行组装与调试。首先在艇库内完成飞艇各部件及附件的安装，然后向气囊内充氦气，同时向副气囊内充入空气，充气过程中随时监测气囊、副气囊压力和氦气充入量。充气完成后将飞艇系留在牵引系留设备上，安装吊舱以及任务设备。飞艇组装和充气完成后，应在艇库内完成全面的检查与调试，保证全系统工作、显示正常，以便执行后续侦察作战任务。

（2）作战规划

飞艇作战流程起始，由飞艇任务管控中心制订作战任务规划，并将规划及时传达到飞艇编队。

（3）进入起降场

接到作战规划后，根据作战任务需求，飞艇编队检测飞艇电池状态，并将飞艇牵引到起降场地。

（4）飞行前检查

飞艇处于起降场地的地面锚泊状态后，飞艇编队飞行测控站指挥人员和艇务队人员到达指定工作岗位，检查飞艇平台各系统和任务系统是否工作正常。

（5）飞艇升空

全系统一切检查正常后，飞艇牵引到指定升空区域，飞艇编队飞行测控站和艇务队人员到达指定工作岗位辅助飞艇升空，由飞艇编队现场总指挥命令飞艇升空。

（6）执行任务

飞艇编队飞行测控站根据作战规划操纵飞艇执行预警探测、战场侦察监视、战场环境探测、通信中继、电子对抗、导航定位、引导火力打击等多种作战任务，并接收飞艇传送的情报信息。情报信息经预处理后发送给飞艇情报处理中心。

（7）飞艇返航

正常情况下，飞艇执行完预定作战任务后，飞艇编队飞行测控站发出返航命令，飞艇按预定的航线进行返航、下降。在下降过程中，压力调节系统根据气囊内外压差变化（变小），自动控制副气囊风机工作，向副气囊内充入空气，从而保证气囊内外压差维持在正常范围。同时飞艇编队艇务队人员和地面牵引车在合适位置待命。

（8）监控调度

在飞艇升空、执行预警侦察任务和飞艇返航过程中，飞艇编队飞行测控站实时监控飞艇的运行状态，处理应急突发事件，并对飞艇飞行实施实时调度。

（9）地面系留

飞艇返航时，飞艇编队艇务队人员进入起降场地接应飞艇降落，并将飞艇系留在牵引系留设备上。

（10）飞行后检查与维护

飞艇系留好后，根据当时天气状况等因素，选择是将飞艇短时间停留在场外，还是牵引回艇库内进行检查与维护。在检查与维护过程中，需做好检查与维护记录。

（11）牵引回艇库

飞艇编队工作人员将飞艇牵引回艇库进行系留，并对飞艇进行检查与维护等操作，以等待下一次预警侦察作战任务的执行。

（12）撤收装箱

如飞艇长时间不需要再执行时，则由飞艇编队艇务队人员对飞艇进行撤收与装箱。具体实施时，先将吊舱、任务设备拆卸，再将飞艇从牵引系留设备上移下，通过氦气回收设备将囊体内氦气回收，同时排空副气囊，最后拆卸囊体附件，将囊体及各部件装箱封存，以备再次组装调试使用。

3. 军事应用建议

（1）空海目标预警监视

低动态临近空间飞行器部署在国土周边或战略要地处，可及时发现敌空袭目标，为防空提供远程、超远程早期预警信息。与地基雷达、大型球载预警雷达、预警机相比，平流层飞艇预警探测系统对空中目标感知距离可达1 100千米以上，对海上目标的预警探测距离可达550千米以上，且留空工作长、使用成本低，是国土周边预警探测的有效手段。

以隐身战斗机预警探测为例，由于其正前方和侧下方均进行了隐身设计，使得地基和空基雷达难以对其有效探测。若以工作在 20 千米高度的平流层飞艇为平台，搭载大口径相控阵雷达和高性能红外传感器，可对隐身战斗机实施联合探测。假定隐身战斗机巡航飞行高度为 18 千米，预警探测距离在 500 千米以上，可为防空系统提供较充分的反应时间。

（2）广域海上侦察监视

低动态临近空间飞行器部署在广域海面上空，可对敌目标实施大范围、长时间的侦察监视，与天基、空基侦察监视手段互补，提供全面的战役、战术级情报、侦察和监视能力。对于低动态临近空间装备来说，20 千米以上高度平台，5°仰角侦察覆盖范围的直径可达 400 千米，可构建有效的区域侦察监视体系。NASA 在积极开展应用平流层飞艇进行海岸监视的应用论证研究。

• 经典案例

以加勒比海地区为例，该地区分布面积约 275 万平方千米，沿岸有 30 多个国家和地区，需要侦察监视的海域范围大、距离远，依靠侦察卫星进行战略监视，实时情报保障能力非常薄弱。运用 3~4 艘平流层飞艇侦察监视，配合运用其他空中、舰上、岛上的情报力量，可准确监视整个区域态势。

4.5.2 通信中继

低动态临近空间飞行器搭载通信设备后，可为地面、海面、低空对象提供宽带高速、抗干扰及超视距通信能力，有效扩大作战空间。如图 4-5 所示，低动态临近空间飞行器不仅能作为军事信息网络系统各节点间的信息中继站，也可对高山两侧或海上机动部队间的通信提供中继，对保障战场上各战斗小组间的联系起到重要作用。

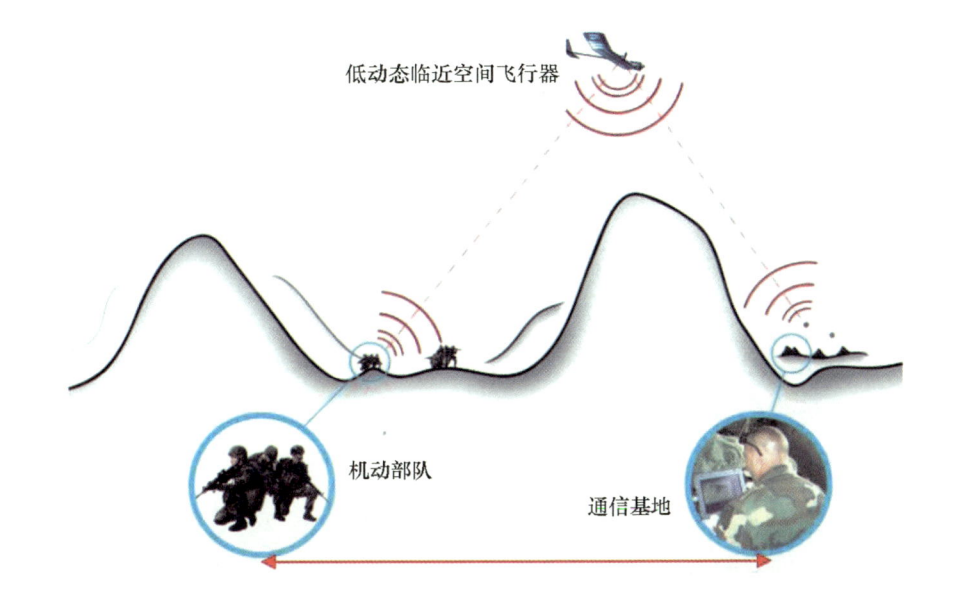

图4-5　低动态临近空间飞行器战场通信中继示意图

具体而言，低动态临近空间飞行器作为战场高空通信中继平台，其通信不受地形的限制，可实现超视距通信，对稀路由、大容量、大范围的军事通信意义重大。平流层飞艇定点高度在20千米之上，其视距通信距离约为583千米，可以有效地完成战区指挥、协同与机动通信。与卫星相比，其传输距离近，传输损耗比卫星低，可以实现小天线、低功率传输，并且对地面终端所需功率的要求也小得多，有利于终端设备实现便捷、手持和小型化。

• 经典案例

在网络通信方面，谷歌公司开展的谷歌气球计划（Project Loon）走在世界前列，通过控制性能较好的超压气球进行组网飞行，为特定区域提供网络通信服务。编号HBAL703的谷歌气球，于2019年5月从波多黎各出发，然后飞行到秘鲁，在那里花费了3个月的时间提供Project Loon网络的测试服务。Project Loon提出的想法是向平流层发射一个大型通信气球，形成一个网络，提供可与4G媲美的互联网速度，每个气球服务的地面直径约为80千米。对于在其他情况下无法访问互联网的地区，如肯尼亚，Project Loon 网络可以发挥很大的作用。

4.5.3 导航定位

低动态临近空间飞行器搭载导航定位设备，能够为平台覆盖范围内的用户提供时空基准和导航定位服务。由于低动态临近空间飞行器运行高度比卫星轨道低，传输信息的路径相对较短，避免了长距离传输带来的信号损失。并且由于不受电离层的干扰，信号质量也优于导航卫星的信号，在复杂电磁环境中抗干扰能力、定位时间和定位精度等方面都具有较大优势。

低动态临近空间飞行器也可以作为战时应急导航定位手段，便于战时快速发射、快速部署，受损时可以得到快速补充，如图 4-6 所示。

图 4-6　低动态临近空间飞行器导航定位示意图

4.6 民用领域应用分析

低动态临近空间飞行器具有区域长期驻空、适度机动、高分辨率对地观测能力,特别适合在国土与边境地区对地观测应用,如图4-7所示,可广泛应用于国土资源观测、海洋监测、环境保护、防灾减灾、精细农业、水利监测、大地测绘、城市规划与管理等方面,临近空间高分辨率对地观测系统在统筹城乡发展、推进新农村建设、加强能源资源节约和生态环境保护、增强可持续发展能力、推动区域协调发展、优化国土开发格局等方面发挥重要作用,对促进国民经济发展具有重要意义。特别是结合城市群的快速发展和建设,以平流层飞艇为核心,可建立集土地利用、高分辨率动态监测、城市规划、灾害监测、公共安全、环境保护、交通管理的区域综合管理系统,对促进重要经济区域快速稳定和谐发展意义重大。

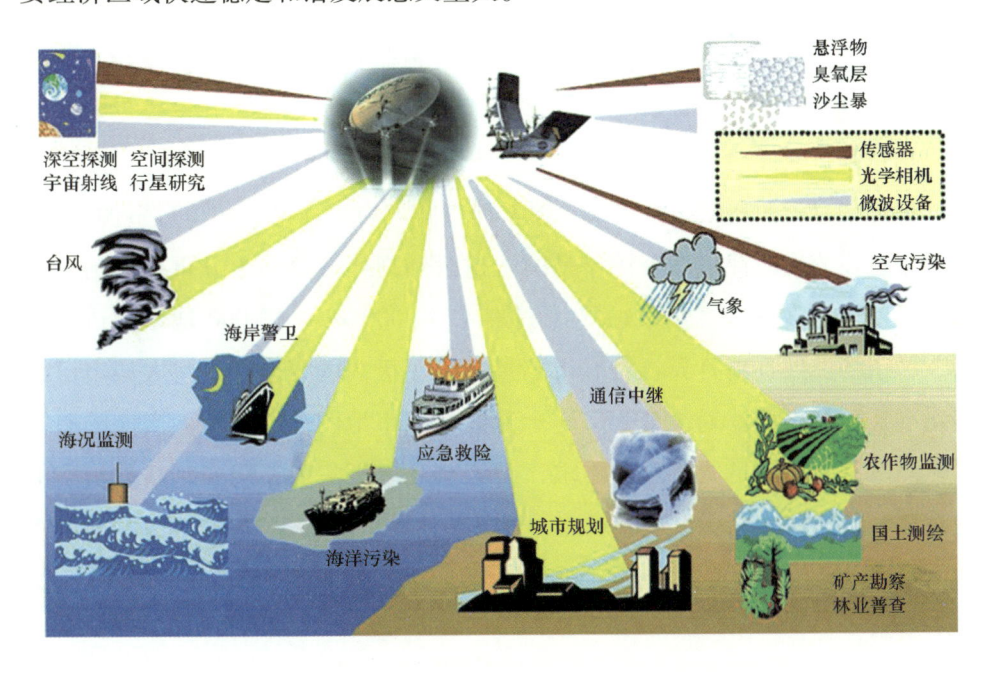

图4-7 低动态临近空间飞行器在民用领域的应用

4.6.1 防灾与减灾

灾害预报工作是尚未攻克的世界性技术难题，如地震和洪水等重大灾害的预报至今未得到根本解决。因此，在灾害发生后，快速获取灾情，包括灾害发生的范围、等级、受灾对象，特别是生命线工程破坏情况下，正确、有效、高速地进行救灾决策是最经济、最有效减轻灾害损失的手段。平流层飞艇具有长期实时全天候高分辨率对地观测能力，它在灾害预测与早期预警、灾害监测、应急反应、灾后重建等方面均可发挥重要的作用。

4.6.2 国土资源观测与地理信息测绘

国土资源观测是国家基础地理信息数据库更新、资源调查、城市规划和开发的基础。低动态临近空间飞行器通过机动巡航，以 100 千米左右的幅宽，全天候、全天时工作，快速获取观测区域的高分辨率数据，可为包括区域地质调查、矿产资源勘察、能源勘探、地质灾害监测、土地利用类型调查、土地资源管理、水利资源调查等的经济建设规划、资源管理与开发提供数据支持。通过临近空间对地观测，可推动区域协调发展，优化国土开发格局。

地理信息资源是数据量最大、覆盖面最宽、应用面最广的信息资源之一。地理信息作为战略性信息资源，是国防建设和现代战争中十分重要的信息资源。目前，许多城市要求每 1~3 个月对 1∶50 000 和 1∶10 000 地形图进行更新，城市的发展日新月异，对城市测量提出了极高的要求。一些大城市已经提出准实时的更新计划，希望每 3 个月能对城市地图进行更新。当前的航空摄影测量已无法满足城市测绘需求，平流层飞艇可实现长期实时高分辨率对地观测，可快速且高质量地完成这一任务。此外，对 1∶1 000 和 1∶500 地形图的需求也日益迫切，这就要求空间分辨率达 0.1~0.2 米，平流层飞艇可满足这一要求。

4.6.3 现代农业生产

在农业生态环境监测方面，通过平流层飞艇进行长期实时监测，采用高分辨率遥感数据源，开展农业生态环境、农村面源污染等监测，为保护农业生态环境、农村面源污染治理等提供基础信息。以粮、棉、油等大宗作物为主，在优势农产品主产区、重大病虫害发生区进行重大病虫害早期预警和应急防治，进行农区牧区蝗虫等迁移性病虫害联防联治。

在精准农业方面，通过平流层飞艇进行长期实时监测，采用高分辨率遥感技术，结合北斗系统/GPS、地理信息系统（geographic information system，GIS）、农业专家系统等，开展精准农业应用，在精准控制水、肥、农药等投入，降低生产成本的同时，提高农产品的品质。

- 知识延伸

低动态临近空间飞行器可提供亚米级多种空间分辨率结合的观测，可满足农作物面积及其变化、农作物长势、产量、旱情、虫情、草地生产力与草畜平衡、农业灾害监测、精准农业等不同方面的农业遥感应用需求。

4.6.4 水利监测与环境保护

低动态临近空间飞行器在水资源调查、有效灌溉面积调查、土壤侵蚀调查、水土保持措施的后效调查、水利工程、水资源生态环境、行蓄洪区调查等方面具有重要应用前景。

在水环境监测和治理方面，可利用平流层飞艇长期实时对淮河、海河、辽河、松花江、三峡水库库区及上游、黄河小浪底水库库区及上游、南水北调水源地及沿线、太湖、滇池、巢湖以及渤海等重点海域和河口地区进行水质环境监测；对水源保护区上游建设的水污染严重的化工、造纸、印染等类型大型企业进行污染排放监视。

在环境空气监测和污染控制方面，可利用平流层飞艇长期实时对二氧化硫排放量较大的重点污染源进行监测，利用高分辨率对地观测技术对煤炭、冶金、石油化工、建材等行业的工业废气污染源进行监控，为环境执法提供技术支持。

在生态监测与评价方面，可利用平流层飞艇长期实时对自然保护区、重要水源涵养区、洪水调蓄区、防风固沙区、水土保持区及重要物种资源集中分布区等国家重点生态功能保护区进行动态监测；对天然植被、土地退化、草原沙化、湿地生态、海洋生态环境动态变化进行实时监控。

4.6.5 气象与大气观测

无论是气象防灾、减灾，还是应对气候变化领域，都迫切需要提高临近空间对地观测的时间和空间分辨率，加强对中小尺度天气监测和预警、台风监测和预报，从而改进和提高精细化数值预报。平流层飞艇可对大气环境进行极高光谱分辨率的检测、连续定点观测，建立高精度大气模型，提高气象和大气研究水平，尤其可以提高短期气象预报准确率，提高对台风和暴雨等气象灾害的监视和预报能力。

4.6.6 城市反恐维稳与应急通信

平流层飞艇可以长期驻留在城市上空，如某地区最大半径约 130 千米，而在 20 千米高度工作的低动态临近空间飞行器，可完成半径 500 千米左右区域的应急通信，这将对城市的反恐维稳、应急通信等提供强有力的保障。

第 5 章
高动态临近空间飞行器研究现状

高动态临近空间飞行器工作高度范围在 20~100 千米，主要是新型吸气式推进技术、高温材料体系、智能飞行控制技术等发展后，传统航空飞行器能力和领域的拓展，主要包括超声速临近空间飞行器和高超声速临近空间飞行器两类，如图 5-1 所示。

```
高动态临近空间飞行器 ─┬─ 超声速临近空间飞行器（马赫数<5.0）
                      └─ 高超声速临近空间飞行器（马赫数>5.0）
```

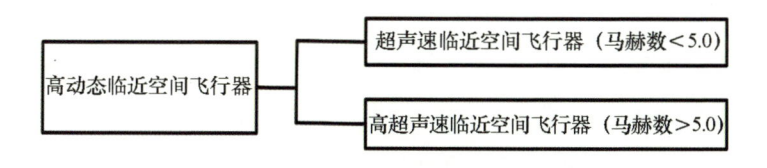

图 5-1　高动态临近空间飞行器分类

· 名词解释

― 超声速临近空间飞行器 ―

超声速临近空间飞行器是飞行马赫数小于 5.0，具有长时间巡航能力的高空高速飞机，由于飞行速度快、航程远，主要用于对远程时敏目标的侦察和打击。

—高超声速临近空间飞行器—

高超声速临近空间飞行器的飞行马赫数大于5.0，主要包括高超声速巡航飞行器和高超声速无动力滑翔飞行器两类，由于飞行速度快、航程远、突防能力强，主要用于高机动远程到达投送和突防打击。

5.1 超声速临近空间飞行器

5.1.1 SR-71"黑鸟"侦察机

SR-71"黑鸟"侦察机由美国空军和洛·马公司联合开发研制，如图5-2所示。SR-71"黑鸟"侦察机有轻薄的三角翼及向内倾斜全动式垂直尾翼的特殊设计，在三角翼的左右及中央两侧装载2座引擎，引擎装有可动式空气调节管，可随速度变化而调整，压缩器的侧面也有这种装置，主要是为了吸取大量的空气。SR-71"黑鸟"侦察机的透视图、三视图分别如图5-3至图5-4所示。为了克服高速飞行时空气摩擦所产生的气动热，机体构造大部分采用耐高温的钛合金制成，主翼表面有防止热膨胀的变形装置，燃料亦采用易冷却的材质。

图5-2 SR-71"黑鸟"侦察机

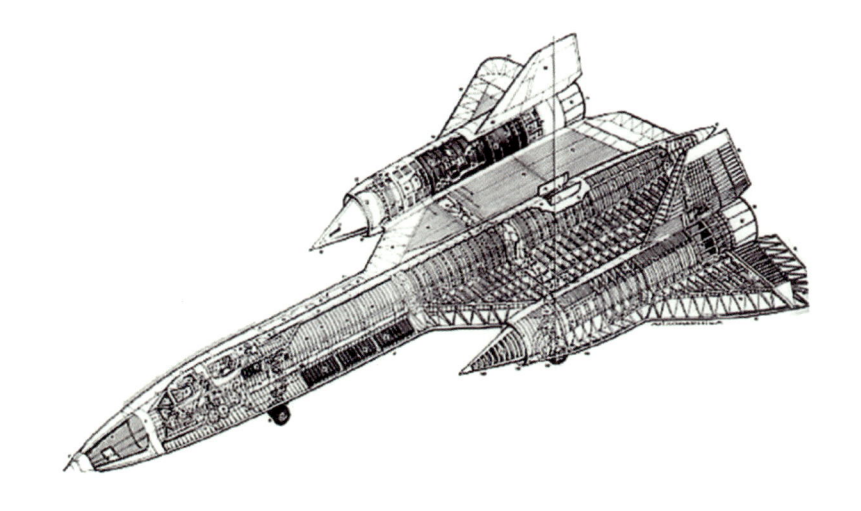

图 5-3　SR-71"黑鸟"侦察机透视图

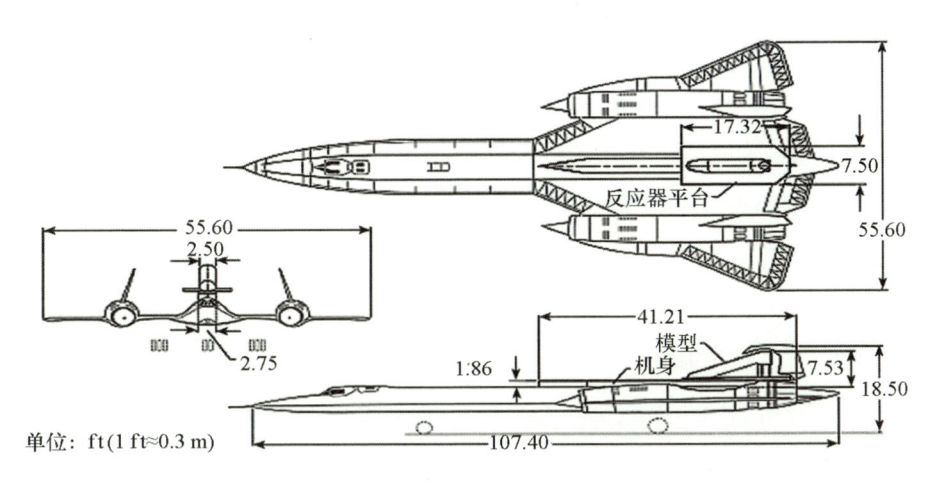

图 5-4　SR-71"黑鸟"侦察机三视图

• 知识延伸

  SR-71"黑鸟"侦察机是第一种成功突破"热障"的实用型超声速飞机。"热障"是指飞机速度快到一定程度时，机身表面会与空气摩擦产生大量热量，从而产生结构变形、材料强度下降等威胁到飞机结构安全的问题。因此，机身采用低质量、高强度的耐高温钛合金作为结构材料，机翼等重要部位采用了能适应受热膨胀的设计。SR-71"黑鸟"侦察机在高速飞行时机体会因为热胀伸长30多厘米，特别是油箱管道设计十分巧妙，采用了弹性的箱体，并利用燃油流动带走高温部位的热量。

尽管采用了很多措施，SR-71"黑鸟"侦察机油箱还是会因为机体热胀冷缩而发生一定程度的泄漏，起飞时通常只带少量油料，在爬高到巡航高度后再进行空中加油。

美国空军于1959年开始实施"牛车"(Oxcart)计划，该计划的最初目的是设计一种能够在20千米以上高空进行高速拦截的战斗机，1962年第一架试验机A-12（对外称A-11）试飞。同时，研制厂家向美国空军提出了以A-12为基础的侦察/轰炸型方案RS-12。RS-12是A-12按比例的放大型，R代表侦察（reconnaissance），S代表攻击（strike），是一种既能执行侦察任务，又能实施核攻击的侦察/攻击飞机，其研制计划最终夭折。专用侦察型R-12是A-12的双座按比例放大型，已顺利进入实机研制阶段，最终作为SR-71的定型总计生产了31架。

在洛·马公司提出RS-12和R-12两个方案的同时，罗克韦尔公司则提出了以B-70"瓦尔基里"轰炸机为基础的RS-70侦察/攻击机方案进行竞争。洛·马公司的两个方案虽然在公司内称为RS-12和R-12，但对外则称为RS-71和R-71。实际上，研制出来的侦察机既不叫RS-71，也不叫R-71，而称为SR-71。1964年7月25日，约翰逊总统发表讲话，透露了洛·马公司正在研制第二种速度为3倍声速的军用飞机，编号SR-71，这是一种可在世界范围内使用的先进远程战略侦察机。总统的这次讲话没有隐藏SR-71的军内实际编号，但此时SR的含义已变为战略侦察（strategic reconnaissance）。

1962年12月6日，洛·马公司签订了制造6架试验机的合同，最后把侦察攻击型RS-71改为战略侦察型SR-71A，共制造了29架，其教练型SR-

71B 制造了 2 架。此外还用高速截击型 YF-12A 的一号机和地面试验机的部件改装了 1 架 SR-71C。SR-71A 是"黑鸟"家族中生产数量最多的一种型号，于 1963 年 12 月 22 日首次飞行。1964 年 12 月 7 日，美国空军决定将加利福尼亚州比尔空军基地提供给 SR-71"黑鸟"侦察机使用，并组建了第 4420 战略侦察机联队（美国空军第 9 战略侦察联队的前身）。1966 年 1 月，该侦察机被交付给第 9 战略侦察联队使用。

SR-71A 机翼翼展、机高和机翼面积均与 A-12 和 YF-12A 相同，但机身加长了，为 32.74 米。机身两侧的边条一直延伸到机头，取消了发动机短舱和机尾下的 3 块腹鳍。机内载油量增大，飞行质量和航程也有所增加，机载设备包括简单的战地侦察设备、入侵侦察用的高性能探测装置以及侦察面积为 15.5×10^4（千米）^{2}/时的战略侦察系统。

SR-71"黑鸟"侦察机飞行高度可达 30 千米，最大速度可达 3.5 倍声速，被称为"双三"飞机，这比当时绝大多数战斗机和防空导弹都要飞得高、飞得快，因此出入敌国领空如入无人之境，难以受到实质威胁。在以色列上空侦察核设施时，以军 F-4 战斗机向它发射了 AIM-9"响尾蛇"空空导弹，但是导弹飞行速度比 SR-71"黑鸟"侦察机慢，未能击中。

SR-71"黑鸟"侦察机技术数据如表 5-1 所示。

表 5-1　SR-71"黑鸟"侦察机技术数据

动力装置		2 台 P&WJ58 涡喷发动机，单台推力 32 500 lb（1 lb≈0.45 kg）
尺寸数据	全长/m	32.74
	全高/m	5.64
	翼展/m	16.95
	机翼面积/m²	166.76
质量	空重/kg	27 240
	最大起飞质量/kg	77 180

续表

动力装置		2 台 P&WJ58 涡喷发动机，单台推力 32 500 lb （1 lb≈0.45 kg）
性能数据	最大速度	（高度 25 000 m）3.5 倍声速
	作战高度/m	25 900
	最大续航距离/km	5 230
	每小时侦察面积/ （$km^2 \cdot h^{-1}$）	155 000

SR-71"黑鸟"侦察机于 1966 年开始参与部队任务，1968—1973 年承担越南的侦察任务，也曾承担冲绳嘉手纳基地对朝鲜的侦察任务。1968 年 3 月 8 日，第一架 SR-71A（64-17978 号）部署到位于冲绳的嘉手纳基地，两周后 SR-71A 开始执行对越南等国的侦察任务，1990 年 1 月 21 日，驻嘉手纳基地的最后一架 SR-71A（64-17962 号）离开该基地返回美国。1990 年 1 月 26 日，SR-71A 的使命全部结束而退役，所有飞机也随之退役，该侦察机在这 23 年的执勤中无任何损失。

SR-71B 是 SR-71A 的串列双座教练型，后座舱为教官舱。该型侦察机共生产了 2 架，于 1966 年交付使用，用于培训 SR-71A 的飞行员，1968 年 SR-71B 的二号机因飞行事故坠毁，剩下的一号机作为 NASA 的 831 号机用于各种飞行试验，至今仍在使用。

1995 年 6 月 28 日，2 架经重新修整后的 SR-71A 重新服役使用，这就是所谓的重新服役型，修整的内容主要是对机体结构进行了加强，装备了先进的机载设备，由于美国在 1998 年财政年度的国防预算中没有批准 SR-71A 的使用经费，于是 SR-71A 重新服役型尚未使用又再次退役。SR-71"黑鸟"侦察机极其高昂的使用费，是其退役的主要原因之一。在 NASA 扮演飞行试验机角色的"黑鸟"仍在科研战线上超期服役。

5.1.2　D-21 无人侦察机

D-21 最初是在 20 世纪 60 年代中期由洛·马公司的"臭鼬工厂"和美

国空军为中央情报局战略侦察任务研制的,是一种无人飞行器,如图 5-5 所示。D-21 从马赫数 3 的 A-12 飞机机身后部上方一个发射架上发射,改装后的 A-12 被称作 M-21。1963 年 1 架 D-21 无人侦察机首次安装在母机上,1964 年 10 月进行了首次飞行。

图 5-5 D-21 无人侦察机

D-21 无人侦察机长 13.06 米,机翼是前段为椭圆平面外形的三角翼,翼展 6.02 米。D-21 质量为 4 990 千克,动力为马夸特公司的 151 千牛的冲压发动机。D-21 无人侦察机技术数据如表 5-2 所示。

表 5-2 D-21 无人侦察机技术数据

技术指标	参数
材料	钛合金 + 复合材料
机长/m	13.06
翼展/m	6.02
机高/m	2.14
速度/(km·h^{-1})	4 000
实用升限/m	28 956
不加油最大航程/km	5 559.6
武器	无
发动机	Marquardt RJ43-MA-20 冲压发动机,681 kg 推力

通常 D-21 无人侦察机在完成一次侦察任务后,会飞往一个盟国/地区并

把照相机弹射出来,然后下降高度并自毁;弹出的照相机在空中被 C-130 飞机回收,然后进行胶片分析。在 20 世纪 60 年代最初试验中,D-21 无人侦察机曾经从 M-21 的背上成功发射 3 次,如图 5-6 所示,第 4 次发射分离时 D-21 与 M-21 发生碰撞,造成两机损坏,此后 D-21 被改用在 B-52H 上投放。位于西雅图的飞行博物馆拥有唯一一套完整的 M-21/D-21 组合。

图 5-6 M-21/D-21 组合

5.2 高超声速临近空间飞行器研制历程

美国、俄罗斯高超声速技术研究起步都较早,但前期缺乏紧迫的应用需求推动。进入 21 世纪,随着导弹防御技术和系统不断成熟,对突防能力强、飞行速度快的高超声速武器系统需求逐步显现,相关研制逐步走上快车道。由于技术基础不牢,高超声速临近空间飞行器研制经历探索与失败的多次循环,逐步在技术路线上取得突破,为后续武器系统研制奠定了基础。

5.2.1 NASA 的 X-15 试验飞行器项目

1. 发展历程

1954 年,美国国家航空咨询委员会(1958 年改组为现在的美国国家航空航天局,即 NASA)为了加快吸气式发动机技术研究,以兰利研究中心为牵头单位，实施了一个高超声速发动机研究计划，主要目的是验证冲压发动机在飞行马赫数为 4~8 时的推力性能。同时，获得在高空高速条件下对气动力、材料和飞行控制技术以及人的生理情况的认识，项目验证机命名为 X-15。

NASA、空军和海军联合支持这项计划，这种希望飞行器可以试验未来载人太空飞行条件。北美航空公司赢得了设计和制造这种飞行器的竞标。高超声速飞机的设计有一部分是飞机，另一部分是宇宙飞船。公司花了不到 4 年时间制造了 3 架 X-15，如图 5-7 所示，其飞行速度可达 6 400 千米/时，飞行高度可达 80 千米。

图 5-7　X-15 与伴飞的 F-104 战斗机一起降落

1957 年，第一架 X-15 出厂。X-15 机长 15.30 米，机高 3.53 米，翼展 6.79 米，采用中单翼设计，最初装备 2 台 XLR-11 火箭发动机（后改为 XLR-99），其三视图如图 5-8 所示。

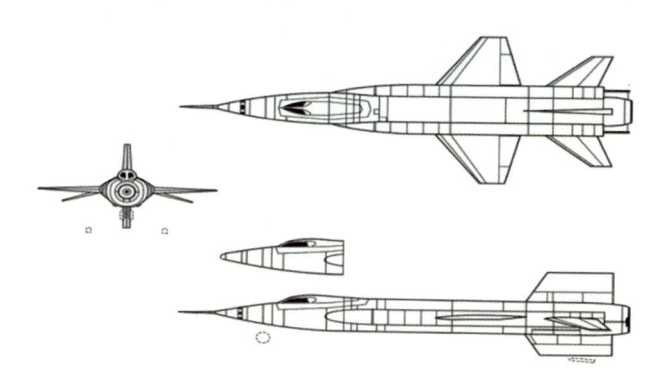

图 5-8　X-15 三视图

• 知识延伸

X-15 机身表面覆盖有一层称作 Inconel X 的镍铬铁合金，可抵御高速飞行时产生的 1 200 摄氏度高温。因为火箭发动机燃料消耗量惊人，所以 X-15 必须由一架 B-52 载机带入空中，从载机上释放后，X-15 自身携带的燃料只能飞行 80~120 秒，余下的 10 分钟左右只能是无动力滑翔。降落时，X-15 机身前部下方安装有常规机轮，机身后部则为 2 个着陆滑橇。

1959 年 3 月 10 日，一架 B-52 在爱德华兹空军基地载着 X-15 进行第一次试飞，如图 5-9 所示。6 月 8 日，斯科特·克罗斯菲尔德第一次操纵 X-15 脱离母机，并完成无动力滑翔着陆。1960 年 8 月 12 日，X-15 由美国空军飞行员罗伯特·怀特驾驶，爬升到 41 496 米高度，打破了 4 年前由 X-2 试验机创造的 38 364 米高度纪录。

图 5-9　B-52 投放 X-15

1964 年 2 月，2 架 X-15 被改装为 X-15A-2，如图 5-10 所示，其技术数据如表 5-3 所示。相比于 X-15，X-15A-2 的机身加长了 71 厘米，机翼下增加了 2 个分别装有液氨和液氧的罐体，它们可以为 X-15A-2 多提供 60 秒的飞行时间。此后数年，X-15A-2 不断刷新飞行纪录。1967 年 10 月 3 日，威廉·奈特少校驾驶 X-15A-2 达到了马赫数 6.72（约 8 233 千米/时）的速度，这是 X-15A-2 试飞达到的最高速度，也是有史以来飞机达到的最快速度。之所以能达到这个速度，主要因为机翼下增加了 2 个副油箱，1 个装液氧，另 1 个装液氨，从而延长了火箭发动机的燃烧时间，但由于增加了质量，也限制了 X-15A-2 达到更高的速度。

1968 年 1 月，X-15 飞机研制计划取消，转入单项技术攻关。1979 年 4 月 22 日，项目整体停止，但其丰富的超燃冲压发动机研究经验为后来航天飞机计划奠定了基础。

图 5-10　X-15A-2

表 5-3　X-15A-2 技术数据

技术指标	参数
乘员/名	1
发动机推力/kN	256.8
机长/m	16.01
机高/m	4.17
翼展/m	6.7
翼面积/m^2	18.58
空重/kg	5 863
起飞质量/kg	15 300
最大速度/(km·h^{-1})	7 272
升限/m	107 960

2. 应用情况

X-15 飞机,可以称为美国最早的太空计划,用于试验未来太空飞行的设备和条件。X-15 计划的主要目的有以下四个:试验在地球大气层边缘的飞行条件;短暂地离开大气层,再返回,试验重返大气层时的高温高热效应;了解接近太空、接近失重条件下如何进行操作;探索载人航天。

- **经典案例**

X-15 作为新概念高空高速飞行器,采用了很多新方法和新工艺。飞机表面涂了新材料镍铬合金,保护飞机免遭高温侵害。新的设计还有飞机的火箭发动机,着陆设备和在太空中推进飞机小型火箭。有一个液态氮系统来给飞行员降温,并在高速飞行时抗击地球引力的挤压。还有一种新燃料,即系液态氨和液态氧的混合液。

北美航空公司的 3 架 X-15 原型机共飞行近 200 次。X-15 创下的飞行高度和飞行速度记录超出预期,三号飞机飞行高度超过了 107 千米,二号飞机飞行速度达到了 7 232 千米/时,即 6 倍以上的声速。X-15 的成功为美国载人航天技术和高超声速飞行器设计等方面提供了良好的基础,加速了美国太空计划的发展。

X-15 试验了宇宙飞船材料,包括美国宇航员所穿的宇航服和在太空失重条件下控制宇宙飞船的设备。X-15 还验证了飞行员在太空飞行所必需的技能,用于宇航员训练和培训,共有 12 名军用和民用飞机试飞员飞过 X-15,其中很多人后来成了宇航员。X-15 在飞行中曾多次携带科学仪器进行试验,如机翼末端的太空尘埃收集器用来收集太空边缘的尘埃和极小的流星体,辐射计量仪用来测量高空太阳辐射强度。

与 X-15 计划有关的唯一一次事故发生在 1967 年,飞行员是美国空军的迈克尔·亚当斯,他第 7 次飞 X-15。飞机上升到 80 千米高度,以 5 倍以上的声速飞行。在机翼测试试验时，飞机突然偏离航线，高速俯冲地面，飞机迅速失去控制，最后机毁人亡。

1968 年，X-15 做了最后一次飞行，NASA 需要将经费用于阿波罗计划等项目，决定停止 X-15 计划，从开始制造到最后一次飞行经历了 10 年，总费用 3 亿美元，此后，阿波罗计划依托 X-15 的飞行数据进行了试验，并为宇航员的选拔和培训提供了支持。X-15 所完成的试验为美国航空工业此后多年一直保持领先地位起到了重要作用。

X-15 先后创造了飞行马赫数 6.72 与升限 107 960 米的世界纪录，研究人员根据其飞行数据总共撰写了 765 份有价值的研究报告。X-15 的试验飞行几乎涉及高超声速研究的所有领域，并为美国水星、双子星、阿波罗计划和航天飞机的发展提供了极其珍贵的试验数据。

5.2.2 FALCON 和 AHW 项目

2003 年 4 月，美国空军（United States of America Flight，USAF）完成了一项名为《远程全球精确交战》的研究报告。报告指出，美军迫切需要在 1 小时左右从美国本土或基地发起快速、有效、可负担的常规打击，从而提供威慑、力量投送和弹药投放等方面的能力。

在此背景下，美国 DARPA 和美国空军在当年 6 月联合制定"猎鹰"（FALCON）计划，主要目标是研制、试验和验证可以满足近期和长期全球即时打击任务需求的技术，同时演示验证快速空间发射的能力。2004 年 10 月，考虑到国际舆论影响，美国国会将 FALCON 项目的内容限制为"非武器相关研究"，但不排除在安全形势需要的时候放宽对项目的限制。之后，DARPA 和美国空军将 FALCON 计划的研究重点转向高超声速技术飞行器（hypersonic technology vehicle，HTV）的关键技术研究，旨在发展并验证能够实现全球快速打击的高超声速技术，包括高升阻比技术、高温材料、热防护系统、导航制导与控制技术。HTV 由洛·马公司负责研制，最初计划生产 HTV-1、HTV-2 和 HTV-3 三个型号。

HTV-1 原计划在 2007 年 9 月进行试飞，将用不超过 1 小时的时间飞越太平洋以验证高超声速滑翔技术，为后续 HTV-2 试飞演示降低风险。当速度达到马赫数 19 之后，HTV-1 将飞入大气层并在 30.5~45 千米高度位置进行再入。然而，由于分承包商研制的飞行器碳基壳体出现大曲率前缘剥离现象，DARPA 和洛·马公司最终取消了 HTV-1 的制造和试飞计划，项目被迫终止。图 5-11（a）为其气动布局示意图。HTV-3 原计划在 2009 年进行试飞，将用 1 小时时间飞越大西洋。研制单位认为 HTV-3 设计外形的气动效率高且具备很好的防热性能，如图 5-11（b）所示。然而，在项目执行过程中，美国会在 2008 年 10 月大幅削减了其经费预算，项目被迫搁浅。

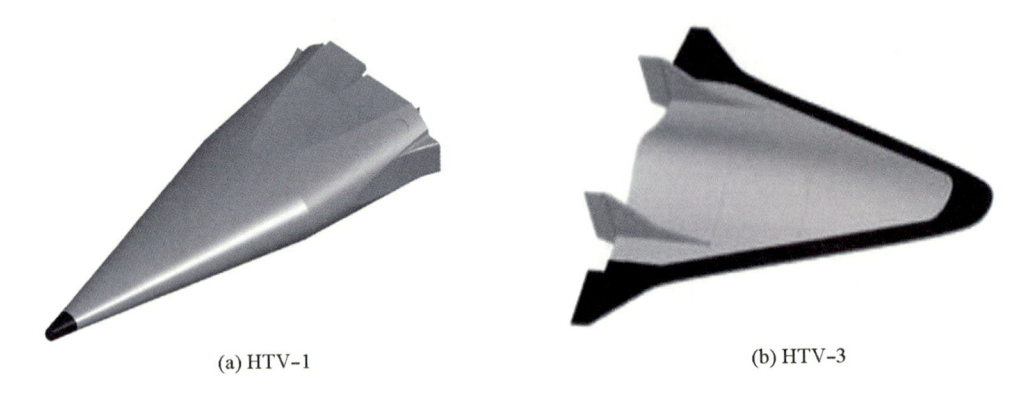

(a) HTV-1　　　　　　　　　　(b) HTV-3

图 5-11　HTV-1 与 HTV-3 外形示意图

在此背景下，HTV-2 成为 FALCON 计划中唯一幸存的高超声速技术验证飞行器。洛·马公司共制造了 2 架 HTV-2，并先后于 2010 年 4 月 22 日和 2011 年 8 月 11 日完成试飞。

1. HTV-2 的第一次试飞

在 HTV-2 研制的第一阶段，为了获得有效的高超声速计算工具和合适的气动外形，DARPA、美国空军和洛·马公司联合了多家研究中心和大学，针对 HTV-2 方案开展了大量数值仿真和风洞试验研究。

项目研究初期，洛·马公司与明尼苏达大学进行合作，为 HTV-2 布局设计开发了独立的计算流体力学方案，并为 HTV-2 完成了高效、高精度的气动性能分析。其后，DARPA 和美国空军研究实验室（AFRL）针对 HTV - 2 的具体方案开展了广泛的风洞试验，试验马赫数为 6 ~ 16。涉及的高超声速风洞包括 NASA 兰利研究中心的实验段直径 508 mm、标称马赫数 6 的风洞；NASA 兰利研究中心的实验段直径 784.4 mm、标称马赫数 10 的风洞；卡尔斯本巴法罗研究中心（Calspan University at Buffalo Research Center，CUBRC）的国家高能激波风洞（large energy national shock tunnels，LENS）；普渡大学的静音风洞；阿诺德工程发展中心（Arnold Engineering Development Center，AEDC）的 9 号风洞。

在 HTV - 2 研制的第二阶段，主要针对防热材料开展了大量的样品试验研究。涉及的材料包括五大类：可承受 1 648 摄氏度高温的碳 - 碳前缘材料，可承受 1 982 摄氏度高温的耐火复合材料，高温多层绝缘材料，表面热防护材料，高温密封材料。NASA 的 Ames 试验中心还针对 HTV - 2 的头锥以及前缘截面进行了电弧加热等离子体射流试验。HTV - 2 的最终设计外形为尖边缘大后掠布局。

在基本外形确定以后，洛·马公司与轨道科学公司在 DARPA、空间开发与试验联队的领导下进行紧密合作。

作为首次飞行试验，任务 A 的设计气动加热形势相对较弱，对材料等提出的要求相对较低，技术风险较小。具体试飞路线为：从范登堡空军基地起飞，基本沿直线飞向夸贾林导弹靶场以北的广阔海域，在夏威夷列岛以北约 556 千米的地方通过。按照设想，HTV - 2 将以极高速度（马赫数大于 20）滑翔穿过大气层，然后以大约 20 000 千米/时的速度穿越太平洋，整个试飞计划大约持续 30 分钟。在飞行过程中，HTV - 2 携带的自动驾驶系统将控制其实现三种机动，进而对飞行器气动特性及能源管理进行评估，这三种机动包括以适中的角度实现转弯，短时间的俯仰、滚转及偏航机动，以马赫数大于 17 的速度俯冲进入太平洋。

2010 年 4 月 22 日，HTV - 2 迎来了首次飞行试验。按照预定计划，HTV - 2 从范登堡空军基地正常起飞，但在发射仅 9 分钟后，HTV - 2 消失于太平洋上空，试验提前结束。

2. HTV-2 的第二次试飞

作为第二次飞行试验任务 B 的设计气动加热形势相对较高，对防热材料性能提出了更高要求，同时其横向机动范围更大，技术风险大于任务 A。任务 B 的飞行轨迹为弧形，HTV-2 从范登堡空军基地出发，在夏威夷列岛以北 1 668 千米通过，然后转弯飞向夸贾林导弹靶场以北的广阔海域实现着陆。与首飞试验相比，第二次试验更关注 HTV-2 横向机动能力的验证，设计的横向航程为 5 560 千米。

在第二次试飞之前，工程师对 HTV-2 进行了如下修改：调整飞行器重心；减小飞行攻角；利用机载反作用力控制系统增大飞行器阻力以辅助襟翼保持飞行稳定。2011 年 8 月 11 日，HTV-2 进行了第二次也是最后一次飞行试验，如图 5-12 所示。

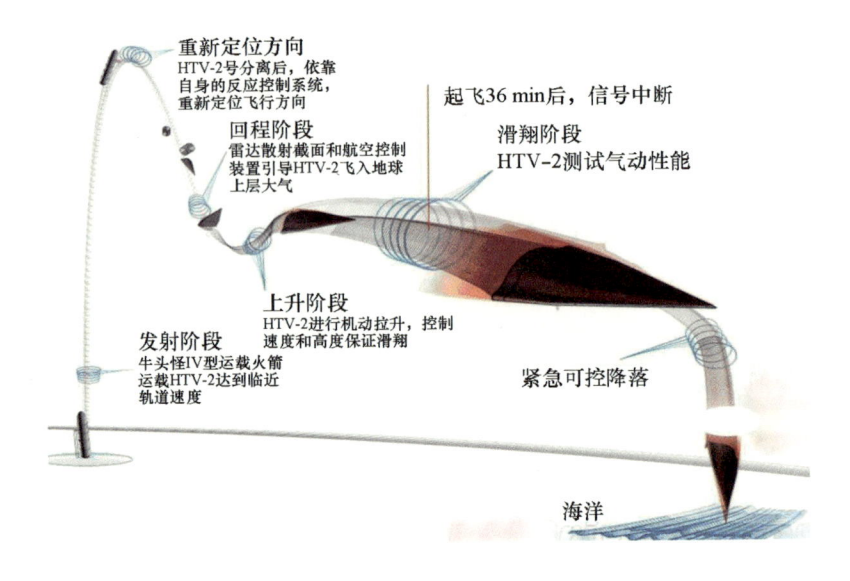

图 5-12 HTV-2 第二次试飞过程的示意图

在试飞过程中，HTV-2 与火箭在大气层边缘顺利分离，并依靠自身喷流机动控制对飞行方向进行了重新定位，HTV-2 飞入地球上层大气，并进行机动拉升，达到了滑翔阶段所需的速度和高度。按照预定计划，速度达到马赫数 20 的 HTV-2 将在高空开展气动力、气动热等方面的测试。然而在起飞 36 分钟后，HTV-2 的信号再次中断；出于保密和安全考虑启动自我毁灭程序，坠毁在太平洋。在失去信号前，DARPA 称已收集到大约 9 分钟有价值的数据。

3. AHW 项目

2011 年底，美国的另一个高超声速助推-滑翔项目——先进高超声速武器（advanced hypersonic weapon，AHW）首飞即获成功。AHW 项目是美国陆军提出的一种类似 HTV-2 的快速打击方案，可在关岛、迪戈加亚岛和波多黎各等地进行部署。针对该项目，美国国防部给予了大量资金支持，并将其作为空军常规全球快速打击计划的备份项目。计划启动以来总计获得 1.692 亿美元的经费支持。AHW 项目的主要任务是：收集有关助推-滑翔高超声速飞行以及远距离大气层内高超声速飞行的有关数据，重点关注气动力、导航制导、飞行控制和热防护技术。

• **经典案例**

2011 年 11 月 17 日，在位于夏威夷考爱岛的太平洋导弹靶场发射阵地上，一枚三级运载火箭携带 AHW 成功升空并将其运送至预定高度。飞行器采用高超声速飞行，最终按照预定轨迹在里根测试阵地（原夸贾林导弹靶场）附近结束飞行，飞行距离约 4 000 千米。AHW 的首飞成功，使得助推-滑翔方案的高超声速试验飞行器项目得到了更广泛的关注和认可。2014 年，AHW 开展了预期射程 6 000 千米的飞行试验，发射几秒后发生爆炸。其成果延伸用于后续海军和陆军共同实施的通用高超声速滑翔体项目（C-HGB）。

5.2.3　CHR、HT 和 IH 项目

2013 财年，DARPA 启动了协同高超声速研究（collaborative hypersonic research，CHR）及高超声速技术（hypersonic technology，HT）项目，并为它

们提供了5 000万美元的经费预算。2012 年 7 月，美国进一步对外发布公告，启动高超声速综合技术（integrated hypersonic，IH）项目。

1. CHR 和 HT 项目

CHR 项目在 2013 财年共获得 1 100 万美元的经费资助，其研究旨在设计、制造并验证一种战术级助推－滑翔高超声速飞行器，具有远程战术打击能力。CHR 项目计划开展飞行试验，以填补 HTV－2 及高超声速国际飞行研究试验（hypensonic international flight research experimentation，HIFiRE）项目在高超声速技术研究领域的空白，实现鲁棒性更优的建模和仿真。CHR 项目的主要任务是为攻克气动力、气动热、导航、制导与控制等关键技术提供更详尽的数据，进一步强化建模和仿真能力，为常规全球快速打击武器提供支撑。

HT 项目在 2013 财年共获得 3 800 万美元的经费资助，其目的是支撑美国快速全球到达任务所需要的相关技术研究，包括高升阻比技术，高温材料技术，精确导航、制导与控制技术，等离子环境通信技术以及自动安全飞行系统。HT 项目致力于通过地面试验、飞行试验以及数值建模计算，不断增进研究人员对长航程高超声速飞行的认知水平。

HT 项目的飞行试验通过火箭助推实现高超声速飞行，并验证未来的长航程高超声速作战系统。验证系统要求具有一定的横向和纵向机动能力，力求将高超声速技术研究成果转化为常规全球快速打击应用技术。HT 项目的主要工作包括通过近期常规快速全球打击测试结果改善高耦合高超声速工具；在气动力、气动热及控制领域推动高超声速助推－滑翔技术；通过改进制造工艺、模型以及地面飞行测试，发展高温材料技术以支撑高超声速飞行和再入飞行器应用；增强飞行测试观测协同能力，如广域空间遥测收集技术等；分析可用的发射系统以增强长航程高超声速飞行；改善下一代长航程高超声速助推－滑翔技术验证手段。

CHR 项目和 HT 项目都以高超声速助推－滑翔飞行器为应用背景。其中，CHR 项目以战术级远程打击武器为目标，将通过飞行试验为鲁棒性更优的模型和仿真研究提供详尽的飞行数据。CHR 项目的启动，可能与 AHW 项目存在一定联系，该项目后衍生出了战术级助推滑翔武器的项目（TBG）。与 CHR 项目相比，HT 项目的技术成熟度略低一些，除飞行试验外，该项目还包含大量的仿真分析和地面试验研究工作。HT 项目以快速全球到达作战系统的技术研究与验证为目标，从关键技术看，所关注的内容更加广泛，除气动力、气动热与控制等技术外，还将开展高耦合高超声速工具、高温材料、飞行试验的发射与测试系统等研究。对比技术细节可知，HT 项目与 HTV－2 项目存在一定联系。

2. IH 项目

• 知识延伸

2012 年 7 月，美国对外发布公告，推出了高超声速综合技术（IH）项目，目标是为美国全球国土安全任务（含运输、试验飞行器、常规全球快速打击、远程高超声速巡航等）服务。对比 CHR 和 HT 项目可知，IH 项目以"国土安全"为由，提出了更广泛的应用背景，其目标不再局限于远程快速打击，还包括远程快速运输、远程快速巡航监视等。美国在公告中指出，相关飞行器将具备超过 37 000 千米的巡航能力和机动能力。在对各类型高超声速飞行器关键技术进行凝练后，公告发布了高超声速飞行器的综合技术，主要包括气动布局，热防护系统及热结构，制导、导航与控制，靶场、回收和测量仪器，推进五部分。这也表明，IH 项目的最终目标是发展一类可重复使用的、携带动力的高超声速巡航飞行器，其技术较 CHR 项目和 HT 项目更领先一步。

在气动布局研究方面，IH 项目将在 FALCON 项目的高升阻比飞行器基础上研究新一代气动布局，使用气动热及能量分配技术以获得更好的性能。在热防护系统及热结构研究方面，IH 项目将进一步深入研究高温材料特性，优化结构设计和制造流程。在制导、导航与控制技术研究方面，将着手研究自适应可重新配置控制技术、实时轨迹优化技术和精确导航技术。在靶场建设方面，将强化遥测数据收集能力以更灵活、有效地支持试验任务。在回收技术方面，将大力发展飞行器回收或捕获技术，以最大化收集试验数据。在测量仪器技术方面，将进一步提高对关键数据的收集能力，特别是飞行器表面的热力学、烧蚀及气动数据。在推进技术方面，将研究机载一体化火箭推进，以增加滑翔航程，优化轨迹。

5.2.4 在高超声速方向的前期努力

1. 美澳合作项目——HIFiRE

美国和澳大利亚在 2006 年开始了一项合作开发超声速导弹的计划——高超声速国际飞行研究试验（HIFiRE）。该项目的开发方包括美国 NASA、空军研究实验室和澳大利亚国防科学技术集团，目的是提高超燃冲压发动机的技术水平。

HIFiRE 项目完成多次试验，获得了真实高超声速环境下的很多宝贵数据，在气动、热防护等关键技术领域取得了显著成果。表 5-4 列出了 HIFiRE 项目 10 次试验的简要情况。

• 经典案例

2012 年 5 月 8 日，在美国空军（USAF）组织下，HIFiRE-2 飞行器从夏威夷考爱岛的太平洋导弹靶场成功发射并完成了 HIFiRE 项目的第 4 次试飞。2012 年 9 月 19 日，在澳大利亚国防科学技术机构（Defence Science and Technology Organisation，DSTO）组织下，HIFiRE-3 飞行器在挪威的安岛火箭靶场成功完成 HIFiRE 项目的第 5 次试飞。研究人员认为，HIFiRE 项目所取得的研究成果，将是高超声速技术走向实用化的关键一步。

表 5-4 HIFiRE 项目的研究试验概况

编号	研究领域	研究内容	研究单位	试验单位	时间（年份）
HF0	探索	系统/传感器测试	DSTO	DSTO	2009
HF1	气动	单锥体	USAF	DSTO	2010
HF2	推进	碳氢燃料超燃冲压发动机	NASA 和 USAF	NASA	2011
HF3a	推进	轴对称超燃冲压发动机	DSTO	DSTO	2011
HF3b	推进	轴对称超燃冲压发动机，自由飞	昆士兰大学（The University of Queensland，UQ）	DSTO	2013
HF4	控制	双滑翔体，不同飞控系统	波音公司和 DSTO	波音公司和 DSTO	2012
HF5	气动	低平锥体（乘波构型）	USAF	DSTO	2011
HF6	推进与气控	碳氢燃料超燃冲压发动机	USAF	USAF	2013
HF7	推进	碳氢燃料超燃冲压发动机，自由飞	UQ	USAF	2012
HF8	推进与气控	30s 可控巡航	DSTO	DSTO	2013

HIFiRE 项目第 1 次试飞时，带有超燃冲压发动机的试验飞行器由助推火箭发射升空，爬升到大约 10 万英尺（约合 30.5 千米）高度后从马赫数 6 加速到马赫数 8，超燃冲压发动机工作了大约 12 秒。该项目在 2012 年获得国际航空科学理事会颁发的冯·卡门国际合作奖。

2. 俄罗斯高超声速技术

俄罗斯的高超声速技术研究工作在苏联基础上开展，苏联中央空气动力研究院、马拉诺夫中央航空发动机研究院、图拉耶夫联盟设计局、彩虹设计局等单位长期致力于高超声速基础理论研究。

俄罗斯在 20 世纪末进入了高超声速技术的飞行试验工程验证阶段，在计算流体动力学（computational fluid dynamics，CFD）、点火与稳定、燃油供应及冷却系统、材料与结构、试验与测试、自由射流试验与飞行试验等方面取得了大量的经验和有特色的研究成果。在亚/超燃冲压发动机、新型燃料、耐高温材料、气动技术及一体化技术等方面取得了重大突破。在高空飞行试验中，最先实现超声速燃烧，促进了高超声速技术应用研究的发展。

由于资金问题，俄罗斯的许多飞行试验都是联合进行的，有的曾与国外合作开发。其中重要的飞行计划有四个："冷"计划、"针"式（Igla）计划、"鹰31"计划、"彩虹D2"计划，其主要特点是：多以高超声速巡航导弹为背景，发展小型飞行器，采用双模态发动机，运载多用老旧导弹改装。

• 知识延伸

Igla计划由俄罗斯中央航空发动机研究院和中央空气动力研究院共同开展。Igla试飞器为升力体布局，机体下方配置有3台三模态再生制冷超燃冲压发动机，使用液氢燃料。试飞器长7.9米，翼展3.6米，最大升阻比3.15，发射质量2 200千克，马赫数6~14，飞行高度20~100千米，自主飞行时间7~12分钟。Igla计划已进行了大量全尺寸试验飞行器的地面试验。"针"式超声速飞行器模型图如图5-13所示。

图5-13 "针"式超声速飞行器模型图

"鹰31"计划由图拉耶夫联盟设计局、火炬设计局等联合研发，目的是试验一种轴对称超燃冲压发动机，计划进行超燃冲压发动机马赫数6以上的试验，采用成熟的飞机和火箭助推器，是成本低廉的演示验证方案。

"彩虹D2"计划是由俄罗斯中央空气动力研究院和俄罗斯彩虹设计局共同开发的高超声速技术发展计划，后来，德国宇航中心也参与了合作研究。试验飞行器采用俄罗斯彩虹设计局研制的AS-4远程战略空对面导弹，试验目标是验证马赫数6.4氢燃料超燃冲压发动机SCRAM-Jet。SCRAM-Jet进行了50多次自由射流试验，研究了燃料流量对燃烧室与进气道干扰的影响、不同喷注系统对混合与燃烧效率的影响以及在马赫数5时的双模态操作特性等。

5.3 美国高超声速武器研究现状

自2016年起，美国、北大西洋公约组织（简称北约）都进一步提升了对高超声速武器发展的认识，高超声速武器研发进入了竞争博弈的快车道，特别是美国开展了各军兵种多种武器研制和试用工作。美国主要在研高超声速武器项目情况如表5-5所示。

表5-5 美国主要在研高超声速武器项目情况

序号	项目名称	国家	主要参数	进展情况
1	"远程高超声速武器"（LRHW）项目	美国	类别：陆基助推滑翔 射程：2 775 km以上 最大马赫数：17	至2022年，除导弹外，全部发射支持和训练设施已到位，预计2025年装备部署
2	"中程常规快速打击武器"（IR CPS）项目	美国	类别：海基助推滑翔 射程：3 000 km以上 最大马赫数：17	预计2025年在驱逐舰上装备部署

续表

序号	项目名称	国家	主要参数	进展情况
3	"空射快速响应武器"（ARRW）项目	美国	类别：空射助推滑翔 射程：1 000 km 以上 最大马赫数：20	2023 年 3 月和 8 月，AGM183A 两次全备弹试验失败，空军宣布将完成剩余试验，不采购
4	"高超声速吸气武器概念"（HAWC）项目	美国	类别：高超声速巡航 射程：验证类项目，试验射程超 500 km 最大马赫数：大于 5	2021—2023 年连续成功进行 4 次试验，完成了所有测试项目，5 马赫飞行 560 km（雷神）、540 km（洛马）
5	"高超声速吸气式巡航导弹"（HACM）项目	美国	类别：高超声速巡航 射程：1 900 km（最大） 最大马赫数：8	2022 年 9 月，空军授予雷神 9.85 亿美元合同，2025 财年计划追加 5.17 亿美元，预计 2027 年形成初始作战能力

5.3.1 美国空军"空射快速响应武器"项目

"空射快速响应武器"（air-launched rapid response weapon，ARRW）项目是美国空军在 2019 财年预算申请文件中新公布的项目，是由美国空军和 DARPA 联合负责项目"战术助推－滑翔"（tactical boost glide，TBG）的延续，而 TBG 又是原有项目 HTV－2、AHW、CHR 的延续，ARRW 项目直接复用了 TBG 项目研发的战术级高超声速滑翔弹头及其相关关键技术成果，包括气动分析、热分析、风洞试验数据、关键高温材料、仿真模型、验证方法、软件代码以及制导、导航与控制算法等。

ARRW 项目力图研发一款空射高超声速滑翔式飞行器，具备摧毁高价值、时敏性目标的能力，可以对防御严密的陆地目标进行快速反应打击，同时强化武器系统精确打击能力。AGM－183A 机载高超声速助推－滑翔导弹（如图 5－14 所示）拥有独特的滑翔体设计，使用火箭助推器为导弹顶部鼻锥内的楔形无动力高超声速助推－滑翔飞行器加速，并将其推升至所需的高度和速度后，鼻锥与火箭脱离并释放飞行器，弹头以高超声速沿大气层飞行滑向目标。AGM－183A 机载高超声速助推－滑翔导弹具有高度机动性，飞行速度可达 24 140 千米/时以上，使对手应对威胁时间短、重新安置战场资产难。

图 5-14　AGM-183A 机载高超声速助推-滑翔导弹

AGM-183A 机载高超声速助推-滑翔导弹于 2019 年 6 月成功进行首试，2020 年 B-52H 搭载该弹进行了 6 次试验，美国空军全球打击司令部表示 B-1B 和 F-15 也可能搭载该武器。

1. 发展历程

美空军在 2019 财年预算申请中新增了 ARRW 和"高超声速常规打击武器"（hypersonic conventional strike weapon，HCSW）两个项目。HCSW 项目由美空军于 2017 年 7 月公开启动，旨在研制一款由现役战斗机和轰炸机挂载的空射型高超声速导弹，快速研制形成快速响应的高超声速打击能力。该导弹采用 GPS 和惯导复合的导航制导方式，采用固体火箭发动机，并配装现货战斗部，用于在反介入/区域拒止环境下对高价值时敏固定或可移动部署地海面目标进行快速（即高超声速）精确打击。

受到 2021 财年预算紧缩压力的影响，美空军必须在 HCSW 和 ARRW 两个项目中做出选择，最终于 2020 年 2 月取消了 HCSW 项目。

HCSW 项目取消的原因并非性能指标不佳，相反，该团队在高超声速技术开发领域取得了重大进展，同时整合了包括陆军、海军和导弹防御局的多个国防部机构的多种现有成熟的高超声速技术，并且其成果将服务于多个高超声速武器项目的演示验证和技术迭代。

AGM – 183A 与 HCSW 相比，拥有独特的滑翔体设计，而 HCSW 则与其他军种在研的高超声速武器（即美陆军"远程高超声速武器"项目和美海军"常规快速打击"项目）较为相似。由于 2023 年初飞行试验失败，空军宣布完成后续 2 次试验后，将不会采购 AGM – 183A。

2. 项目细节

依据 2020 年 2 月洛·马公司披露信息推测，AGM – 183A 机载高超声速助推滑翔导弹采用楔形滑翔弹头方案、头体分离式设计，弹头部分用整流罩保护，弹头背部安装有控制舵面，左右各一片以增强航向稳定性。其弹头参考弹径约 0.77 米，弹头主体部分（不含控制舵面）最大高度约 0.2 米，整流罩最大直径约为 0.7 米，翼展不超过 0.72 米，弹头长度约 1.7 米，如图 5 – 15 所示。依据上述尺寸推算，弹头的空间容量为 40~60 升，且这种楔形布局空间有效利用率较低。在此受限空间中布置战斗部、雷达导引头、通信、导航、电源、控制（含作动）、热防护等诸多子系统，技术难度极大。即使通过缩小子系统尺寸解决了布置空间受限的问题，末制导能力与装药量也将大受影响，作战效能与毁伤效果大幅下降。

图 5 – 15　AGM – 183A 机载高超声速助推 – 滑翔导弹概念图

5.3.2 美国海军"中程常规快速打击武器"项目

美国国防部长办公厅从 2008 年开始启动"常规快速全球打击"（conventional prompt global strike，CPGS）项目，开展多路线的战略级高超声速助推－滑翔导弹技术验证工作。该项目以陆军提出的"先进高超声速武器"（AHW）项目为技术主攻方向，旨在设计一种由通用高超声速滑翔体和876.3 毫米两级助推器组成的无核导弹。CPGS 项目从 2020 财年开始移交美海军主管，更名为"常规快速打击"（conventional prompt strike，CPS）项目。

AHW 是一种类似 HTV-2 的快速打击方案，可在关岛、迪戈加亚岛和波多黎各等地进行部署。针对该项目，美国国防部给予了大量资金支持，并将该计划作为空军常规全球快速打击计划的备份项目。AHW 项目的主要任务是收集有关助推－滑翔高超声速飞行以及远距离大气层内高超声速飞行的有关数据，重点关注气动力、导航制导、飞行控制和热防护技术。而通用高超声速滑翔体是由一种马赫数为 6 的陆军原型弹头改装而成，该弹头是在 2011 年和 2017 年成功测试的替代再入系统。

美国陆军和海军在 CPS 项目的基础上，分别启动"远程高超声速武器"（long range hypesonic weapon，LRHW）项目和"中程常规快速打击武器"（intermediate range coventional prompt strike，IR CPS）项目。前者旨在为该型号武器配置陆地部署及发射能力，后者旨在配置潜射助推系统。因此，该型号导弹可在不同环境下发射（如图 5-16 所示），具备在激烈的作战环境中跨越水面和水下平台进行即时精确打击的能力，并且能够在短短 1 小时内打击地球上的任何目标。

2011 年 11 月 17 日，在位于夏威夷考爱岛的太平洋导弹靶场的发射阵地上，一枚三级运载火箭携带 AHW 成功升空并将其运送至预定高度。飞行器采用高超声速飞行，最终按照预定轨迹在里根测试阵地（原夸贾林导弹靶场）附近结束飞行。2014 年 8 月 25 日，AHW 进行第二次飞行试验，起飞不久后火箭出现故障，飞行器和火箭爆炸自毁，发射场也受到了一定程度的破坏。

图 5-16　CPS 项目的高超声速武器可以从多个平台发射

2017 年 10 月 30 日，美国海军成功开展了缩比型 AHW 的第三次飞行试验。试验采用与 2011 年首飞试验相同的飞行路线，飞行时间不到 30 分钟。这次试验目标包括首次将高超声速滑翔飞行器与真正的弹头集成、验证改进的飞行控制软件、机动时的高过载能力、验证先进的航电设备、验证分系统的小型化以及改进的制导算法。三次飞行试验比较如表 5-6 所示。

表 5-6　三次飞行试验的方案和结果比较

比较项目	首飞试验	第二次飞行试验	第三次飞行试验
试验时间	2011 年 11 月	2014 年 8 月	2017 年 10 月
发射靶场	夏威夷考爱岛的太平洋导弹靶场	阿拉斯加的卡迪亚克发射场	夏威夷考艾岛的太平洋导弹靶场
目标落区	夸贾林环礁	夸贾林环礁	夸贾林环礁
射程/km	4 000	5 600	4 000
飞行时间/h	<0.5	<1	<0.5
助推火箭	STARS 助推器(10.5 m)	STARS-4 助推器(14.5 m)	STARS 助推器（9.14 m）
试验目的	采集与高超声速助推-滑翔技术相关的重要数据，测试飞行器在大气层内的远程飞行性能	重点验证末段制导与控制技术	集成高超声速滑翔飞行器与弹头，验证改进的飞行控制软件、机动时的高过载能力、先进的航电设备、分系统的小型化以及改进的制导算法

续表

比较项目	首飞试验	第二次飞行试验	第三次飞行试验
结果	成功完成所有的飞行试验目标	发射后4 s终止试验，滑翔飞行器未获得验证	成功完成目标，但是否验证集成情况未确定

• 经典案例

2020年3月19日，CPS项目成功进行了飞行试验，测试了通用高超声速滑翔体弹头的性能，其射程超过3 200千米，命中精度达0.15米。这次试验使用了三级火箭助推，前两级采用了海军"北极星"弹道导弹发动机改型，第三级采用Orbus-1a固体火箭发动机实现制导和控制，验证了通用高超声速滑翔体转化为武器系统的可行性，是实现高超声速作战能力目标的重要里程碑。

在2020财年，美国海军IR CPS项目申请了5.93亿美元经费，并在为期5年的"未来年度国防计划"中总计投入52亿美元，以达到"通过飞行试验展示部件和子系统的技术成熟度，并降低风险"的目的，并且计划在2025年装备使用。

5.3.3 美国陆军"远程高超声速武器"（LRHW）项目

2021年3月，美国陆军向新组建的LRHW导弹连交付了首批2个惰性发射筒，为部队提供在模拟实际作战环境中进行先期操作训练的机会，并为导弹连选定了指挥官。2021年8月，发射装置、指挥模块等地面组件开始交付陆军进行训练，计划2023年底列装。

美国陆军LRHW项目在2023年投入使用后，届时可通过C-17运输机装载运输导弹及配套设施，将"远程高超声速武器"快速部署到高威胁前沿战区，完成准备、发射等系列动作，迅速摧毁对手目标，如图 5-17 所示。该武器系统包括 4 个运输竖立发射器和 1 个移动指挥所，每个发射器安装在经过改装的 40 吨 M870 拖车上。每个发射器将准备好 2 支罐装高超声速武器，并且该部队还将配备数量不确定的其他导弹。该系统将为美国陆军提供关键的战略武器和强大的威慑对手的能力。

图 5-17 美陆军计划通过 C-17 运输机实现"远程高超声速武器"的快速部署

美陆军计划在 2025 年、2027 年分别部署第二个和第三个导弹连。导弹连将具体部署在陆军多域特遣部队战略火力营下，以支持多域作战；同时计划在 2025 财年之前将射频传感器集成到高超声速武器中，为高超声速滑翔体加装末端导引头，届时第二个导弹连将具备移动目标打击能力。

5.3.4 其他相关项目

1. "南十字星综合飞行研究实验"项目

2020 年 11 月 30 日，美空军在 HIFiRE 的基础上启动了"南十字星综合飞行研究实验"（southern cross integrated flight research experiment，SCIFiRE）项目，该项目旨在引入 DARPA 的高超声速吸气式武器概念（hypersonic air-breathing weapon concept，HAWC）中的新技术。

HAWC 项目起始于 2014 年，计划开发一种采用超燃冲压技术的吸气式高超声速巡航导弹,采用碳氢燃料作为推进剂,在大气层内的飞行速度将达到马赫数 6。2021—2023 年,连续成功进行 4 次试验,完成合作测试项目,试验中以马赫数 5 飞行约 540 千米。

美国空军已在 2022 财年预算申请中确认,启动 HAWC 项目后续的"高超声速攻击巡航导弹"(hypersonic attack cruise missile,HACM)项目,并计划在未来五年内交付武器系统原型。SCIFiRE 项目还将作为 HAWC 项目和 HACM 项目过渡的桥梁。

2. Vintage Racer

2019 年,美国五角大楼测试了一种被称为自杀式无人机的巡航弹药——Vintage Racer。该无人机具有"高超声速进入""生存能力""飞临目标时间""多功能""模块化有效载荷""成本控制策略"六大要点。飞行速度达马赫数 5 以上,能够穿越敌方的防空网,并且在目标区域释放多功能空中游荡系统。该弹药具有隐身的雷达横截面和整体的"低信号特征",并减少了其他信号特征如红外、视觉和声学特征,使其更难被发现。

目前的高超声速武器虽然速度快、射程远,但是仍然很难对付难以推测的目标,如弹道导弹发射车、防空系统雷达等目标。Vintage Racer 可向目标的大致区域发射,到达大致区域后,会释放空中游荡系统,并使用传感器侦测需要打击的目标,如果空中游荡系统自己带了武器,那么可以自行打击,否则的话,可以传输目标坐标给其他武器并实施打击。

3. X – 60A

X – 60A(如图 5 – 18 所示)是一种采用火箭动力的空射型高超声速技术飞行试验平台,是一个美空军研究实验室在"小企业创新研究计划"渠道下授予给美国时代轨道发射服务公司的 X 系列飞行器研发项目,最终目标是实现一种低成本、常态化的高超声速飞行试验手段。X – 60A 采用的火箭发动机是由乌萨重大科技公司研制的"哈德利"液氧 – 煤油火箭发动机。

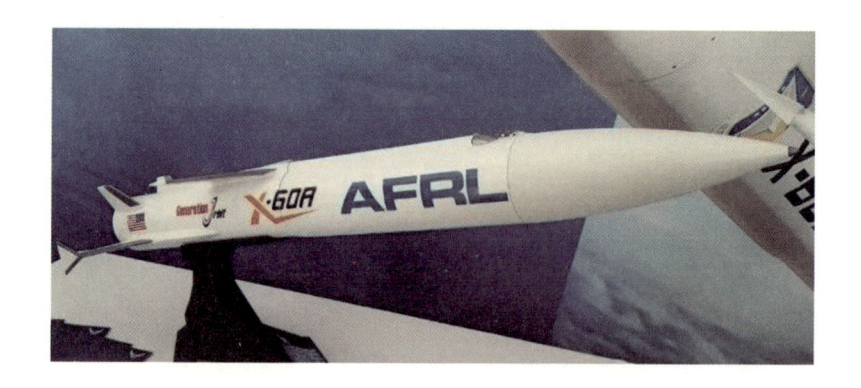

图 5-18　美国空军 X-60A 模型

· 经典案例

2020 年 1 月 14 日，美空军研究实验室在佛罗里达州塞西尔航天港完成了 X-60A 飞行器液体火箭推进系统的地面集成验证。本次试验对该发动机进行了冷流和热试车等试验，试验完全采用了满足飞行要求的硬件和操作流程，内容包括全时长试车、用于实现推力矢量控制的发动机摆动和系统节流（推力可调）等。

4. "作战火力"项目

"作战火力"（OpFires）陆射型战术级高超声速助推-滑翔导弹演示验证项目（如图 5-19 所示）旨在基于"战术助推-滑翔"（TBG）项目成果，完成一型能够将不同载荷投送到不同射程上的机动式陆射高超声速助推-滑翔导弹。项目第一阶段聚焦先进固体火箭发动机的设计与发展。推进系统由两级火箭组成，第一级火箭为传统的固体火箭发动机，第二级火箭则具有推力可调的能力。

2020 年 1 月 14 日，DARPA 与美陆军授予洛·马公司第三阶段武器系统集成子项目合同，由洛·马公司导弹与火控分部牵头深化发展 OpFires 项目前

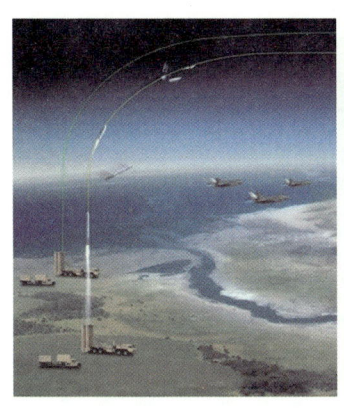

图 5-19 DARPA"作战火力"作战场景示意图

两个阶段研发的推进系统,并将其与发射车、电子系统和载荷集成为导弹系统,最终完成全系统飞行演示验证。

5.4 俄罗斯高超声速武器研究现状

俄罗斯在高超声速武器发展方面具有特色和领先优势。俄罗斯主要在研高超声速武器项目情况如表 5-7 所示。其中,"匕首"(Kinzhal)空射型高超声速滑翔导弹已于 2017 年 12 月开始进行战斗值班任务;"先锋"(Avangard)洲际高超声速滑翔导弹于 2019 年 12 月服役,并在 2021 年底进入战斗值班;随着"锆石"(Zircon)高超声速巡航导弹在 2022 年的列装部署,俄罗斯陆、海、空三军全面进入高超声速时代。

表 5-7 俄罗斯主要在研高超声速武器项目情况

序号	项目名称	国家	主要参数	进展情况
1	"匕首"(Kinzhal)空射型高超声速滑翔导弹	俄罗斯	类别:空射助推滑翔 射程:2 000 km 最大马赫数:10	2017 年 12 月开始战斗值班

续表

序号	项目名称	国家	主要参数	进展情况
2	"先锋"（Avangard）洲际高超声速滑翔导弹	俄罗斯	类别：陆基助推滑翔 射程：15 000 km（最大） 最大马赫数：20	2019年12月开始战斗值班
3	"锆石"（Zircon）高超声速巡航导弹	俄罗斯	类别：海基高超声速巡航 射程：1 000 km 以上 最大马赫数：9	2023年1月开始战斗值班

5.4.1 "匕首"（Kinzhal）空射型高超声速滑翔导弹

• 知识延伸

"匕首"空射型高超声速滑翔导弹（简称"匕首"导弹）系统，代号 Kh－47M2，可携带常规战斗部或核战斗部，能够突破现有防空反导系统，摧毁地面及水面多种固定或移动目标（包括航空母舰、巡洋舰、驱逐舰和护卫舰等）。系统基于成熟的现役截击机和陆射近程弹道导弹进行集成创新，研制成本低、周期短，作战效能高度接近高超声速助推－滑翔导弹，是世界上最先公布完成研制并进入服役的高超声速导弹。

2018年3月1日，俄罗斯总统普京在年度国情咨文中首次公开披露了"匕首"导弹，从2017年12月1日开始，"匕首"导弹在南部军区同步进行飞行试验和战斗值班任务。利用载机独特的高速飞行和技术特征，该导弹能够在数分钟内打击目标。该导弹飞行速度高达10倍声速，能打击2 000千米远的目标。

"匕首"导弹系统由米格－31K载机及Kh－47M2高超声速弹道导弹组成。其中，米格－31K载机由米格－31BM重型截击机改进而来，具有良好的超声速飞行能力，最大飞行马赫数约2.5，最大飞行高度约20千米，可执行多种作战任务。Kh－47M2高超声速弹道导弹是陆基"伊斯坎德尔－M"战役战术导弹系统的 9M723 单级固体推进剂弹道导弹的深度升级，两者在视觉上和实际上没有区别，只不过该产品长度增加了 70 厘米，可能是由于安装了空气动力整流罩。

"匕首"导弹估计采用近似回转体的小离心率椭圆截面体。导弹头部呈圆锥形，半锥角较小、过渡平缓，导致头锥长度占弹体长度近一半，在头锥最前端为锥形头罩，头罩半锥角明显大于头锥其余部分。弹体后半部分呈圆柱形，弹体尾部安装有 4 片三角形空气舵面，沿弹身周向 X 形布设，舵梢切尖。机载时弹体后端安装有一个圆台形尾罩，尾罩前部有 4 处 X 形分布的凸起（可能是分离装置的整流罩），并在左右两侧各有 1 片较长的梯形安定面。尾罩在导弹挂机时起降阻作用，在导弹发射约 4 秒后将尾罩向后弹射抛掉，随即导弹发动机点火。

"匕首"导弹为中程导弹系统，该导弹长约 7.7 米，弹径约 1 米，发射质量 4.6 吨。该导弹飞行速度高达 10 倍声速，可携带 800 千克的核或常规战斗部打击 2 000 千米远的目标，打击精度优于 10 米。

"匕首"导弹是一款具有精确打击能力、气动操纵和弹道飞行综合特征的武器，配装的推进系统能够在数秒内将弹头加速到高超声速，载机无须进入敌方防空区域。该导弹能够在数倍声速飞行条件下进行机动，使其能够可靠地突破全部现役或在研的防空和反导系统。

"匕首"导弹头罩呈锥形、前端外形尖锐且外观没有明显的光学窗口，符合超声速导弹雷达头罩的特点；"匕首"导弹采用全天候导引头，能在白天或夜晚条件下确保足够的目标打击精度，推断导弹采用了雷达制导。导弹头锥侧面开有若干个矩形窗口，推测这些窗口中包含通信信号接收窗口，通过卫星、飞机、地面或海面控制台接受实时信号，更新导弹飞行路径规划，可能还用卫星导航、天文星光导航等辅助制导系统，具备较高的命中精度。

• 经典案例

2020 年 1 月，俄罗斯黑海舰队和北方舰队在黑海举行了导弹射击联合演习，俄罗斯总统普京乘坐导弹巡洋舰观摩了此次演习。俄罗斯计划对 10~50 架米格-31K 飞机进行改进，以便携带"匕首"导弹。在俄罗斯胜利日 73 周年阅兵仪式上，2 架米格-31K 挂载"匕首"导弹飞过莫斯科上空，首次实体对外展示，如图 5-20 所示。

图 5-20　米格-31K 载机挂载"匕首"导弹

"匕首"导弹发射过程为：米格-31K 喷气式飞机以超声速将"匕首"导弹运送至约 18 千米的高空，导弹被投放并下降约数十米，喷射出一个用于在喷气飞行中保护火箭发动机的火箭帽，然后使用导弹自带的固体火箭发动机加速至高超声速，如图 5-21 所示。国外有些观点认为，"匕首"导弹是"伊斯坎德尔-M"战术弹道导弹（9K720 Iskander，北约代号 SS-26）的空射版。

图 5-21　"匕首"导弹发射流程

因为米格-31K载机只能搭载1枚"匕首"导弹,所以图-22M3M远程超音速轰炸机被认为是"匕首"导弹的另一个潜在运载工具,它能够携带4枚导弹。另外,图-22M3M远程超音速轰炸机在设计初期保留了受油口,在特定条件下依靠简单改装即可实现空中加油,增加作战半径,可显著提升"匕首"导弹执行远程作战与持续性值班任务的能力。另外,苏-57战斗机、图-160轰炸机(图-160M轰炸机)也是该导弹的潜在载机。据悉,"匕首"导弹在2030年后将搭载第五代战斗机苏-57。

俄罗斯有关媒体称,"匕首"导弹(如图5-22所示)的军事目标是打击美国或北约在罗马尼亚(未来还包括波兰)的舰载反导系统或陆基反导系统,也可用于打击其他高价值目标,如航母战斗群。俄罗斯将防区外空射、速度和机动性视为未来战争和威慑的关键要素。

图 5-22 "匕首"导弹

俄罗斯官方多次确认"匕首"导弹已部署在南部军区进行战斗值班。以南部军区为基地,2 000千米射程可覆盖中东绝大部分国家和北非部分国家,以及地中海、红海和波斯湾大部分水域。如果加上米格-31 K载机本身的作战半径(超声速作战半径可达六七百千米),"匕首"导弹打击范围还可以进一步扩大。考虑到"匕首"导弹的数量规模以及较强的突防和机动目标打击能力,其主要使命任务可能是用来威慑以上地区的大型水面舰艇(如航母)等严密设防的高价值移动目标,帮助俄军塑造中东、北非地区军事安全态势。

在首次披露该导弹的报告现场视频中，导弹从载机分离后，在助推段迅速爬升，到达弹道最高点后进入俯冲，在达到一定速度和高度条件后进行大过载拉起并持续机动，最终以较大落角对水面舰艇目标实施贯顶攻击。视频特意用蓝色扇形区域表示，该导弹具有较大的横向机动能力。"匕首"导弹的前半段弹道式飞行距离较长，约占总射程的一半以上，机动弹道仅占总射程的一小部分，飞行弹道更类似于弹头具有较强再入机动能力的弹道导弹。

5.4.2 "先锋"（Avangard）洲际高超声速滑翔导弹

• 经典案例

"先锋"（Avangard）洲际高超声速滑翔导弹（简称"先锋"导弹）弹头编号 Yu-71。"先锋"导弹系统由高超声速滑翔弹头和两级液体助推器组成，弹头最大飞行速度超过马赫数20，射程达洲际范围，可进行滑翔机动，弹道难以预测，具备核常全球快速打击能力，滑翔弹头配装有弹载对抗措施，可突破防空及反导系统，并对目标实施精确打击。

"先锋"导弹的两级液体助推器是 UR-100N UTTKh 导弹（北约编号 SS-19 "三菱匕首"），该型导弹发射总质量约100吨，投掷总质量约4.5吨，射程约10 000千米，采用井式发射，可携带一枚"先锋"弹头，由其负责将弹头加速和发射到预设轨迹。在新型 RS-28"萨尔玛特"洲际弹道导弹服役后，"先锋"导弹系统将使用这种发射质量超过200吨，射程15 000千米的导弹作为助推器载体，RS-28"萨尔玛特"洲际弹道导弹最多可携带三枚"先锋"弹头。

俄罗斯在2018年3月1日首次公布"先锋"导弹。在2018年12月的试射中，"先锋"导弹不负众望，由 SS-19 洲际弹道导弹作为助推器，从乌拉尔山脉南部的多姆巴罗夫斯基洲际弹道导弹基地发射，飞行至6 000千米外的堪察加半岛精准击中目标，飞行速度达到了马赫数20，估计采用楔形气动布局，尺寸达到 5.4 米，如图 5-23 所示。

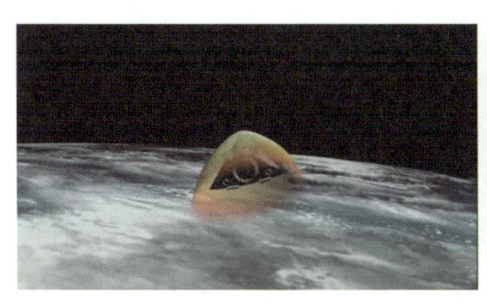

图 5-23 "先锋"导弹滑翔模拟图

"先锋"导弹是传统的助推-滑翔飞行器。高超声速滑翔飞行器的飞行阶段包括使用多阶段弹道导弹助推进入太空，在近地轨道投放飞行器，接着飞行器下降至大气层并以高超声速飞行。20 世纪 80 年代，苏联已经开始研发"先锋"高超声速助推-滑翔弹，苏联解体后，由俄罗斯继续推进该项目。1990—2018 年，"先锋"导弹共进行了约 14 次飞行试验（如图 5-24 所示），其中部分失败。

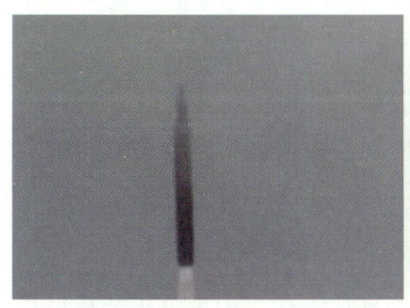

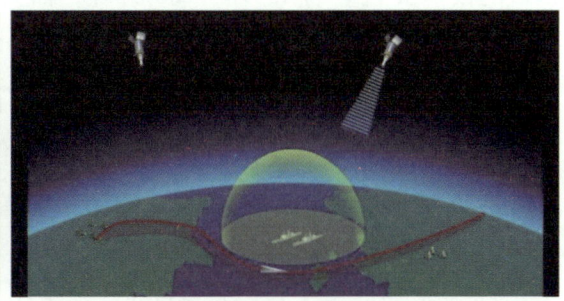

图 5-24 "先锋"导弹发射试验图和通信示意图

"先锋"导弹飞行过程中外表面温度高达 1 600~2 000 摄氏度，可在高速、高温飞行中实现长时间可靠控制。俄罗斯先是披露"先锋"弹头采用了耐高温复合材料并可耐受激光武器攻击，随后披露弹头主体采用钛合金承力结构，部分结构可能采用了超高温陶瓷或改性 C/SiC（碳/碳化硅）等先进复合材料以适应极端恶劣的高温环境。

俄罗斯披露的视频动画展示了"先锋"弹头的外形，但与实物外形的差距尚有待考证。根据视频动画，"先锋"弹头采用了扁平的乘波体外形，形似工兵铲，头部为尖锐前缘热结构，后体背部有 2 片 V 形布置的大后掠角后缘舵，后体底部延伸 2 片类似飞机襟翼的俯仰全动舵，尾部含有多个喷管提供辅助动力。扁平乘波体具有高升阻比特点，可在稀薄空气中获得最远的滑翔距离。4 片舵面与辅助动力的组合设计保证了弹头的深度机动能力。据报道，"先锋"导弹可在大气层内完成最高马赫数 20 的洲际飞行，并进行横向数千千米与纵向大幅度机动，突破现有防御系统的拦截。

"先锋"弹头在与助推器分离之后的滑翔飞行阶段可以接收天基卫星信号，改变飞行路径以躲避敌方防御网，因此推测弹头上可能安装有天基信号接收装置，"先锋"弹头可能具备合成孔径雷达（SAR）对地面景象匹配制导的能力。其根据卫星通信获取战场实时情况、动态调整飞行路径，完成突防，最终通过景象末制导完成精确的攻击。

"先锋"导弹是一种核常兼备的导弹，可携带常规弹头或核弹头，预估可携带的核弹头当量为 15 万 ~ 200 万吨，如果打击精度得到提高，就可以用 15 万吨核弹头打击预定目标。

"先锋"导弹最显著的特征就是"快"。作为一款常规威慑武器，"先锋"导弹正常飞行马赫数可达 20 以上，大幅提升俄全球威慑能力，有效影响世界战略格局。即便是同为高超声速武器的"匕首"导弹和"锆石"导弹，在极限速度方面对"先锋"导弹也是望尘莫及。

"先锋"导弹打击目标包括导弹防御系统和其他高价值军事设施，如导弹发射井和指挥中心。显然，在现代制导的辅助下，高速飞行的"先锋"导弹可以摧毁或穿透加固目标。此外，"先锋"导弹还具备有限的先发打击和报复性核打击能力。从本质上看，"先锋"导弹可视为洲际弹道导弹弹头的升级产物，能在有效规避导弹探测或防御的同时达到相同军事目的，并且可摧毁高价值或坚固的目标。

俄罗斯军方表示，"先锋"导弹已进入批量生产阶段。自 2019 年 12 月

27日莫斯科时间上午10时起，俄军首个"先锋"高超声速导弹团加入战斗值班。首批"先锋"导弹为驻扎在西部奥伦堡的多姆巴罗夫斯基战略导弹师配备，之后将为驻扎在科泽利斯克的战略导弹师换装。首个配备"先锋"导弹的导弹团于2021年年底进入战斗值班。第13导弹师将继续以新型战略导弹进行换装，第二个配备"先锋"导弹的导弹团于2023年进入战斗值班，到2027年底，俄罗斯总共部署的"先锋"导弹将达到12个。

5.4.3 "锆石"（Zircon）高超声速巡航导弹

"锆石"高超声速巡航导弹（简称"锆石"导弹，代号3M-22，北约代号SS-N-33）是俄罗斯军事工业综合体最保密的项目之一，早在2011年俄罗斯就开始其研究工作，直至2016年首次曝出试射消息，2020年俄罗斯国防部称，俄海军已顺利进行了"锆石"导弹的测试，该导弹由俄罗斯机械制造科研生产联合体研制，用以打击海上、陆上目标。俄罗斯海军于2022年接收"锆石"导弹，并表示研究以高超声速武器系统为代表的国防技术能够有效应对潜在军事威胁。

• 知识延伸

"锆石"导弹是世界上首款高超声速巡航导弹，也是世界上首款海基高超声速导弹。据报道，其采用乘波体气动外形，弹长为11~12米，弹径约为0.7米，预计弹头重300~400千克，射程可达1000千米，最大飞行高度为3万多米。"锆石"导弹巡航飞行马赫数约为5，最大飞行马赫数约为9，可能采用先滑再巡的组合模式进行工作。

"锆石"导弹试验中已经展示了350千米、450千米和500千米的飞行。具备红外或雷达制导系统，使用常规战斗部毁伤目标。"锆石"导弹可与各类运载工具兼容。水面舰艇使用其标准型号，从3S-14通用发射装置发射。潜艇也可以使用"锆石"导弹的其他型号，从水下发射。

"锆石"导弹采用两级推进设计，第一级为固体火箭发动机助推器，第二级为使用液体燃料的超燃冲压发动机。发射后火箭发动机点火，调整姿态并加速到一定高度和速度后，超燃冲压发动机启动，以高超声速巡航速度飞向敌方目标。"锆石"导弹由 3S-14 通用发射装置发射，可搭载于巡洋舰与核潜艇平台。

在图-22M3 轰炸机作为第一阶段助推器的条件下，锆石导弹的早期飞行试验已经完成，随后在沿海平台利用火箭和超燃冲压发动机进行了至少 5 次试验（分别于 2015 年年底、2016 年 3 月、2017 年 2 月、2017 年 4 月和 2018 年 12 月）。试验获得成功并验证了导弹的射程、精度等方面指标。俄罗斯还计划利用空中平台对"锆石"导弹进行试验，由于飞机可以为导弹提供一定的射程，如果研发出空射型"锆石"导弹，那么射程将显著提高。

• 经典案例

2016 年，"锆石"导弹开始测试的消息一经传出，撼动全球军事格局，如图 5-25 所示。2017 年，俄罗斯试射了新型"锆石"导弹。2019 年，俄罗斯国防部接装首批新型"锆石"导弹，首批导弹武装"卡拉库特"级和"暴徒"M 级轻型导弹护卫舰，以此加强俄海军威慑力量。2020 年对地面、水面目标进行了 3 次试射，导弹的试验载舰是 22350 型"戈尔什科夫海军上将"号护卫舰，如图 5-26 所示。2021 年再次成功毁伤了预定目标。2021 年 5 月"锆石"导弹处于国家试验的收官阶段。

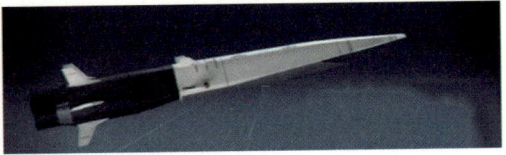

图 5-25 "锆石"导弹宣传图

图 5-26　俄罗斯"锆石"舰载的导弹发射图

按 22350 型方案建造的"戈尔什科夫海军上将"号护卫舰是"锆石"导弹的首艘载舰,也是飞行试验的舰艇,配备 2 套 3S-14 通用发射装置,有 16 个发射单元,可装填各型导弹。"锆石"导弹和其他武器的数量、比例取决于受领的任务。计划以这一方案建造 4 艘护卫舰,从第 5 艘护卫舰"阿梅利科海军上将"号开始,将增加 2 个发射装置,正在建造、定购的新护卫舰不少于 6 艘,每艘可以携带 32 枚各型导弹。

据报道,基洛夫级核动力巡洋舰升级后将获得先进的通用发射装置,可以与现实的武器兼容。目前"纳西莫夫海军上将"号巡洋舰正在进行上述升级。未来"彼得大帝"号巡洋舰也会采取类似措施。基洛夫级核动力巡洋舰一共具有 10 套 3S-14 通用发射装置,每个装置由 8 单元发射器构成,均可发射"锆石"导弹,载弹量不少于 80 枚,可以在夺取战场区域控制权的情况下,对敌方水面和地面目标发动大规模、高强度火力打击。

885M 型核潜艇将成为"锆石"导弹水下型号的首批载艇,"锆石"导弹及其他先进导弹将纳入"喀山"号的战斗基数,885M 型核潜艇预计具有 8 组共 32 套 3S-14 通过发射装置,其优点在于潜深大、隐蔽性强,在正面战场难以取得绝对优势的情况下,可隐蔽航行至敌方目标附近,突然发起打击以摧毁敌方关键目标。

• 知识延伸

俄罗斯正在研发轻型"锆石"导弹，以便能在图-160M 轰炸机或图-160M2 轰炸机空中平台发射。"锆石"导弹既可攻击海上目标，也可攻击陆基目标，其首要军事任务是摧毁航母战斗群，该导弹具有飞行速度快、飞行距离相对较短的特点，留给敌方探测和拦截导弹的总时间可能少于5分钟；另一个军事任务是打击陆基目标，如指控中心或导弹防御装置。携带"锆石"导弹的潜艇向海岸靠近，可以打击离海岸数百千米的指控中心，部署在加里宁格勒的"锆石"导弹能有效摧毁波兰的导弹防御系统。高速飞行的"锆石"导弹也能打击地下军事设施。

"锆石"导弹采用全新研制的"Decilin-M"航空燃料，该燃料是在 T-10 燃料的基础上进一步发展而来。和现有燃料相比，"Decilin-M"航空燃料预计可将"锆石"导弹的射程提高 250~300 千米。在战斗部方面，"锆石"导弹可选择常规战斗部与核弹头战斗部两种。核战斗部爆炸当量约为 25 万吨。

在制导方面，"锆石"导弹预计采用复合制导模式，具备主动和被动雷达导引头，末端还可采用红外制导模式，提高命中精度。飞行中可以与己方装备交换数据信息，并可在飞行中重新选择目标。"锆石"导弹可以在飞行中实时接收来自卫星的指令，并根据该指令实时改变原定飞行航线，在不依靠高超声速直接突防的情况下，可选择绕过敌方防御系统拦截圈。

"锆石"导弹在高速飞行中，导弹头部由于大气黏度和激波压缩作用将产生大量热量，前缘驻点温度远超 1 000 摄氏度。在气动加热作用下，导弹头部材料表面分子和气体分子产生分解电离现象，形成等离子体层。因为壳体外的等离子体鞘可以吸收雷达波，所以具有较强的隐身性能。超快的飞行速度加上强大突防和隐身能力，使得"锆石"导弹有望成为俄罗斯的"撒手锏"武器。

"锆石"导弹是一种多功能导弹，打击威力大，能够执行多种任务。少量命中也可对敌方大型水面舰艇造成严重损伤。根据美国研究机构的测算和一些实验推断，2~4 枚"锆石"导弹将足以使一艘航母丧失战斗能力。经过各种改型的"锆石"导弹将适装于所有配有通用舰艇发射系统的海军护卫舰和驱逐舰，包括新型驱逐舰、两栖攻击舰、现代化巡洋舰、大型反潜舰及多用途核潜艇等。除海基型号以外，还将发展陆基和空基型号。多元发射方式将赋予"锆石"导弹更多的使用灵活性，可在近海防御、地对地战术打击等作战中发挥较大作用。

5.5 高超声速飞机研究现状

随着高超声速技术的迅猛发展，利用高超声速冲压发动机作为动力的高超声速飞机逐步走上历史舞台，由于其涉及高超声速可重复使用和马赫数 5 以上的宽域动力等技术挑战，目前仍在攻关之中，预计 2025 年前后技术会有较为全面的突破，为 2030 年前应用高超声速飞机提供坚实支撑。

5.5.1 SR-72 高超声速飞机

SR-72 高超声速飞机（简称 SR-72）是洛·马公司提出的用于情报、监视和侦察的概念化无人驾驶高超声速飞机，以接替 1998 年退役的 SR-71 "黑鸟"侦察机。

关于 SR-72 的报道最早见于 2007，消息披露洛·马公司正在为美国空军开发一种飞行马赫数达 6 的飞机，2013 年 11 月被正式预告。该项计划于 2018 年制造出带有单引擎的可选驾驶比例版本的飞机，据报道 2019 年原理样机开展了地面试验，并计划在 2023 年进行试飞，未来将在 2030 年之前建造和测试，并投入使用。

SR-72 无疑是隐身的典范，由碳纤维包裹的钛合金单片晶体制成，是一款集侦察与打击于一体的"察打一体"无人机，尺寸与 SR-71 相当，超过

30 米长，并具有相同的航程（如图 5 – 27 所示）。SR – 72 更加强调以速度制胜，其飞行马赫数为 6（约 7 000 千米/时），可以在大约 1 小时内穿越大西洋或在 6 小时内环绕地球。SR – 72 在大约 25 千米高度巡航，能降低地基预警时间并难以拦截，几乎不可能被击落。

图 5 – 27　SR – 72 概念图

SR – 72 将用来遂行重要的航空侦察使命，但作为侦察机"黑鸟之子"的角色有些尴尬，比如在公海海域和边境上空远距离侦察，为追求高效费比，显然不适合使用 SR – 72，而更适合使用 RC – 135、RQ – 4、MQ – 9 等长航时中高空侦察机。最适合 SR – 72 的侦察样式是深入他国领空的飞越侦察，但似乎又缺乏必要性，而且容易引发国际争端。

此外，SR – 72 要实现马赫数 5 以上的高超声速飞行，必须解决飞机和发动机一体化设计、超燃冲压发动机、热防护等世界性技术难题，所需技术极其复杂，造价十分昂贵。洛·马公司的"臭鼬工厂"正在与洛克达因公司合作，拓宽涡喷发动机与冲压式发动机工作速域，提升组合动力系统在马赫数 2 ~ 5 运行时的工作性能。

随着反卫星武器、反介入/区域拒止战术和反隐身技术的发展，高超声速飞机可直接穿透受保护的空域，在敌人发现或拦截之前观察、打击目标。这与五代战机和无人机发展计划中强调的隐身性相比，存在重大概念差异。

5.5.2 Mayhem 项目

2020年8月12日,美空军研究实验室(AFRL)公开发布了"一次性使用的吸气式高超声速多任务演示验证飞行器"(Mayhem)(如图5-28所示)项目信息征询书(request for information,RFI)。文件显示AFRL正在筹划一型多任务演示验证飞行器,研究内容聚焦于更加先进的超燃冲压式发动机,并满足"多任务巡航"(multi-mission cruiser)需求,美方未明确该项目的应用背景与研究。

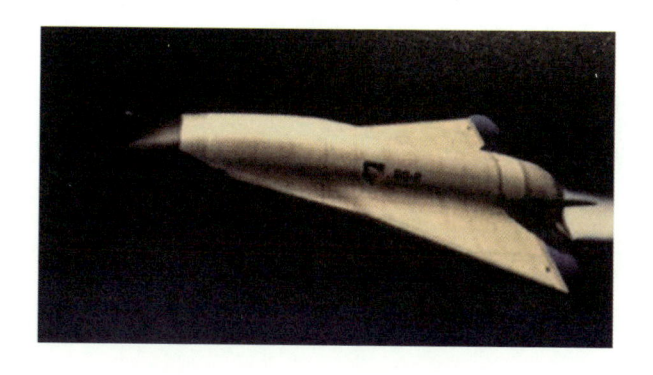

图5-28 一次性使用的吸气式高超声速多任务演示验证飞行器

Mayhem项目的核心目标是设计尺寸更大、更复杂的先进液体碳氢燃料超燃冲压发动机。目前,美军小尺寸窄速域(马赫数4.8~5.1)的单循环超燃冲压发动机已经进入面向导弹型号的原型机设计阶段,而中等尺寸宽速域(马赫数3.5~7)的超燃冲压发动机还处于部件级地面试验阶段。Mayhem项目将进一步开展中等尺寸宽速域超燃冲压发动机试飞验证工作。

• 知识延伸

美空军2021财年预算文件在"先进航空航天项目""超燃冲压发动机技术""下一代平台研发与验证计划"专题中多次提及"多循环发动机"(multi-cycle engine)研究条目。"多循环发动机"是指包含多种燃烧模态的超燃冲压发动机，通常可理解成组合式发动机，如涡轮基组合循环（turbine based combined cycle，TBCC）发动机和火箭基组合循环（rocket-based combined cycle，RBCC）发动机等。但考虑到 Mayhem 是一次性使用的技术验证飞行器，采用 TBCC 或 RBCC 发动机成本过高。因此，Mayhem 采用的"多循环发动机"很可能是包含多种燃烧模态的超燃冲压发动机，即纯亚燃模态、亚燃超燃双模态或纯超燃模态，以实现更宽的工作速域。

Mayhem 本质上是一型一次性使用的、采用中等尺寸宽速域超燃冲压发动机的高超声速飞行器，除飞行验证先进超燃冲压发动机技术之外，未来还将承担对更多先进高超声速飞行的试验验证任务。AFRL 明确要求 Mayhem 需满足尺寸更大、飞行更远要求，载荷舱采用模块化设计，携带或投送至少三种不同载荷。其中，尺寸更大的核心还是超燃冲压发动机的捕获面积尺寸更大，很可能是空气流量比 X-51A 大十倍左右的中等尺寸超燃冲压发动机；飞行更远则要求 Mayhem 巡航升阻比更高、超燃冲压发动机比冲更高以及结构和结构系数更低。

官方未披露 Mayhem 的具体任务载荷，项目的定位是技术验证项目，而不是型号项目，并不要求形成作战能力。因此，搭载的载荷可能是数据收集传输设备、雷达和光电传感器样机等试验载荷，以完成多种试验任务，而不是侦察、预警、打击、运输等多项作战任务。成果未来可应用于执行侦察或打击任务的高超声速飞机、射程及战斗部更大的高超声速巡航导弹等。

AFRL 计划利用 5 年左右时间实现首次飞行试验，计划由两个团队并行开展，每个团队由一家飞行器研制单位和推进系统研制单位组成，分别承担：飞行器设计与超燃冲压发动机集成；更大尺寸推进（系统）研发及其飞行样机的地面试验。AFRL 此前已经开展的多个项目均可为 Mayhem 项目提供技术支撑，包括"操作性增强的超燃冲压发动机技术"项目、"高速作战系统支撑技术"项目、"高速打击武器"项目和"高超声速吸气式武器概念"项目等。

5.5.3 "夸特马"项目

2019年5月,赫米尔斯(Hermeus)公司公开披露了马赫数5的高超声速民用飞机研发项目,计划充分利用现有和短期内可实现的技术,研制一型最大马赫数达到5、载客20人左右、航程约7 400千米的高超声速民用飞机,初步目标是在2030年前投入商业运营。赫米尔斯公司快速地搭建了一套简易的试验台,于当年底完成了100多次试验。2020年3月完成了一型基于TJ-100涡轮发动机的小型TBCC发动机集成、静态试验和高速(达到马赫数5)试验,完成了各动力单元单独运行试验(如图5-29所示)。

图5-29 基于TJ-100涡轮发动机的小型TBCC发动机集成试验现场

2020年,美国空军创新中心(AFWERX)在创新计划下授予赫米尔斯公司价值150万美元的合同。赫米尔斯公司将与美国空军合作,为国防部提供高超声速空运技术,并将制造高超声速版总统专机"空军一号"(如图5-30所示)。由于依托新的冲压推进发动机,新的"空军一号"能以马赫数4~5进行长时间飞行,这已经接近高超声速武器的速度。"空军一号"被认为是技术先进、功能齐全、安全舒适的"空中白宫"。美国目前的"空军一号"专机称为VC-25A,是基于波音747-200民用客机设计的。

图 5-30　下一代"空军一号"总统专机概念图

2021 年 7 月 30 日，美国空军联合私营投资公司授予赫米尔斯公司一份总额 6 000 万美元、为期三年的科研合同，即"夸特马"（Quarterhorse）项目。美国空军为"夸特马"项目设定了五大目标，包括深化对高超声速飞机作战能力及技术的理解和认识；完成一型可重复使用的 TBCC 推进系统的飞行试验；设计、制造并试飞 3 架"夸特马"高超声速飞行验证机；为后续在"夸特马"验证机上集成任务载荷并进行高超声速飞行试验提供设计规范；为美国空军的战略（推演仿真）分析工具提供推演数据输入。从以上目标不难看出，该项目的重心是研制并试飞 3 架验证机（如图 5-31 所示），核心是验证 TBCC 发动机和飞机平台，不需要加装任务载荷，但需要预留好接口。

图 5-31　赫米尔斯高超声速飞行器概念图

• 知识延伸

"夸特马"验证机为无人驾驶飞机，采用了大后掠三角翼、无平尾加单垂尾布局，机体长细比明显较大，前机身与进气道高度融合。推测机长 10～12 米，翼展 2.5～3 米，尺寸上稍小于美国空军的 D-21 无人侦察机，验证机总重为 4～5 吨，飞行马赫数可达 5，该无人机应安装有起落架，可实现水平起降。采用单台串联式 TBCC 发动机，进气道采用三维内转式方案；从外轮廓上看应该是其此前公布的二元喷管方案；涡轮发动机采用的是 GE 公司的 J-85-21 加力式涡喷发动机，在进气道出口和涡轮压气机入口之间加装有预冷装置；亚燃冲压发动机与涡轮加力燃烧室共形，低速时为加力模态，高速时为亚燃模态。

"夸特马"项目计划在 2024 年 7 月结束，赫米尔斯公司将在 2023 年研制用于高马赫数飞行试验的小型无人验证机。"夸特马"验证机所采用的 TBCC 发动机就面临模态转换、宽速域进排气设计、发动机耦合设计等一系列关键技术难题，后续发展还有较多问题需要攻关。

第 6 章
高动态临近空间飞行器技术与应用

6.1 超声速飞行器核心技术

6.1.1 气动技术

当前，超声速飞行器气动技术研究相对较为成熟，但依然是超声速飞行器性能优劣的重要影响因素，特别是高水平的超声速飞行器研制，其核心技术主要体现在高升阻比与气动/隐身一体化布局设计、高性能增升减阻技术、气动隐身技术、气动动态性能控制技术以及精确制导气动光学技术等方面。

1. 先进气动布局设计技术

气动布局设计的目的是选择各种气动措施的最佳组合，即得到满足设计要求的最佳气动布局。提高气动性能的基本要求是减少阻力、增加升力和提高升阻比。对军用飞机特别是战斗机来说，还必须满足提高大迎角气动特性、垂直或短距起落以及隐身性等要求。不同的要求在气动布局设计上有许多措施可以采取，而不同设计要求采取的气动力措施往往又是相互矛盾的，这正说明气动布局设计的复杂性和综合性，在设计中往往考虑其主要矛盾而协调次要矛盾。

对于超声速飞行器而言，主要考虑的问题包括减少摩擦阻力、减少波阻、减少诱导阻力、减少配平阻力、增加升力线斜率、提高最大升力系数、提高升阻比、改善大迎角气动特性、改善起飞和着陆性能以及减轻结构质量等。

2. 超声速非定常流动与控制技术

临近空间飞行器在其机动或巡航飞行中存在非定常激波、湍流、分离和涡破裂及其相互干扰现象，对它们的特性、机理进行深入研究，从而找到其控制方法，是进行非定常流动分析的目的。同时，也需要发展非定常流动的高精度数值模拟方法和实验技术，为飞行器动态特性研究提供有力工具，并给出动态稳定性问题的解决措施。

3. 隐身技术与气动设计耦合分析技术

临近空间飞行器外形设计应同时考虑空气动力特性和电磁特性，将最佳的气动设计和低雷达散射截面的电磁隐身方法结合起来。飞行器不同的头部、机身和尾部外形，不同的翼身融合和机翼外形，不同布局形式的空气动力特性和不同隐身方法电磁特性之间具有相容性，也存在矛盾性。如何设计既有良好的空气动力性能，又有良好的雷达隐身性能的飞行器外形是设计者关注的重点。

4. 超声速气动光学技术

超声速气动光学效应使光学探测制导系统对目标探测信噪比降低，从而减小了对目标的探测距离，严重时甚至形成温度分层结构而淹没需探测的目标信号；对目标的检测识别概率降低，抗诱饵、识别假目标能力降低，严重时甚至无法检测识别目标；对目标的视线角位置测量发生偏折，视线角速率发生抖动，引起探测制导精度急剧下降；产生的气动热环境影响光学头罩工作性能，严重时甚至对光学头罩产生热破坏作用。对气动光学效应影响的精确研究是光学末制导技术得以有效使用的根本保证。

6.1.2 推进技术

推进技术主要以长航时可重复使用的亚燃冲压发动机技术为代表，包括亚燃冲压发动机动力装置、燃油系统、液压系统、通风散热系统等方面的研究和技术攻关。

发动机由预燃段、燃烧室、尾喷管组成。在预燃段和燃烧室中装备高压涡轮泵、预燃室、分流罩、火焰稳定器、防震隔热屏、尾喷管等部件，由于飞行在临近空间，大气较为稀薄，需要考虑适应高空条件的亚燃冲压发动机燃烧组织和进气道波系设计等技术。

亚燃冲压发动机与其他系统的一体化设计技术主要包括亚燃冲压发动机与机体的一体化设计、作战有效载荷与机体的一体化设计等。超声速飞机还需要考虑从地面起飞到马赫数3状态之间的过渡问题，涡扇发动机为其提供了技术支撑，进一步则跨越涉及冲压发动机技术，两者的工作模式和结构形式有较大差别，如何高效率地实现推力全包线跨越仍然是一个不能回避的难题。

6.1.3 高温轻质材料与异形结构技术

由于采用翼身融合体等异形结构，为促进超声速飞行器的发展，一方面需要开展复杂形状构件的制造技术研究，尤其是大尺寸构件的整体成型技术；另一方面需要开展轻质、耐高温、低成本的陶瓷基防热材料技术研究，以提高超声速飞行器的防热效果，降低飞行器质量。

大型机身框架结构的整体成型技术兼具低密度和高强度优势的轻质结构材料可以减轻飞行器质量，提高有效载荷，是飞行器机身框架结构的理想材料。因为超声速飞行器的表面温度并不是特别高，当前技术水平可以实现防热/承载一体化设计与制备，所以除要研究大型机身框架结构的整体成型技术外，还要提高轻质结构材料的耐高温性能。

现有的金属材料可以满足超声速飞行器发动机和飞行器表面的防热性能要求，但其高密度不利于降低飞行器质量。Si－O－C复合材料的制造成本低，密度低于金属材料，耐高温性能优于金属材料，用作超声速飞行器发动机和飞行器表面的防热材料，不仅可以明显降低飞行器质量，而且可以显著提高防热效果。要实现实用化和经济化应用，还需要在构件制造技术与金属的焊接技术上加强研究。

6.1.4 航迹规划、制导与控制技术

超声速飞行器航迹规划、制导与控制技术目前比较成熟，但是恶劣的飞行环境、特殊的作战应用模式和自主控制与作战特性等对超声速飞行器 GN&C 技术提出了更高的要求，需要对超声速飞行器航迹规划、制导与控制进行深入研究。超声速飞行器航迹是规划飞行任务的重要依据，是分析飞行器运动特性的基本前提，也是开展制导与控制系统设计的基础；同时，超声速飞行器高空、低空飞行环境复杂，动力学模型采用的飞行控制参数存在一定误差，环境模型在线辨识技术有助于提高飞行航迹规划的效率和信度。

超声速飞行器飞行环境复杂，为了在地面模拟与验证 GN&C 技术拓扑结构的合理性、负载能力及实时性，研究飞行控制系统的控制性能等，必须开展 GN&C 技术的地面试验研究。

6.2　高超声速飞行器核心技术

自飞行器成功突破声速以来，科学家成功解决了以低于马赫数 3 的速度在大气层内长时间飞行的技术问题。但当飞行器长时间速度大于标称的马赫数 5 后，飞行器将面临更加复杂的气动力、气动加热、材料结构与热防护、推进、控制等诸多科学问题和工程难关。因此，尽管"1 小时全球打击"的构想十分诱人，但要实现这一目标还必须攻克大量技术难题。

目前，所有单一类型的发动机都不可能胜任高超声速飞行器需要的飞行包线要求。对于飞行包线范围非常宽，特别是飞行马赫数从亚声、跨声、超声速扩展到高超声速，同时要求远航程长时间飞行的高超声速飞行器来说，还没有一种发动机能独立完成推进任务。

航空涡轮喷气发动机无法满足高超声速飞行器的动力要求。航空涡轮喷气发动机具有比冲高（高于 3 000 秒）的优良性能，但是其缺点也是明显的：飞行速度不能超过马赫数 3，推重比低（小于 8）。以美国装备的 F110 发动机为例，在开加力的情况下，推重比才可以达到 8 左右，但是以牺牲耗油率为代价的，开加力时的比冲只有约 1 500 秒。

纯火箭发动机也无法满足高超声速飞行器的动力要求。火箭发动机的特点是：推重比高，飞行包线可以是 0 至入轨高度、0 至入轨速度。缺点是性能偏低，以氢氧发动机为例，其真空比冲只能达到 450 秒左右，主要原因就是起飞时自身需要携带大量的氧化剂。

组合循环发动机就是由两种或两种以上的发动机组合而成的发动机。发展组合循环发动机的目的在于使飞行器在不同的飞行条件下都能得到良好的推进性能。国外研究较多的高超声速飞行器组合动力包括火箭基组合循环（RBCC）发动机动力装置和涡轮基组合循环（TBCC）发动机动力装置两种类型。

6.2.1 先进气动布局与发动机/机体一体化技术

高超声速滑翔飞行器需要良好的气动性能，这主要体现在升阻比的需求上。常规设计的高超声速飞行器，激波从前缘脱体，流体绕过边缘在上下表面交互，压力泄漏到上表面，导致飞行器升力下降，而为了产生相当的升力，必须以较大的攻角飞行。

高超声速飞行器需要有较高的升阻比、较好的防热性能和较大的容积。当高超声速飞行器飞行时，飞行器周围流场中出现强激波，产生大的波阻；由于边界层厚度与当地马赫数平方成正比，也会引起大的摩阻，进而导致高超声速飞行器遇到较大的阻力。著名空气动力学家迪特里希·屈西曼总结了高超声速飞行器的升阻比屏障，如图 6-1 所示。

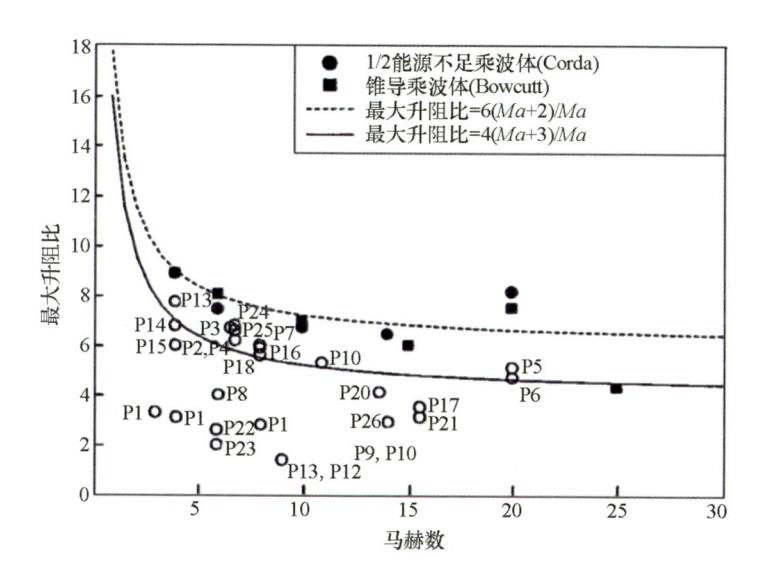

图 6-1 升阻比屏障

国外前期的高超声速飞行器气动布局方案常采用小展弦比、大后掠三角翼、无尾布局形式，机头到机翼采用大的曲线边条，并且采用了高度的翼身融合技术。在机身尾部两侧也布置后边条，以使融合外形逐渐变小。机身采用简单旋成体，其中机头采用冯·卡门机头，后机身为圆柱形，进气道唇口安装在机背上翼身融合处。

目前，研究的气动布局主要有升力体布局、细长体布局和乘波布局等。乘波构型是追求高升阻比、突破高超声速飞行器升阻比屏障的一种有效尝试。其原理是将激波后的高压气流限制在飞行器的下表面，不允许绕过前缘边泄漏到飞行器的上表面，从而在设计状态下获得比普通外形高得多的升阻比。近年来，已有不少乘波构型设计的飞行器开展了风洞和飞行试验，并取得了较好的效果。

气动外形及布局设计是飞行器设计过程中一个重要环节。气动外形决定了基本的气动力、气动热及飞行稳定性，在很大程度上限制了飞行器的气动特性、结构、材料及飞行性能。临近空间飞行器在高超声速飞行条件下，其高升阻比、高容积率、低热流率气动外形设计非常复杂且困难。

因为发动机的比冲随飞行马赫数的增加而下降，所以对高超声速飞行器气动布局首先提出了降低阻力的要求。为了有效降低激波阻力，必须采用机身与发动机一体化技术，这对飞行器机动性和起飞降落等性能提出了新的要求，对高超声速飞行器升阻比和其他性能也提出了新的要求。

飞行器热防护与热结构设计、飞行姿态控制、推进系统也对空气动力学提出了一批需要研究的新概念。先进气动布局关键技术从高超声速流动特征角度出发，以高超声速空气动力学、高温气体动力学理论及高超声速复杂流动机理的研究为背景，广泛地开展不同布局高超声速飞行器的气动特性研究，探索获得先进气动布局的优化理论与方法，并将所获得的气动布局在临近空间飞行器的应用要求下加以评估和修改，从而最终完成飞行器的设计研制。

1. 复杂几何外形参数化模型快速自动生成技术

高超声速气动外形设计的目标是：在飞行器运行的全空域、全时域下具备良好的气动特征和容积效率。为推进系统提供良好的流道设计，兼顾飞行性能和操稳特性，结合飞行器推进系统、控制系统、结构、材料、质量、防热特性等开展外形与其他系统的一体化设计与优化，最终完成一体化气动布局设计的初步分析，提出使用的布局形式。

复杂气动外形参数化建模是开展气动外形设计的基础，通过合理选取控制参数，开展参数敏感度分析，建立参数化模型，可以使外形设计过程快速可控，便于建立外形气动特征变化的规律，有助于把握外形设计的方向，是建立外形设计方法的重要技术手段。

2. 高超声速高升阻比气动外形设计技术

高升阻比作为临近空间飞行器设计的一项重要指标，在气动外形设计中显得格外重要，更高的升阻比可以给气动布局一体化设计提供更大的约束空间，从而为提高飞行器整体性能提供保障。不同的飞行器任务需求对升阻比有着不同的需要，因此需要结合已有的不同高升阻比气动外形形式开展外形设计方法研究，并提出提高升阻比的理论与方法。

在高超声速飞行条件下，具有高升阻比是确保通用再入飞行器无动力滑翔达到很远航程（几千千米以上）的必要条件。对于长航时高超声速飞行器来说，要达到高升阻比与降低防热要求通常是矛盾的。高超声速高升阻比飞行器头部与翼前缘气动外形比较尖，必然带来高加热问题，给防热系统设计带来压力；还可能出现横向和纵向气动特性不对称，即横向压心和纵向压心一般相距较远，在实际应用中会引起纵横向稳定性不匹配的问题，给飞行器的稳定飞行和控制带来很大的困难。此外，理论上升阻比很高的外形往往无法满足装填性能要求，在实际工程设计中需要折中考虑气动与装填的要求。

3. 变气动布局结构一体化设计方案研究

当前高超声速飞行器气动布局设计具有如下特点：打破了空气动力学中传统的外流与内流的界线。高超声速飞行器，特别是带有吸气式发动机的飞行器必须进行机体与发动机的一体化设计。此时，飞行器的前体将作为发动机进气道前的外部压缩面，它不仅起到预压缩作用，而且为进气道提供均匀的来流。飞行器的后体将作为扩张的喷管表面，限制发动机气流的膨胀，产生附加的推力。在许多情况下，前体和后体对推力系数的贡献可为发动机产生的净推力系数的一倍以上。因此，在高超声速飞行器的气动力设计中，不能像普通的飞机设计那样，将机体和发动机分开来单独进行设计，而应该一体化、协调地将这两部分结合起来设计。假若不将机体和发动机进行一体化设计，就不可能满足高超声速飞行任务对飞行器气动性能和总推力的要求。

现代飞行器设计不是"气动外形＋推进系统＋控制系统＋……"的简单叠加，而是一个多系统作用、多学科交叉、多目标综合的系统工程，推进系统、控制系统、防热、结构、隐身性能等都对气动布局提出了不同的要求，因此在满足飞行器总体性能及任务需求的前提下，开展飞行器气动布局与各分系统的一体化设计有重大的意义。

6.2.2 空气动力学技术

发展先进的临近空间飞行器，其高升阻比、高机动能力、高精确打击能力的需求对高超声速飞行器空气动力学提出了更高要求：在更宽的马赫数范围内，对气动性能预测得更加精确；提供从低速到高超声速都具有良好气动性能并考虑机体与发动机一体化设计的构型；对气动稳定性和控制进行综合考虑；研究更加复杂的现象，包括有热化学反应流动、湍流、转捩、激波、旋涡，以及这些现象之间的相互作用。为满足这些要求，必须改建和新建地面模拟设备；发展高精度、高分辨率的流场观测方法和计算流体力学方法，做好计算程序的校验；发展必要的缩比验证飞行器并进行地面实验和飞行试验，以演示和验证相关关键技术。

高超声速气体动力学研究带有电离、化学反应等复杂物理化学过程的气动力学模型的建立，以及其高效、高精度、高可靠性数值求解方法，气、热耦合与气热弹耦合数值求解方法，考虑上述物理与化学过程的高超声速转捩与湍流模型等。对于高超声速飞行器而言，强烈的气动加热会使飞行器滞止区存在着电离化学反应、激波与边界层的强烈干扰、分离流动；推进系统内还存在着超声速燃烧等复杂物理与化学过程。因此，对于高超声速飞行器而言，就气动热力学与推进系统方面，不但需要解决包含上述过程中数学模型的建立问题，而且更需要研究针对上述过程所建立的数学模型的求解问题。

高超声速气体动力学现在主要依靠组合计算流体力学、工作时间较短的高温设备和有限的飞行数据。计算流体力学的进步主要取决于对物理化学现象研究的突破、计算机运算速度和存储容量的提高，计算流体力学的突破还必须有一定的试验数据来进行验证。计算的优点是在观察现象时，可以将各种机理孤立出来进行研究，还可以获得大量流场数据，这种能力常用于研究很难进行实验测量的物理现象。在地面设备能力不足时，采用计算流体力学可用于将地面数据外推到飞行条件。

由于计算流体力学和地面试验的局限性，为了减少发展高超声速飞行器的风险，必须进行飞行试验。传统的飞行试验是在产品研制的最后阶段进行，也就是进行样机试飞，而高超声速飞行器飞行试验的目的在于综合考核新概念和确认设计方法，它对改进手段有很大的作用。高超声速飞行器只有经过飞行试验的演示验证，才能开始研制。近年来，国外把这种做法称为先期概念技术演示验证。但飞行试验也有很大的局限性，用它来建立一个综合数据库以确认计算流体力学程序，显然是不太可能的。在飞行中也难以进行精确的测量，而且不太可能进行流场的测量。为了研究高超声速飞行器飞行特性，需要进一步发展高超声速计算空气动力学、高温风洞设备、高超声速风洞和飞行试验技术。

临近空间飞行器空气动力学问题涉及亚、跨、超和高超声速空气动力学，高温气体动力学（气动热力学）等。目前，其研制主要面临以下一些核心关键技术和问题：先进气动布局气动特性分析技术，有效载荷抛撒技术，直接侧向力与气动力组合控制技术，高温气体效应，高超声速动态气动问题，长时间黑障区域飞行问题，飞行器表面的峰值温度、峰值传热速率和热载荷预测，结构热响应的流固耦合分析技术等。

1. 高超声速气动外形气动特性快速预测技术

不同的飞行器有着其特有的任务需求、飞行区域及飞行状态，这些条件都对气动外形的气动力、气动热及稳定性等特征提出了不同要求。因此，任何一个气动外形的设计都不可能不加修改地应用于所有飞行任务。

气动特性预测技术是快速获取飞行器气动性能的重要手段。在高精度的数值分析工具无法直接集成至设计分析及优化过程的局限下，一定精度的气动特性预测技术对于飞行器一体化设计与性能分析及优化设计的研究显得尤为重要。

2. 高超声速有效载荷安全抛撒技术

临近空间飞行器实现高精度打击能力必须突破高超声速有效载荷安全抛撒技术。有效载荷安全抛撒技术的关键是建立准确可信的分析手段，只有突破了分析手段的技术瓶颈才能提高抛撒机构的设计水平，进而提高载荷抛撒的弹道精度，这对保证实现高精度目标打击是至关重要的。

(1) 高超声速多体相对运动非定常流场精确数值模拟技术

现有实验技术尚不能满足模拟高超声速多载荷抛撒动态气动特性的需要，而且由于实验研究固有的周期长、费用高、改变工况参数难度大、某些特殊工况甚至无法模拟等缺陷，数值模拟成为研究有效载荷抛撒多体动力学问题的关键技术。数值模拟几乎可以任意改变飞行参数和弹道参数，具有高效、廉价的优点，是项目预研和样机设计阶段主要的分析手段。

(2) 高超声速多体分离非定常实验技术

目前占主导地位的实验技术仍是捕获轨迹系统（captive trajectory system，CTS），其本质上是常规静态试验的自动化，不能反映动态非定常特性。CTS实验技术用于跨声速航空飞行器载荷投放问题一般能够得到与飞行试验接近的结果，但对于高超声速条件下的通用航空飞行器（common aero vehicle，CAV）/高超声速巡航飞行器（hypersonic cruise vehicle，HCV）载荷抛撒强非线性问题，其准定常结果可能与真实情况相差甚远。另外，根据CAV/HCV总体设计方案，其有效载荷质量占到总质量的一半或以上，抛撒后载荷与母体的惯性参数相当，几何尺度也相差不大，气动力干扰对载荷和母体运动状态的影响是同量级的，因此在试验时必须考虑母体的姿态变化，这一点是现有实验设施无法模拟的。只有在高超声速多体分离非定常实验技术上有所突破，才能真正实现数值模拟与实验研究的互补和相互验证，才具备完整的有效载荷抛撒多体动力学系统气动分析技术。

3. 气动力高精度计算、地面模拟实验设备与测试技术

高超声速飞行流场是激波、剪切层、喷流、湍流、旋涡运动、高温气体效应、稀薄气体效应，以及其相互干扰作用的复杂流场，必须发展高效率、高精度的气动力数值计算软件和地面实验技术，为飞行器气动布局设计、结构载荷设计、稳定性设计、飞行轨道设计等提供准确的气动力特性数据。

气动力高精度数值计算技术主要利用发展成熟的高超声速CFD算法和计算能力，针对临近空间高超声速飞行特点，开展大规模并行三维复杂外形飞行器流场数值模拟。它包括以下重点内容：高空、高马赫、低雷诺数下飞行

器气动特性 CFD 技术，高空过渡滑移流区气动特性理论预测与计算技术，面向工程设计应用的气动力数据库技术。

气动力地面实验与测试技术是使用目前已有或改进设备，开展飞行器外形气动力及其特性的地面模拟实验，为高升阻比外形设计和气动力特性计算软件提供考核数据，为气动特性数据库的建设提供数据。

4. 气动热高精度预测、实验与分析技术

对所有高超声速飞行器而言，高超声速气动热的精确计算与预测一直是设计者关心的问题。气动热防护的设计好坏直接关系到高超声速飞行器设计的成败，而气动热计算是热防护设计的基础。高超声速飞行器表面热流的准确计算是高超声速流动数值模拟以及地面实验的重点和难点之一。这主要是因为在高超声速流动中，由于热化学非平衡效应与稀薄气体效应、转捩与湍流影响等，边界层内温度的非单调变化非常剧烈，给热流的准确计算带来很大困难。高超声速临近空间飞行器除了高马赫数飞行时面临的高表面峰值热流和温度，而且由于其长时间进行高超声速巡航飞行，还面临很高的表面热载荷积累。因此，需要对临近空间飞行器的热环境以及表面峰值热流、温度、热载荷进行高精度分析，研发高效率、高精度的综合考虑高温气体效应与稀薄气体效应的热流计算软件，为热防护设计提供计算工具和准确数据。

5. 高超声速直接侧向力与气动力组合控制技术

临近空间飞行器在高超声速巡航飞行时的姿态调整和轨道控制需要根据不同飞行高度和速度，借助反作用控制系统（reaction control system，RCS）的直接侧向力与舵面系统的气动力组合或单独完成。反作用控制系统喷流干扰效应的复杂性，主要表现在通用再入飞行器的气动特性在很大程度上受 RCS 喷流和飞行器表面流场之间的互相干扰影响。因此，要研究喷流推力、羽流冲刷、羽流和轨道器之间的流场干扰对 RCS 控制效率及轨道器的气动特性的影响。要想对通用再入飞行器的再入飞行实施有效的控制，就必须准确给出 RCS 从再入条件直至关闭 RCS 这一宽广范围内的控制效率。

6. 复杂流场高温气体效应精确预测与分析技术

临近空间飞行器以高超声速巡航飞行，其绕流和发动机喷流产生典型的高温气体效应。高温气体不仅在一定程度上改变了飞行器的气动力，在气动热问题上的影响更为严重。而且它对高超声速流态产生影响，造成飞行器表面边界层转捩、分离以及绕流波涡干扰、动态气动问题、RCS 喷流、发动机内流等流动性状的变化，从根本上决定了这些气动研究内容的变化。同时，高温气体效应造成飞行器流场光电特性的变化，是目标特性研究、无线电通信等气动物理问题产生的原因。因此，开展对该关键技术的研究，是解决气动力，尤其是气动热和气动物理相关问题的基础。

目前高温气体效应研究存在的主要问题是对于实际复杂外形，考虑热力学非平衡、化学反应非平衡耦合的高温气体动力学方程求解计算能力不足。此外，高温气体热力学特性和化学反应速率常数以及化学反应模型的选取还有一定的不确定性，这导致头部激波脱体距离、物面边界层速度剖面、密度剖面等重要参数出现偏差。因此，需要通过地面模拟试验、数值及工程计算和模型自由飞试验三种手段相结合的技术途径，深入研究高温气体效应，特别是有热化学非平衡反应的气体流动特性。

7. 气动热与结构热响应的流固耦合分析技术

由于临近空间飞行器高热流工作时间较长，热防护材料的热响应具有特殊性，材料的内部温升直接影响控制仪器的正常运转，所以结构热响应的准确预测成为热防护系统成败的关键问题之一。传统的先计算流场获得表面热流，再由此计算结构热响应的分析方法已不能适应现代飞行器小型化、高精度的发展趋势，特别是由冷壁条件下得出的热流相比实际热流值会有相当程度的高估，将此用于热响应计算也会高估结构温度和材料烧蚀量。因此，必须开展流固耦合数值计算研究，减少数值分析误差，为合理设计热防护系统提供依据。同时，高温环境也会对结构的强度、刚度产生影响，需要研究结构在受热条件下的气动弹性现象。

6.2.3 先进推进技术

高超声速飞行器被军事专家称为继螺旋桨飞机、喷气推进飞行器之后航空航天史上的第三次革命性成果。高超声速飞行器的发展首先需要高超声速动力技术的革命性突破。事实上，动力技术的发展和革命在人类发展史上都起着关键性的作用。人类历史上的几次工业革命都是由动力技术的革命引发的，人类航空航天史上的几次时代的跨越也都是由航空航天动力技术的革命带来的。

超燃冲压发动机主要包括进气道、隔离段、燃烧室、尾喷管、燃油供给与控制以及热结构等部件和分系统，是众多学科和技术的综合集成成果，需要在整个工作范围内，对各部件的性能进行整体优化。因此，需在高超声速流动、超声速燃烧等基础研究方面和各部件技术研发方面开展深入研究。

要使导弹在大气层内飞行的速度提高到马赫数 5 以上，冲压发动机必须利用超声速气流燃烧燃料。虽然超声速冲压发动机进气口形状特殊，能减缓吸入气流的速度，但它无法将气流的速度降低至亚声速，也会造成一个难题：在超声速气流中点燃燃料，其难度无异于"在龙卷风中点燃一根火柴"。

超燃冲压发动机涉及的关键科学问题包含超声速燃烧技术、高超声速内流空气动力学、高超声速气动热力场主动控制、大空域高温燃油供给系统、一体化热管理系统等方面。

1. 超燃冲压发动机高超声速进气道技术

超燃冲压发动机高超声速进气道技术的工作性能主要包括压缩性能、压力恢复性能和启动性能。其中，压缩性能直接决定了燃烧室入口压力，关系到发动机能否成功点火并维持稳定燃烧；压力恢复性能决定了来流空气机械能的损失状况，对发动机推力性能影响很大；启动性能决定了能否在低来流马赫数下顺利启动，直接关系到发动机能否工作。目前，一些非常规高超声速进气道和新概念技术表现出很好的应用前景，如方转椭圆进气道、内乘波构型进气道、前体喷射燃料进气道、磁流动力学能量旁路控制技术等。

2. 超燃冲压发动机可靠点火与高效稳定燃烧技术

超燃冲压发动机的工作特点就是在超声速气流中组织燃烧，超声速燃烧包括燃料喷射、燃料/空气混合、点火、火焰稳定与传播过程。组织实现高燃烧效率、低总压损失、低阻力、宽稳定性的燃烧过程直接关系到发动机的整体性能。由于燃烧室内气流速度为超声速，驻留时间仅为毫秒，而且充满了不稳定的涡流、激波、膨胀波，以及进气来流的附面层、燃料喷射与燃料化学反应动力学耦合造成的复杂三维流场相互作用，给燃油的注入、掺混、点火、燃烧以及发动机控制带来很大的困难。

3. 超燃冲压发动机控制技术

超燃冲压发动机在超高温和宽马赫数范围的恶劣条件下工作，发动机的飞行安全和经济性对控制系统要求很高。核心技术主要包括超燃冲压发动机控制系统的总体方案研究、超燃冲压发动机主推力控制方法研究、超燃冲压发动机进气道不启动预警和再启动控制技术、超燃冲压发动机超温热保护控制技术、弹体－超燃冲压发动机一体化控制技术、超燃冲压发动机主动控制的地面试验技术、超声速燃烧的分布参数控制技术等。

4. 超燃冲压发动机燃油供给技术

燃料供给系统是发动机必不可缺的子系统，由于 HCV 超燃冲压发动机采用液氢燃料，需要建立一套可靠性高的低温燃料供给系统。同时，HCV 飞行范围较宽，飞行状态变化较大，针对发动机工作状态，需实时调节燃料流量以保障发动机性能和稳定性。

6.2.4 火箭基组合循环（RBCC）发动机技术

RBCC 发动机是一种将诸多推进系统集成组合的新式推进装置。它将火箭发动机与吸气式发动机（如亚燃冲压发动机、超燃冲压发动机等）有机地组合起来，充分利用每种发动机的优势，同时避免它们各自的缺陷和不足，使得推进系统在整个工作过程中一直具有较为均衡的推重比和比冲，能够同时满足加速和巡航的要求。

RBCC 发动机推进系统可以将火箭发动机整合到双模态冲压发动机之中，组成一个一体化的推进系统。随着飞行马赫数的增加，RBCC 发动机先后在引射火箭模态、引射火箭/亚燃冲压模态、引射火箭/超燃冲压模态下工作，其中在超燃冲压模态下，引射火箭也可以不工作。RBCC 发动机推进系统兼具吸气式发动机高比冲和火箭发动机高推重比的特点，且和 TBCC 发动机推进系统相比具有更高的安装推重比。

1. 流道一体化技术

RBCC 发动机是一个高度整合的推进系统，其引射火箭模态、亚燃冲压模态和超燃冲压模态均工作在同一个流道中，发动机流道一体化技术就是要将各个工作模态进行平衡，以达到最优的总体性能。

RBCC 发动机大致有两种流道结构形式：固定几何流道和变几何流道。固定几何流道是在 RBCC 发动机不同的工作模态下都使用的一个固定结构的流道。这种流道不单纯追求发动机在某种工作模态下的性能最高，而是通过研究、综合分析，确定一种发动机总体性能最优的流道。变几何流道是通过控制与调节机构，按发动机不同工作模态来改变其几何构型，以适应当前工作模态的要求。

2. 流动混合增强技术

RBCC 发动机实现推力增强的本质是：一次流膨胀转化的动能、一次流向二次流传递的动能以及二次燃烧加热转化的动能总和足以克服掺混过程中损失的动能与掺混后流体克服环境压强做功消耗的动能。在上述的这些环节中，每一个过程都与混合息息相关，混合情况的好坏直接关系到采用 RBCC 发动机能否取得比采用纯火箭更好的性能。

在起飞阶段，空气来流速度很低，进气道压缩增压的效果不明显，同时由于空气来流捕获量小，发动机能获得的氧气较少。在来流速度没有达到声速之前，空气流量不能完全确定。为了提高推进系统的性能，应在起飞阶段使空气流量达到最大限流状态。

另外，混合现象也是流场的重要特征，系统各部件的尺寸、补燃喷嘴的位置等都要考虑混合的影响。因此，混合增强技术是引射模态研究的关键，也是整个 RBCC 发动机的关键技术之一。

3. 引射火箭技术

引射火箭是 RBCC 发动机起飞阶段的主要动力来源，也是 RBCC 发动机顺利工作的基础。引射火箭技术主要包括引射火箭构型技术、引射火箭喷管技术以及引射火箭阵列技术。

由于 RBCC 发动机推进系统是将火箭发动机整合到双模态冲压发动机的内流道之中，引射火箭的不同构型、引射火箭喷管构型以及引射火箭阵列方式都会对流场产生重大的影响；此外，一次流和二次流的混合情况也随着引射火箭构型、引射火箭喷管构型和引射火箭阵列的改变而改变。研究表明，采用引射火箭阵列方式的引射效率、混合效率、混合长度、压力恢复和推力等性能都高于单个引射火箭。

4. 二次补燃技术

在 RBCC 发动机的引射模态中，混合与燃烧过程有三种形式：第一种是速混燃烧（simultaneous mixing and combustion，SMC）模式，引射火箭采用富燃燃烧，引射火箭燃气与被引射的空气来流混合的同时进行燃烧；第二种是扩散后体燃烧（diffusion and after-burning，DAB）模式，引射火箭按照化学当量比进行反应，燃气与空气来流完全混合后，在补燃室喷入燃料进行燃烧；第三种是前两种模式的混合模式。一般认为，DAB 模式是在一次流和二次流充分混合之后再组织燃烧，其效率要高于 SMC 模式，但所需的燃料混合腔长度要大于 SMC 模式。

6.2.5 吸气式涡轮组合循环（TBCC）发动机技术

TBCC 发动机是将涡轮喷气发动机与冲压发动机、超燃冲压发动机有机组合的动力装置。其优点是比冲高，低速度时发动机性能高，更加适用于巡航要求，但是发动机推重比低，不太适用于飞行器加速的技术要求。

• 知识延伸

TBCC 发动机适用于可重复使用的高超声速飞行器，以 TBCC 发动机为动力的飞行器用途多样，有灵活的发射和着陆地点，耐久性高，单位推力大，并有很低的运行成本和很好的安全性，是未来很有前途的高超声速推进系统方案之一。TBCC 发动机完全能满足 HCV 大飞行范围、自起飞、自加速和可重复使用的工作特点，与 RBCC 发动机相比，TBCC 发动机具有更高的比冲性能，是 HCV 的主要推进系统方案之一。尽早实现 TBCC 发动机关键技术突破，是保证 HCV 研制进程的重要基础。

1. 流道设计技术

涡轮/涡扇发动机与双模态冲压发动机的流动特性与工作过程相差很大，如何将它们有机整合到一个流道中，并维持它们各自良好的性能，是 TBCC 发动机的主要困难所在，也是需要重点突破的关键技术。为了更好发挥 TBCC 发动机的性能优势，它的进气道必须能够在较宽的马赫数范围内为不同的子系统提供有效的压缩来流。TBCC 发动机的循环分析表明，进气道的性能与整个发动机的性能密切相关。在设计进气道时，需要综合考虑压缩效率、总压损失、阻力、流场畸变以及质量等因素。另外，TBCC 发动机的尾喷管必须能够在不同工作模态下都能实现动能加速，保证良好的推力性能和匹配性能，需要进行综合分析、优化设计。

2. 模态转换技术

TBCC 发动机将涡轮/涡扇喷气发动机与双模态冲压发动机并列，各自具有部分独立的流道，随着飞行马赫数增加，TBCC 发动机先后工作在涡轮/涡扇喷气模态、亚燃冲压模态和超燃冲压模态。其中，在涡轮/涡扇喷气方式下，双模态冲压发动机流道关闭；在冲压方式下，涡轮/涡扇喷气发动机流道关闭。模态转换过程中两种发动机需在短时间内共同工作。在此过程中，活动控制机构打开或关闭各自流道，会造成两种发动机来流状态都非常不稳定。

6.2.6 结构与热防护技术

临近空间高超声速飞行器的全新飞行环境需要新的飞行器结构，结构设计的合理性和结构的可靠性直接决定了飞行器的性能。因此，高超声速飞行器的结构设计与力学分析以及结构的可靠性分析是关键技术。

临近空间高超声速飞行器由于飞行速度高、飞行时间长，对其热管理和热防护技术提出了更高的要求。在这种情况下，如何针对高超声速飞行器的环境要求，优化设计热管理和热防护的结构就成为关键技术。

1. 整体结构一体化设计技术

根据气动外形要求，针对高超声速飞行器机身结构在高马赫数下需同时承受高外压和高加速度载荷的特点以及机身较小的特点，高超声速飞行器的结构设计必须采用一体化设计，如机身结构与防热/隔热结构一体化设计技术、机身结构与燃料储箱结构的一体化设计技术、机身结构与发动机结构的一体化设计技术等。能否突破这些一体化设计的技术将直接影响飞行器设计的成败。

2. 结构力学分析中的关键技术

在高超声速飞行器这种特别复杂的结构力学分析中，存在许多关键技术和难以解决的问题，如结构动力学特性和响应的耦合特性分析技术、材料与结构的非线性以及它们相互耦合问题、结构的动力学特性与结构的动力学响应相互耦合问题、结构的连接刚度获取问题等。这些问题都将影响结构分析的准确性，进而影响结构的整体设计。

3. 一次性高超声速飞行器热防护技术

一次性高超声速飞行器具有飞行时间长、热流大、头锥部温度高等特点，虽然防热结构允许一定程度的烧蚀和氧化，但要求气动外形有较好的保持能力。针对不同类型的一次性热防护结构的连接、拼接与密封技术进行研究，重点研究碳/碳（C/C）复合材料、C/SiC 复合材料、隔热毡的黏接、机械连接，分析不同类型热防护区域之间的拼接缝隙影响和密封技术。进行相关试验的设计和试验件的加工，对一次性高超声速飞行器热防护系统设计的有效性进行验证。

4. 可重复使用高超声速飞行器热防护技术

可重复使用高超声速飞行器具有飞行时间长、热流大、头锥部温度高、可重复使用、载有低温推进剂等特点。在这种情况下，热防护系统在生命周期内将承受比一次性飞行器严峻得多的温度和机械载荷。此外，为满足重复使用，防热结构的烧蚀和氧化需要严格控制，这样热防护系统的设计将侧重辐射式或者主动式的热防护结构。

5. 高超声速飞行器热管理技术

高超声速飞行器机头、机翼前缘等部位需要承受非常高的温度。在耐超高温陶瓷复合材料还未达到实用水平的情况下，采用高温热管理技术对材料温度进行主动调节成为解决这一问题的一个重要途径。

• 知识延伸

热管技术：设计制备出高温热管并进行热管技术在 CAV 和 HCV 上应用的探索研究，解决高温热管系统的选材与设计及制备、高中低温热管的整体组合设计，进行热管与材料的相容性控制和一体化制备技术研究。发汗冷却结构的设计与实现：进行防热材料发汗冷却结构设计、发汗冷却机理、发汗量控制技术等研究，解决长时间大热流工况下的发汗冷却技术，并进行相关的试验研究。主动冷却技术的设计与相关研究：采用携带的低温推进剂进行主动冷却的系统设计与研究，采用专用管路进行循环冷却的系统设计与研究。

6.2.7 制导、导航与控制技术

制导、导航与控制（GN&C）技术是确保临近空间飞行器完成预定任务的关键技术之一。其中，制导提供完成任务的方案、方法，提供机动突防、提高生存能力的方案、方法；导航提供飞行器的位置、速度、姿态等参数，为制导与控制系统传输所需数据；控制是完成制导任务的执行机构，执行制导指令的同时，针对各种扰动控制飞行器平稳、准确飞行。因此，GN&C技术是确保临近空间飞行器完成预定任务的保障，是提高飞行器生存、突防能力的重要手段，也是决定临近空间飞行器设计、维护、运营费用的关键因素，是整个系统的重要组成部分。

1. 组合导航系统的信息获取与快速补偿技术

高超声速飞行器飞行速度快、驻点热流高，为保持良好的气动外形和保护卫星天线，需要将卫星信号接收天线安装在飞行器内部，这使导航卫星的可见性受到严重限制，导航信息获取难度增大。高超声速飞行器可能在较长时间内处于黑障区，无法获取导航卫星信息。采用天文导航可以在一定程度上弥补卫星导航的不足，但是，由于气动光学现象的约束，天文导航的可行性及其精度还需要深入论证。完成各导航子系统间非同步采样数据的时间统一，实现多速率传感器组合导航系统的最优信息融合，也是必须解决的关键问题。总之，在高超声速飞行器飞行过程中，存在与飞行条件和环境有关的约束，获取准确可靠的原始导航信息有一定难度，这两点需要着力解决。飞行器进入和脱离黑障环境时，如果不利用卫星导航信息对惯导信息实施快速补偿，则长航时飞行条件下导航系统精度将难以满足飞行任务需求。长航时高速条件下组合导航系统的信息获取与补偿技术包括复杂飞行环境下高超声速飞行器导航原始观测信息获取技术、多传感器组合导航系统的多速率状态估计方法、长航时组合导航系统基于重构的容错技术、针对黑障环境的组合导航信息的快速补偿算法。

2. 乘波体再入机动轨道设计与优化技术

高超声速飞行器具有机动能力强、飞行航程远、飞行时间长、飞行环境复杂、飞行轨道可变性大等特点，再入吸热与最大过载的约束对高超声速飞行器飞行轨道设计与优化技术提出了严格要求。再入走廊优化设计技术可以在确保飞行器安全再入的同时，尽可能减小热防护系统的质量，提高飞行器的载荷能力和机动能力。在线改变飞行任务是高超声速飞行器再入大气层远程机动飞行的显著特点，当飞行任务更改时，飞行器可按照在线快速生成的机动任务再入机动轨道飞行，完成新的作战使命。

3. 飞行特征参数在线辨识和自适应制导与控制技术

由于高超声速飞行器再入环境复杂，GN&C 系统所采用的大气模型、飞行器气动参数、制导控制参数等飞行特征参数存在较大误差，从而影响制导与控制精度。为了提高制导控制系统的精度、可靠性和鲁棒性，需要对飞行特征参数进行在线辨识。GN&C 系统根据所得数据对导航、制导与控制方法与方案在线重构，实现自适应制导与控制。该关键技术包括飞行特征参数在线辨识技术、健康状态在线识别与侦测技术、制导结构自适应重构技术、基于在线重构的自适应控制技术等。

4. RCS 与气动舵融合控制技术

高超声速飞行器姿态控制必须采用组合控制方案，在高空时飞行器采用 RCS，RCS 具有系统响应快，不影响总体气动外形等能力，但 RCS 低空受主流干扰严重，控制精度难以保证。低空时飞行器采用气动舵控制效率较高，但存在高超声速大攻角舵效耦合、气动舵烧蚀和大动压舵面颤振等问题。

6.2.8 新概念能源与推进技术

临近空间的能源和推进技术面临着大量的困难，需要创新型的概念和方法来解决这些问题。例如，脉冲爆震发动机是一种新型推进形式，可应用于高超声速飞行器和超声速飞行器。

1. 带有能量旁路的冲压发动机技术

从结构上看，带有能量旁路的冲压发动机存在并行于发动机燃烧室的一个能量传递旁路；从热力循环上看，这种发动机的热力循环结构和一般冲压发动机不同。其主要关键技术包括带有能量旁路的冲压发动机性能分析和参数优化选择、带有能量旁路的冲压发动机的循环分析、磁流体－电弧－冲压发动机联合循环的性能比较。

2. 电磁场作用下的冲压发动机进气道控制技术

采用电磁场来控制进气道的流动为更宽、更高马赫数范围内工作的冲压发动机进气道设计提供了途径。其主要研究电磁场作用下进气道流场分布的数值分析、机理和实验。

6.3 高超声速飞行器应用特征分析

高超声速飞行器具有飞行速度快、飞行距离远、机动能力高、生存能力强等特点，可形成远程快速到达、高速精准打击、快速组合发射、远程快速投送等能力，既可携带核弹头替代弹道导弹实施战略威慑，也可灵活选择携载远程精确打击弹药作为"撒手锏"，攻击高价值、时敏目标。

高超声速飞行器作战运用轨迹低且多变，留给防御系统的反应时间短，拦截概率将大幅度下降，可提高武器攻击的时效性，加快作战节奏，是一种新型的战略威慑和战术运用武器平台。随着高超声速飞行器系统的陆续列装，高超声速防御技术也越来越受到世界各军事强国的关注。

6.3.1 特点

1945 年，英国军事战略家约翰·弗雷德里克·查尔斯·富勒指出，对任何一个需要及时达到的特殊地方，国家不得不围绕最佳到达的武器而形成其组合策略。高超声速飞行器具有快速到达和机动灵活的优势，尤其是在洲际打击的距离上，速度、机动性、距离、精确性的组合产生一种新的致命性打击模式，围绕整个作战链条上的发现、确定、决策、跟踪、瞄准、投送、打击、评估的循环，加快武器投送和打击运用的作战环节，使得作战体系运行更加快捷高效。

美智库评估认为，高超声速飞行器技术代表了继螺旋桨、喷气式后航空史上的第三次技术革命。高超声速滑翔飞行器和高超声速巡航飞行器为提高时敏性目标和全球打击能力提供了创新性途径。

1. 飞行速度快

高超声速飞行器通过合理选择部署地点，基本上具备 1 小时内打击全球主要目标的能力。可重复使用的高超声速飞行器还可实现从机场水平起飞，2 小时能降落在世界上任何一个机场。亚声速"战斧"巡航导弹打击 1 000 千米以外的目标需飞行 1 个多小时，而高超声速导弹只需约 8 分钟，特别是随着网络信息体系辅助的指挥控制系统时间的提升，高超声速武器高速实时攻击能力更为凸显。

图 6-2 为典型高超声速武器与传统武器相比的突防速度对比。当距离较近时，高超声速飞行只有很窄的一个时间差异窗口，但随着距离的增加，时

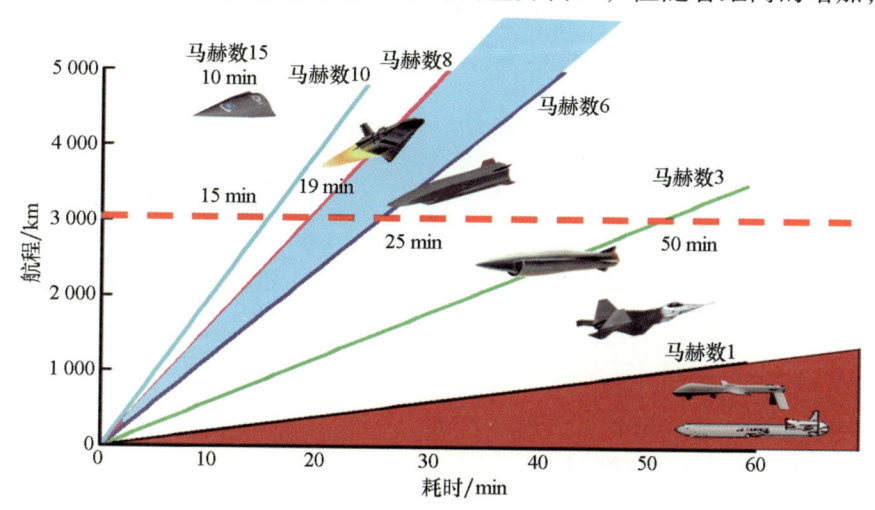

图 6-2　高超声速武器突防速度对比

间差异明显拉大，如对于 3 000 千米的目标，马赫数 3 和 15 的武器就有 40 分钟的差异，距离增大到 6 000 千米就会出现 1 小时 20 分钟的差别。如果没有超过 20 分钟的飞行窗口差，超声速或亚声速武器也许是适合的，但对于洲际和全球范围内的打击需求，这个时间差异对时敏目标可能是致命的。

打击时敏目标有速度和机动性两个重要的因素，美国空军研究了远程全球精确交战问题，认为具有实施全球瞬时打击的能力就能震慑对方或阻止敌方行动，核心是让对方清楚，美国能够在任何时间使全球任何地方的高价值目标陷于险境或对其实施打击。全球快速到达能力的提高使得可以在本土发射对敌攻击武器，将大大降低部队对前线阵地和后勤补给的依赖程度，即不仅军事打击行动能从本土快速展开，而且能大大降低在后勤方面所用的资金。

2. 打击范围广

高超声速导弹的速度与传统弹道导弹相比并没有产生本质的变化，但高超声速飞行器的机动能力远超传统弹道导弹，特别是其利用临近空间大气环境通过气动操纵进行飞行过程中能量管理的手段更为灵活多样，可以实现飞行过程中纵向和横向大范围的机动调节，具有更广泛的打击覆盖范围，如图 6-3 所示。在实际运用中，高超声速武器将具有非常多打击路线可能性，让对手很难事先预测，甚至可以实现绕过目标的大偏置轴向协同攻击。

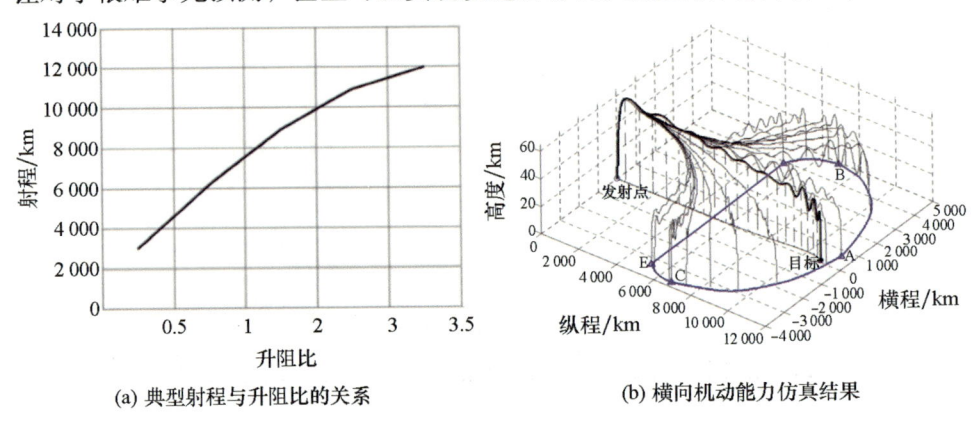

(a) 典型射程与升阻比的关系　　(b) 横向机动能力仿真结果

图 6-3　高超声速飞行器的射程与横向机动能力

对于高超声速滑翔飞行器，随着升阻比性能的不断提升，高性能气动特征可使其射程提高一倍，同一初始发射能量条件下高超声速滑翔飞行器的打击威慑范围将远超当前弹道导弹；对于采用超燃动力巡航的飞行器，可以更好地利用大气中的氧气作为氧化剂，同样航程的飞行器尺寸和质量大大降低，既可以小型化，也更容易实现更远航程，结合优异的空中和海上平台集成，将大大拓展其作战范围。上述两种高超声速飞行器结合能量管理运用，都将极大拓展当前远程武力投送的模式。

3. 突防能力强

高超声速技术之所以备受关注，是因为它为提高导弹生存能力提供了另一种选择。速度和机动性的结合使高超声速武器在一定程度上具备了削弱当前导弹防御技术的潜力。导弹防御系统需要足够的时间去观测发射、判断弹型、分析参数、排除噪声和跟监轨迹。而高超声速系统可以极大压缩导弹防御系统的反应时间，由于高超声速武器机动性出色，导致防御方难以确定选用何种防御方式。

• **知识延伸**

研究表明，当飞行器的速度从马赫数 5 增加到马赫数 6 时，突防概率从 78% 增加到 89%。高超声速导弹独特的物理特征、飞行轨迹、飞行空间等使其可突破现役所有防空反导体系。现有防空反导体系探测跟踪难，导致反应时间短。高超声速导弹的雷达与红外特征明显，但与传统的弹道导弹相比，高超声速导弹的助推时间短、飞行弹道低，使得敌方预警卫星、雷达的探测距离大幅度减少，预警时间缩短。高超声速导弹返回大气层时，激波形成包围导弹的高温等离子鞘套，增大了雷达稳定跟踪的难度，进一步压缩敌方的预警时间和拦截窗口。此外，高超声速导弹还通过释放诱饵干扰、电子干扰等手段，极大地提高了突防概率。

高超声速武器大范围机动导致轨迹预测难。高超声速导弹在临近空间飞行时可进行大范围横向机动，纵向采用非弹道机动飞行，其飞行轨迹与瞬时所处空间的大气层密度息息相关，敌方导弹防御系统很难预测其飞行轨迹与攻击方向。当前高超声速武器还有效利用了对方防空反导体系的间隙。从弹道高度上看，高超声速巡航导弹高度处于大部分传统防空系统射高上界，亦处于典型末段高空防御系统的拦截下界，表6-1给出了主要现役导弹防御系统的性能参数。

表6-1 主要现役导弹防御系统的性能参数

防御系统名称	拦截距离/km	射高/km	导引头类型
NCADE	150	30~40	红外
"萨德"	300	40~180	红外
"标准"-6	370	33	主动雷达
S-400	400	30	主动雷达
PAC-3	40~100	20~30	主动雷达
S-300	250	25~30	主动雷达
"海拉姆"	9	5	红外

4. 打击精度高

高超声速武器具有较好的机动能力，配合优良的导航能力，具备实现更高精度打击的能力。高超声速武器计划采用多种复合制导模式，中间过程可以通过通信手段调整作战任务和目标，另外由于其末段地形＋雷达＋景象的多重制导方式以及中段自主航线补正能力，在发射前任务规划中无须精确的目标定位点坐标而只需一个范围较广的概率坐标区。

5. 侵彻贯穿能力强

高超声速滑翔和巡航导弹的末段速度都可以超过马赫数5，武器系统自身具有极大的动能，不但可以通过装药进行打击目标，通过热辐射和冲击波造成对敌毁伤，还可以借助自身动能穿透目标防护，对目标内部实施贯穿式精确打击。据相关报道的实验数据来看，高超声速武器动能可侵彻50米厚的土层或15米厚的混凝土层。

6.3.2 弱点

当然高超声速武器也并非没有弱点，受到自身飞行和操纵特点影响，在以下方面可能存在弱点，这也是可以针对性开展防御作战的关键。

1. 隐蔽难度大

高超声速巡航导弹雷达与红外特征明显，实验数据表明，马赫数 2~3 速度飞行的目标 RCS 值约为马赫数 1 以下速度飞行的目标 RCS 值的 10 倍以上，容易被雷达捕捉和跟踪；在 3~5 纳米的短波长红外区内，飞行过程红外信号特征为马赫数 1 以下速度飞行目标的 20~50 倍，很容易被天基光学传感器发现。

另外，其巡航高度通常选择 25 千米的临近空间，该范围内各侦察平台不受地球曲率、云层、地面山脉等遮蔽物影响，最大探测范围与导弹飞行高度的增长成正比。经计算，当导弹飞行高度为 25~40 千米时，雷达探测距离为 560~720 千米，相比于传统巡航导弹，此时高超声速巡航导弹更加容易被地基雷达所发现。

2. 机动性能有限

导弹转弯半径与飞行速度的平方成正比，导弹飞行速度越快，其转弯半径将呈指数性增长，同时过载也将急剧提高，对弹体材料的强度提出极高要求；对于高机动的地面目标攻击，高超声速巡航导弹也难以有足够的时间和距离实施多次机动变向，极易冲刺过头而无法精确打击。此外，由于临近空间空气稀薄，进而导致高超声速气动操纵形成的可用过载低，攻角也受到较大的限制。

6.4 高动态临近空间飞行器作战样式

临近空间高超声速飞行器不仅具有特殊的作战任务，而且根据不同的作战目的、条件和时间，具有灵活多变的作战样式。从临近空间高超声速飞行器担负的任务和作战效能角度研究，可分为以下典型样式。

6.4.1 常规手段实施的全球即时打击作战

常规快速全球打击是一种作战样式，是新"三位一体"战略力量建设的重要组成部分。在 2008 年美国国家科学院发布的《常规快速全球打击：2008 年及以后问题》报告中明确，"常规"指"非核"，"快速打击"指在下达打击命令后 1 小时内完成打击，"全球打击"指以较高的精度打击世界范围内的任务目标。

临近空间高超声速飞行器飞行速度超过马赫数 5，飞行速度、加速度均很大，可在极短的时间内向全球任何时敏目标或移动目标发起攻击。采用惯导/全球定位系统、红外成像、毫米波雷达等制导技术，及时得到充分的情报、监视和侦察保障，可以使命中精度达到 1～3 米，从极远的距离，对敌方加固、深埋及时敏目标进行超视距天对地快速、精确打击。

• 知识延伸

高超声速滑翔飞行器采用特殊的助推-滑翔弹道设计，作战半径在 10 000～12 000 千米以上，可对地球上任一目标实施攻击，大大地扩展了战场空间。助推-滑翔弹道是高超声速滑翔飞行器实现超远航程和高效突防的关键，该概念由德国科学家欧根·森格尔于 20 世纪 30 年代提出。1948 年秋天，钱学森教授在美国火箭学会举行的年会上报告了一种可以完成洲际飞行的火箭助推-再入大气层滑翔机动飞行的高速运输系统，其弹道就是后来被称为"钱学森弹道"的助推-滑翔弹道。图6-4(a)为钱学森弹道与弹道式弹道和巡航式弹道的对比图,图6-4(b)为钱学森弹道和森格尔弹道对比图。图6-4(c)为助推-跳跃滑翔弹道图。

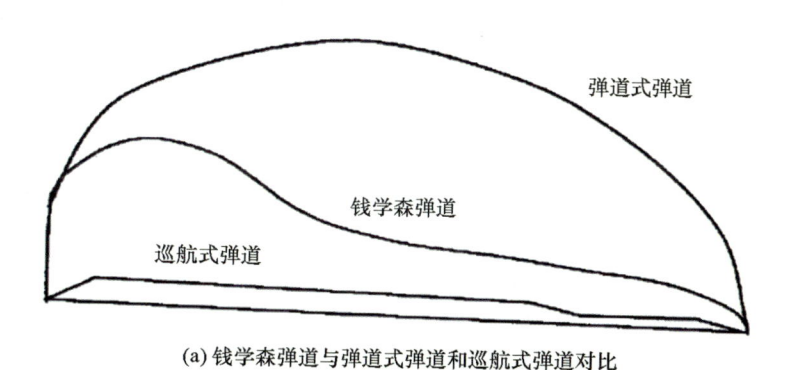

(a) 钱学森弹道与弹道式弹道和巡航式弹道对比

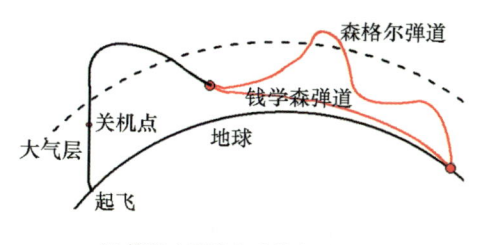

(b) 钱学森弹道与森格尔弹道对比

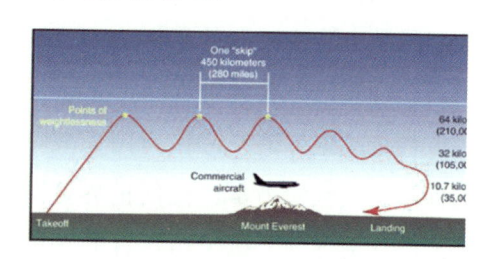

(c) 助推-跳跃滑翔弹道图

图6-4　助推-滑翔弹道

助推-滑翔式飞行器前段采用弹道式弹道,后段采用滑翔式弹道并配以末制导系统,结合了弹道导弹和飞航导弹各自的技术优势,可兴利除弊,增大导弹的命中精度和攻击效果。该类型弹道采用低弹道飞行和机动,弹道为跳跃形或S形,突防能力强,不易被发现、跟踪和拦截,比常规弹道导弹飞行的惯性弹道的射程大得多,在较大的高度范围、较宽的速度范围内精确投放有效载荷。

作为实现全球即时打击能力的重要途径,临近空间高超声速飞行器日益受到各国政府青睐。以美国为例,2010年4月,在布拉格的美俄削减战略武器新条约签署仪式上,奥巴马同意了俄方提出的"美国每部署一具高超声速全球即时打击武器，就退役一枚核导弹"的协议，由此可见美国政府对高超声速飞行器发展的重视和自信程度。

6.4.2 突防现有导弹防御系统维持战略威慑平衡

战略威慑战是指以高超声速飞行器得天独厚的战技作战性能为基础，在形成明显非对称的进攻态势前提下，给对手造成强烈的心理和精神震慑，以明确的信息告诫敌方服从于己方意志和企图，精确地达成战略意图的作战行动。战略威慑战主要分为主动威慑和被动威慑两种作战行动。主动威慑战是指以明确的信息向敌方示强；被动威慑战是指以明确的信息告诫敌方。在实施战略威慑战时，要虚虚实实、扰骗结合，让敌方始终摸不清己方的战略意图，给敌方造成极大的恐惧心理，摧毁敌方心理防线，迫使敌方放弃抵抗或进攻，加快己方胜利进程。

传统战略弹道导弹作为国家战略威慑的重要手段，是维护国家利益的有力保障；其威慑力量也促使世界各军事大国积极发展反导防御技术。为了制衡战略弹道导弹，以美国为首的军事强国构建了多层次的战略预警和导弹防御体系。美国的弹道导弹防御技术已取得了质的飞跃，针对中远程弹道导弹的海基中段防御系统、地基中段防御系统已基本试验成功，开始初步装备部队。图6-5为美国海、陆、空、天多层导弹防御系统与典型导弹拦截阶段划分示意图。

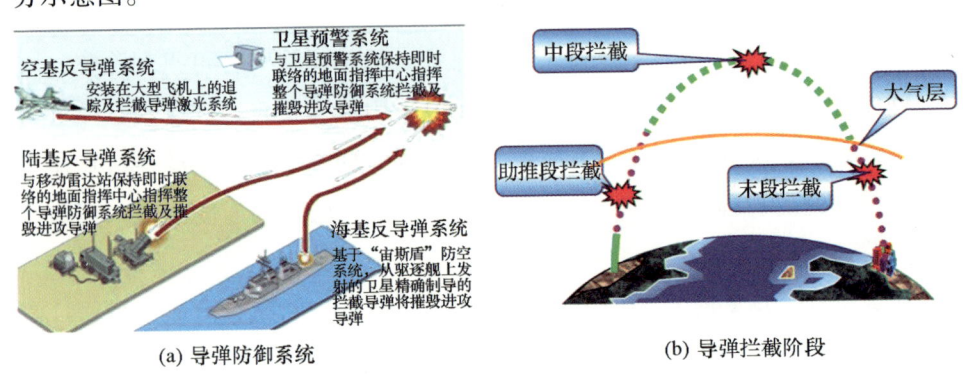

(a) 导弹防御系统　　(b) 导弹拦截阶段

图6-5　导弹防御系统与典型导弹拦截阶段划分

基于导弹防御体系建立对地区乃至全球的战略平衡的打破，使世界和平和稳定受到严重威胁，在传统核威慑能力已大大削弱的情况下，必须发展有效的导弹突防技术及针锋相对的远程精确打击技术，而飞行速度高、突防能力强的高超声速飞行器无疑成为世界各国重要选项。

基于高超声速飞行器远程非核精确打击是美国继续保持原战略力量外的另一种战略选择。美国之所以不遗余力地发展远程快速精确打击武器，是因为只要具有全球瞬时打击能力就可以威慑敌方或阻止敌方行动，且在实施打击前不必再进行战区内集结。这将大大降低美对前线阵地、后勤保障的依赖程度及所需费用。

6.4.3 远程时敏目标的快速精确打击

时敏目标是指在较短时间内位置可能会发生变化的目标，机动性是其生存的保证，也是对其打击具有较大难度的原因所在。恐怖主义首脑以及地方的领导集团、洲际弹道导弹发射井、战略指挥中枢、远程预警雷达、反卫星设施、陆基机动型导弹发射装置等被作为计划的重点打击目标，大都属于时敏目标。

打击时敏目标，需要大幅压缩"发现—决策—打击"这一杀伤链的时间，其中打击武器的快速突防是最重要的环节。临近空间高超声速飞行器能够快速而隐蔽地进行机动，并在任务下达后几十分钟内对目标实施打击并予以摧毁，真正实现"秒杀"效果。

6.4.4 可重复使用航天运载与跨大气层飞行器

低成本天地往返航天运载是实现空间站等持续发展的关键。航天飞机是可重复使用运载器的典型代表。1969 年 2 月，NASA 开始进行航天飞机研究，自 1981 年 4 月首次飞行以来，航天飞机已成功飞行了 20 多年。航天飞机所采用的技术在许多领域（如飞行控制系统、气动外形设计、电传系统、热防护系统以及主航空火箭发动机等）仍然是领先、实用和可靠的。航天飞机的成功运营开创了可重复使用飞行器（reusable launch vehicle，RLV）时代，为研究下一代完全可重复使用飞行器奠定了坚实的基础。然而，航天飞机过高的运营成本和几次事故暴露的安全性问题，迫使美国政府开始第二代 RLV 的研制计划，其中以 X–37B 计划为主要代表。

• 知识延伸

X–37B 可重复使用运载飞行器（如图 6–6 所示）于 1999 年启动，由波音公司研制，属于跨大气层飞行器，采用火箭发射进入太空，既可轨道飞行，又可大气层飞行。其翼展 4.6 米，机长 8.8 米，载重 5 吨。该飞行器至今已执行了 5 次在轨飞行任务，最后一次任务飞行时间长达 780 天。

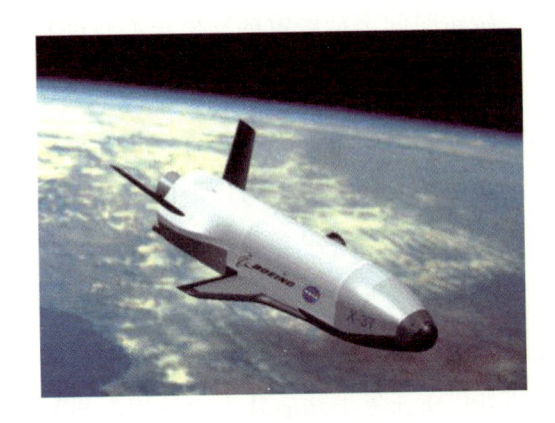

图 6–6　X–37B 可重复使用运载飞行器

除执行航天运载外，X–37B 还能够搭载多种载荷，除搭载侦察载荷从高空对海、陆、空目标以及外太空目标进行侦察外，还能够对他国卫星和其他航天器开展军事行动，包括控制、捕获、摧毁等。

使用组合动力的高超声速巡航飞行器成为未来远程快速到达和快速、可靠进入空间的主要手段。高超声速巡航飞行器已经展开研究，为全球快速到达提供了革命性的解决方案，但必须解决宽工作范围的组合和可重复使用动力技术。

FALCON 计划中的 HTV-3X（black swift）技术验证机，也是可重复使用的有动力高超声速巡航飞行器，可在普通跑道上水平起飞，加速爬升、巡航飞行、减速、带动力降落在跑道上。其推进系统为 2 个使用 JP-7 碳氢燃料的 TBCC 发动机，巡航飞行最大马赫数要求超过 6。2009 年，DARPA 取消该计划。两级入轨（two-stage-to-orbit，TSTO）航天器概念一经提出，并成为快速、廉价、高可靠进入空间的最佳途径，氢燃料组合发动机是主要技术方向。

6.5 防御作战发展分析

1. 高超声速武器拦截难点分析

在高超声速武器出现以前，高水平拦截的技术优势不断增强，特别是美国在拦截系统建设方面技术领先，且系统逐步成体系发展，给基于远程导弹打击形成的战略平衡带来了危机。但高超声速武器的出现，在当前阶段又将对抗的天平优势拉到了进攻方，这给反导系统发展提出了新的难题。

（1）高超声速武器突防弹道低

对于传统洲际弹道导弹来说，从点火到命中目标的飞行轨迹可以大致分为三段：一是推进加速阶段，导弹点火升空直至火箭燃料燃尽进入大气层，在这一阶段导弹速度慢，高度也较低；二是亚轨道飞行阶段，导弹主要在大气层外的椭圆轨道飞行，在此期间导弹会释放干扰弹、诱饵弹等欺骗装置，而且在最高点时弹头的速度最低；三是末端弹头完成修正后再入大气层阶段，此时导弹以高达马赫数十几甚至是二十几的速度突防。在整个飞行过程中，弹头的高度最高约 1 200 千米，末端突防速度最快可以达到马赫数 22。

而高超声速巡航武器则与传统的弹道导弹不同，主要是在高度 20~40 千米的临近空间飞行，受地球曲率的影响，地基雷达受观测弧段影响很难在远距离上对其进行探测与预警，可以有效规避敌方预警雷达的探测，大大压缩预警时间与留给对方的拦截反应时间。而且，现役的绝大部分拦截系统主要是为拦截各种弹道导弹而设计的，其探测和拦截的性能在面对高超声速武器时难免有些力不从心，各种传感器的最远探测距离与拦截弹的最低拦截高度都高于高超声速武器的机动空间。

（2）高超声速武器飞行轨迹多变

高速持续机动是高超声速武器的核心技术特征之一，高超声速飞行器利用自身外形的气动特征进行飞行，利用操纵面的气动效应进行操纵。其轨迹控制类似于传统航空飞机的倾斜转弯模式，高速动量的调节和变化更加持续和高效，具备大范围的三维机动变轨机动能力，轨迹规律难以预测，这与有限次数和能力的弹道导弹机动不同，对于当前预测式拦截的反导系统建设提出了新的挑战。

（3）拦截武器追踪命中难

对于指挥控制系统而言，预警探测系统对高超声速武器所能提供的预警反应时间比弹道导弹大大缩短，这对拦截系统的快速反应能力与分析计算能力都提出了更高的要求，需要在更短的时间内完成情报分析、目标选择、拦截方案制订等环节。对于拦截武器而言，一方面，高超声速武器有着远超弹道导弹的机动性，拦截弹在拦截过程中就需要更大的过载承受力与机动力，不仅对弹体结构强度与机动能力有更高的要求，而且拦截弹所需的能量也远超以往。以防空导弹拦截飞机为例，拦截弹的过载会是飞机过载的 3~5 倍，如果面对的是高超声速武器这类具备高机动型的飞行器，拦截过载肯定会更大；另一方面，来袭导弹的高机动性也考验着拦截弹的制导精度，弹道导弹虽然具备一定的变轨能力，但范围有限，即便存在一定的机动误差，带来的影响也较小。而对于高超声速武器，之前的纯动能拦截方案可能由于打击精度很难保证精确命中，破片杀伤手段可能是一种较为可行的方式。

（4）反导体系构建难

高超声速武器的高机动性使其可以像巡航导弹一样规划线路，绕过已知的反导阵地，如图 6-7 所示。以"爱国者"-3 末端拦截系统为例，在拦截近程弹道导弹时最大拦截高度为 30 千米，最远拦截距离为 40 千米，即便是拦截弹具备拦截高超声速武器的能力，来袭的高超声速武器也可以通过规划航路来绕过"爱国者"-3 的拦截区域，从两个系统防区之间的缝隙插入，完成对目标的打击。而且高超声速武器的飞行轨迹很难预测，如何部署拦截任务、分配拦截力量都是需要认真考虑的问题，倘若来袭的高超声速武器在现有突防手段上再辅以人工智能技术对拦截策略预先分析，提前规避拦截，则拦截难度将会进一步增大。

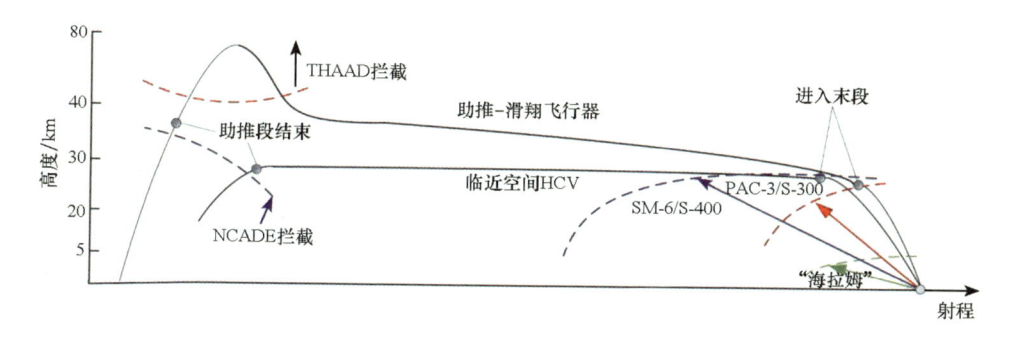

图 6-7 临近空间突防对抗态势示意图

当前，高超声速武器正在快速发展，不断有新技术、新装备出现，而拦截武器还在解决最基本的"能不能"问题，在高超声速武器攻防的棋局中，拦截一方已经先失一子，而且相信在未来一段时间内高超声速武器还会是占据优势的一方。

2. 高超声速武器拦截途径分析

（1）重新采用破片战斗部作为拦截弹的杀伤机构

美军现役反导系统采用的都是动能拦截方式，其优点在于能够扩大拦截弹的拦截距离，缺点是对于拦截精度要求较高。在面对高超声速武器时，动能拦截方案对于引导精度与拦截弹机动能力的要求高得难以接受，而破片战斗部杀伤面广的优点得以再次凸显。高超声速武器在飞行中承受着极大的载荷，一旦被命中，即便是在弹体没有被立即摧毁的情况下，控制系统也很容易被破片击中失效，使得导弹进入失控状态。相比之下，美军很有可能在未来的拦截系统中重新采用破片战斗部以弥补动能战斗部的不足。

（2）寻找弱点精准拦截

不论是美国导弹防御局公布的各种计划，还是洛·马等公司提出的各种拦截方案，其拦截重点都不约而同地放在了末段拦截上。美国认为，高超声速武器的弱点与拦截窗口在于飞行末段。高超声速武器在初段飞行弹道简单，速度慢，易于探测，但拦截系统在战场环境下难以实现靠前部署；中段的飞行弹道难以探测跟踪，且机动能力强，难以拦截；只有在末段飞行速度降低，机动能力下降，存在着进行拦截的有利条件。首先，飞行末段是高超声速武器速度最慢的时期，在中段时导弹完成的大幅度机动以牺牲能量作为代价，在接近目标时飞行速度甚至会降低到马赫数 5 以下，这个速度下的导弹即便是现有的拦截弹也可以轻易拦截。其次，飞行末段的导弹没有太多的机动空间与机动力量，无法再进行大强度的变轨与规避。

（3）整合体系实现多层拦截

美军正在对探测系统发力，力求做到陆、海、空、天一体化、多方位、多手段探测，实现对高超声速武器的全过程监控。现有的各拦截系统也在互相整合，达到深度互联与互操作的要求。美军 2019 年对"萨德"系统进行的实验表明，通过增加发射架远程遥控的方式可以将拦截范围扩大 4 倍；如果实现"A 射 B 导"，不仅可以增加防御范围，还能够增强整个拦截系统的抗打击能力。

3. 高超声速武器防御体系构成

只有尽早发现目标才能为防御系统留出足够的响应和作战时间，预警系统和拦截器本身对高超声速目标及时准确的感知是实现临近空间高超声速飞行器防御和拦截的前提，也是首要解决的难题；在高超声速飞行器工作的有限时间里，高效的指挥控制是实施拦截的关键；最好能够有效完成机动多变高超声速武器拦截任务的武器是核心。高超声速武器防御体系主要包括预警探测系统、稳定跟踪系统、指挥控制系统与拦截武器系统。

(1) 预警探测系统

高超声速飞行器飞行时其表面会产生等离子体鞘套，严重影响电磁波的正常传输，且飞行速度越高，电磁波受等离子体的吸收及散射越严重，越不利于常规雷达体制的敏感器探测。与此同时，黏性摩擦导致高超声速飞行器蒙皮存在强烈的气动加热现象，使其成为一个明显区别于工作环境的红外辐射源，因此红外传感器或以红外为主的多模传感器成为预警系统和拦截器探测目标的主要手段。此外，受地球曲率和大气散射特性的影响，传统防空反导系统的地基、海基和空基预警体系通常难以达到防御临近空间高超声速目标所要求的 800 千米以上预警范围，这大大地推动了天基和临近空间红外预警平台的发展。

• 知识延伸

天基方面，各国导弹预警卫星通常运行在地球静止卫星轨道或大椭圆轨道上，一般由几颗卫星组成预警网，覆盖范围大，依靠自身红外载荷和电视摄像机探测导弹助推段发动机尾焰。捕获尾焰红外信号后，卫星向地面站发出警报，同时电视摄像机对准有关的空域，跟踪导弹并自动或根据遥控指令向地面发送目标图像，在地面电视屏幕上同时显示出导弹尾焰图像的运动轨迹；而高超声速巡航导弹因速度极高，红外特征明显，更易被侦察。地基和海基方面，综合考虑地球曲率、雷达输出功率、天线增益等因素，对飞行高度 40 千米的高超声速武器的最大探测距离不超过 720 千米。

(2) 稳定跟踪系统

目前跟踪弹道导弹的方法是采用在地球同步轨道上的天基红外卫星探测到导弹发射，然后提示地面雷达系统跟踪它们的轨迹。由于高超声速武器可在临近空间高速、高机动飞行，受地球曲率遮挡的影响，地面预警雷达的视距将减小，从而难以对高超声速武器进行有效预警探测与跟踪。

克服这一难题需要建设一个低轨道卫星星座。由于在低地轨道上卫星轨道运动特征限制，要覆盖某一特定区域，一个轨道平面上可能需要安置数十颗卫星，以确保至少有一颗卫星可以看到正在发生的情况。若要覆盖整个地球，那么就需要数百颗低轨卫星分布在多个轨道平面上，同时还需要建立传输网络，以确保整个星座的互联互通，并能够实时向地面决策者报告战术信息。

（3）指挥控制系统

在指挥控制系统方面，MDA 基于现有的卫星资源及通信设施，通过改进用于弹道导弹防御体系的地基雷达和指挥、控制、作战管理与通信（C^2BMC）系统，使其初步具备应对高超声速武器威胁的能力。同时 MDA 还计划构建天、空、地一体化的通信系统，使其具备对高超声速导弹探测预警后的有效指控、管理与通信能力，为防御临近空间飞行器探测提供通信保障。

（4）拦截武器系统

对于高超声速巡航导弹的拦截，按阶段分，有助推段、巡航段和末段三种；按平台分，有空基、陆/海基两种。设想作战流程为远程预警平台掌握并稳定跟踪目标后回传至指控中心，指控中心评估威胁、初步确定拦截策略后依次组织各型雷达力量待命，期间展开弹道规划、确定拦截弹发射时间并下达拦截命令，拦截机接收指令后射导拦截，同时远程预警平台展开效果评估作业。

从拦截器准备时间充分性来看，顺序依次为末段 > 巡航段 > 助推段；从拦截器技术成熟度来看，顺序依次为末段 = 巡航段 > 助推段；在拦截器改进方面，主要对当前防空反导导弹采取增加射程、增加拦截高度和机动能力等措施来提高拦截适应性。

6.5.1 美国主要防御项目进展

1. 综合传感网络系统建设

美国空军和太空部队主要通过与导弹发射探测和战略预警相关的项目来进行导弹防御,包括下一代高空持续红外(overhead persistent infrared,OPIR)系统、传统预警和应急系统(early warning response system,EWRS)。事实上,美国太空部队在导弹防御方面预计的投资超过80%都与下一代OPIR系统有关。美国空军在2021年为下一代OPIR计划投资23亿美元,以加速部署取代天基红外系统(space based infrared system,SBIRS)星座的新型卫星。太空部队还负责维护阿拉斯加的EWRS和"丹麦眼镜蛇"雷达,因为这些雷达也有助于空间态势感知。随着更新的OPIR和其他卫星上线,太空部队可以融合和整合它们的信息,为导弹防御火力控制提供作战支持。

天基传感器凭借其可进行大范围监测的优势可作为高超声速武器的探测与跟踪的一种解决方案。虽然美国目前拥有天基红外系统和太空跟踪与监视系统两种天基预警卫星,但天基红外系统轨道过高,精度不够;而太空跟踪与监视系统虽位于低地球轨道,但只在2009年发射过2颗,无法实现全面覆盖。因此,美国迫切需要发展一种新型天基预警探测跟踪传感器,以实现高超声速武器探测与跟踪。

"高超声速和弹道跟踪天基传感器"(HBTSS)项目在这种背景下应运而生,旨在"下一代太空体系架构"中的高超声速预警探测体系下开发一种功能强大、价格合理、生存能力高且扩展能力强的太空红外传感器系统,由约200个50~500千克的传感器载荷组成,搭载于"下一代太空体系构架"中的低地球轨道卫星星座,用以探测与跟踪高超声速威胁和弹道导弹等先进武器,为导弹防御系统提供低延迟、高精度的关键数据,如图6-8所示。

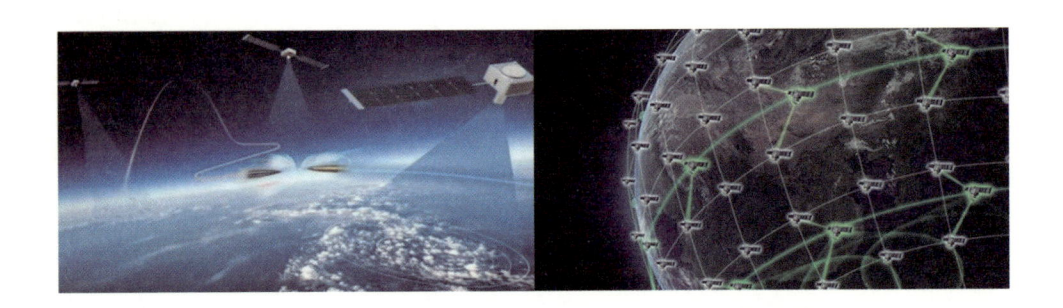

图6-8 "高超声速和弹道跟踪天基传感器"示意图

• 经典案例

2019年MDA分别授予诺·格、莱多斯、L-3通信和雷神四家公司一份为期12个月、价值2 000万美元的科研合同,用于完成HBTSS星座的载荷原型机方案设计,以及信号链处理、软件算法等研究工作,同时拟采用"太空跟踪与监视系统"中的2颗卫星作为测试平台,为HBTSS项目演示验证降低技术风险,计划2025年后实现部署运行。

2020年6月26日,美国会参众两院宣布,否决国防部提交的将"高超声速和弹道跟踪天基传感器"(HBTSS)项目由导弹防御局转交太空发展局的议案,同时为该项目划拨1.2亿美元预算,其中有2 000万美元来自SDA的2021财年预算,另外1亿美元则来自两院为该项目开发新型任务载荷而额外追加的经费。

美国航天发展局拟将导弹防御局的"高超声速与弹道跟踪空间传感器"系统纳入国防空间架构跟踪层。同HBTSS一样,跟踪层将被设计成能探测和跟踪飞行速度超过声速且能在飞行中开展机动的高超声速武器。但SDA将会新增一些能力,比如跟踪带有昏暗上面级的弹道导弹。跟踪层将会增强空军目前正在研建的"下一代过顶红外"导弹预警星座。

2. 指挥控制、作战管理和通信系统建设

据 Spacewar 网站 2021 年 3 月 23 日消息，美国导弹防御局（MDA）于 2021 年 3 月 5 日向武器制造商发布信息征询书（RFI），要求建立一个新的指挥、控制、作战管理和通信（C^2BMC）系统，希望"评估业界对开发高效、有效和创新方法以提供先进 C^2BMC 能力的兴趣"。C^2BMC 是负责协调从"爱国者"PAC-3 和"宙斯盾"到"萨德"及传统陆基拦截导弹等一系列导弹防御系统的指挥中枢。

该系统预计还将连接一系列监测系统，包括由美国防部、空军和海军运行的卫星和地面雷达系统。C^2BMC 预计将规划有效的导弹防御行动路线，提供态势感知以支持所有指挥级别的指挥控制，将作战管理工具集成到传感器和武器系统中，为国土防御提供导弹防御训练器，并确保导弹防御系统、国际资产和全域远程传感器加固网络之间的连接。

MDA 将新型 C^2BMC 的要求与美国潜在"对手"在创造新武器方面的进步联系起来，这些新武器可能会突破现有的导弹防御系统。MDA 声称："近年来，对手迅速发展了更复杂的先进威胁，包括高超声速滑翔飞行器，超声速、亚声速和高超声速高机动性巡航导弹……这促使 C^2BMC 需要更快发展，以保持对针对国土和任务区的高级威胁的优势。"该系统预计将快速集成新技术、传感器和武器，并具有强大的网络安全性和韧性。

3. DARPA 的"滑翔破坏者"研究项目

2018 年 11 月 6 日，DARPA 战术技术办公室公开发布了"滑翔破坏者"项目招标预告文件。"滑翔破坏者"项目旨在研发先进拦截器的某项支撑技术，以支撑该拦截器能够在高层大气拦截机动式高超声速目标，如图 6-9 所示。项目最终将完成该技术的应用能力演示验证试验，推进新一代拦截器的一系列关键使能技术，达到对抗 HGV 的速度、航程、精度和敏捷性，试验结果将用于支撑后续开展全系统拦截能力的分析。

图 6-9　"滑翔破坏者"拦截想象图

2020 年 1 月 24 日和 2 月 10 日，DARPA 分别授予诺·格公司和洛克达因公司"滑翔破坏者"项目基线研究阶段合同，合同金额分别是 1 300 万美元和 1 213 万美元，让两者在该项目的初始阶段开展竞争性研究。2020 年 2 月，美国 DARPA 与洛克达因公司签订了一份价值 1 960 万的合同，为高超声速防御拦截项目"滑翔破坏者"研发推进技术。该计划旨在研究先进的反高超声速飞行器的方法，开展在高层大气拦截高超声速威胁的先进拦截技术研发和演示验证。

2021 年 8 月 17 日，美国《航空周刊》报道称，拦截器由于要击落来袭导弹，要具备更加优秀的敏捷性，机动过载能力要至少达到目标的 3 倍。DARPA 战术技术办公室主任迈克尔·莱希对外透露了该局"滑翔破坏者"项目全新一代"转向和姿态控制系统"（divert and attitude control system，DACS）的最新研发情况。如果使用高超声速手段拦截高超声速武器，要使用 DACS 实现 3 倍的机动过载能力。目前没有这种系统，需要全新的能力和方式去实现。

洛·马公司和诺·格公司正在竞争美国防部导弹防御局的"下一代拦截弹"（next generation interceptor，NGI）开发，该导弹将用来取代"陆基拦截弹"（ground-based interceptor，GBI）。HGV 带来的威胁，将使"滑翔破坏者"项目进一步扩展 DACS 技术的性能包线。THAAD 和 GBI 使用的 DCAS 在真空环境提供机动，而未来 HGV 拦截器的 DACS 将在 10 万~15 万英尺（30~46 千米）

的稀薄大气中增强气动操纵面的性能水平。

4. 区域性滑翔段拦截武器系统（RGPWS）

2020年，美国防部导弹防御局公开发布了区域性滑翔段拦截武器系统（RGPWS）项目招标书草案，该项目将完成一型在滑翔段拦截区域级（中程）高超声速助推–滑翔导弹的拦截弹原型机的设计、发展和非拦截式飞行验证。草案指出，RGPWS项目是导弹防御局"高超声速防御"专项的重点项目，于2023年完成部署。导弹防御局计划充分利用现有反导体系为RGPWS项目研制的拦截武器提供高超声速目标的探测和跟踪信息。

导弹防御局将为承包商提供RGPWS所需的输入和模型等，包括相关传感器和作战管理系统的相关描述信息。RGPWS项目的核心目标是降低拦截武器的关键技术风险和集成风险，将拦截武器的技术成熟度等级提升到5级。项目最终将完成一次拦截武器的飞行试验，验证该拦截武器除拦截杀伤以外的关键性能特征。在该项目结束后，如符合要求，后续还将安排开展拦截杀伤飞行验证，充分验证全部关键技术。

• **知识延伸**

RGPWS项目分为四个阶段，其中，第一阶段为"基线研究阶段"，周期18个月，将选择两家主承包商来开展拦截武器系统概念研究；根据方案评估结果，选择其中一个方案进入第二阶段"初始设计阶段"；第三阶段为"详细设计阶段"，完成最终设计评审，如果顺利通过，则进入第四阶段，完成"飞行试验飞行器1号"（FEV-1）拦截武器的试制并完成代号"飞行试验1"（FE-1）的非拦截式飞行试验。在RGPWS项目中，洛·马公司已经提出了THAAD的改型，即"飞镖"系统，雷神公司也提出了"标准"-3导弹的改型，即"鹰"系统。如果DARPA的技术能在5年之内成熟，在RGPWS中使用"滑翔破坏者"项目的DACS将大幅提高滑翔段拦截概率。

5. 增程型末端高空区域防御（THAAD ER）系统

2015年1月8日，《航空周刊》网站披露洛·马公司尝试向美国政府推荐其增程型末端高空区域防御（terminal high-altitude area defense extended range，THAAD ER）系统（如图6-10所示），以应对未来助推-滑翔高超声速武器所带来的威胁。洛·马公司负责导弹与火控方向的副总裁透露，美国导弹防御局计划通过放大助推器等方式来升级THAAD系统。他同时透露，洛·马公司此前已经在该方向上开展很多研究工作。

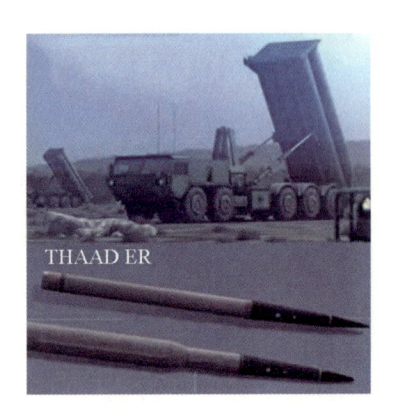

图6-10 洛·马公司的THAAD ER

与标准型相比，THAAD ER系统的助推器由单级助推变为两级助推，直径由原来的368.3毫米增大到533.4毫米。其第一级助推器用于增大导弹射程，第二级助推器可以进一步拉近拦截器与目标之间的距离并提供额外的速度。更高的速度可以使拦截器具有转向能力或拦截时更大的侧向位移能力。同时，助推器尺寸的变化不会对拦截器本身产生影响，但需要相应地改进地面发射装备。目前，携带8枚THAAD导弹的发射器改装后可以装载5枚THAAD ER导弹。

经过升级改进后，THAAD ER射程是原来的3倍，拦截区域是原来的9～12倍，机动能力则是原来的10～40倍。洛·马公司已经自行投资对THAAD ER拦截弹进行为期6～7年的概念研究，近期重点针对高超声速目标威胁进行研究。

6.5.2 俄罗斯主要防御项目进展

2019年5月，俄罗斯在一次讨论军工联合体问题的会议上设定了一项任务，即在国外生产出高超声速武器之前，俄罗斯要研发出防御它的武器。随即这项任务便列入新武器研发计划。俄罗斯媒体披露，正在研发的新型拦截导弹是防御高超声速武器的选项之一。俄罗斯专家认为这项工作极为迫切：五角大楼加速了至少4种高超声速武器的计划在重点加速，将具备初始作战能力。俄罗斯军事科学院教授瓦季姆·科久林说，还有许多其他国家都在积极研发这种武器，在这一领域将展开一场严峻的竞赛，我们需要研究防御这类武器的手段，如图6-11所示。

图6-11 高超声速防御作战构想图

综合俄军目前已经或即将列装的部分新型装备，俄罗斯力求在反高超声速武器研制领域走在前面，并将拦截高超声速目标作为空天防御发展的重点，同时也高度重视对高超声速目标的预警能力建设。由此可以看出，基于空天一体化的防空反导作战体系已经初步构建。俄罗斯表示：应该超前发展防空反导系统，向武装力量提供S-350、S-500、S-550。俄罗斯对于高超声速导弹的拦截，是从预警、跟踪、拦截等几个重点方面开展体系建设。

1. 高超声速武器的预警

高超声速武器的预警主要是天基、陆基、海基侦察平台能够探测到导弹发射信息。俄罗斯天基"穹顶"系统和系列陆基预警雷达构成的战略预警体系能够探测、跟踪高超声速导弹。俄罗斯构建了与美国 SBIRS 功能类似的"穹顶"太空反导预警系统,并于 2015 年将该系统首颗"苔原"预警卫星发射入轨,虽然目前仅有 3 颗苔原卫星在轨服役,但在 2019 年就成功探测到了 64 枚弹道导弹和 136 枚运载火箭的发射。

• 知识延伸

Rezonans – N 雷达为早期反隐身预警雷达,是一款战略级别的远程防空预警系统,其通过电离层折射探测地平线以下的目标,故而具备超视距雷达的能力,在米波波段内工作,并采用波共振原理,能够检测与发现 600 千米内的空中目标和 1 200 千米内的弹道导弹目标进行瞄准,最大射高可达 100 千米,除了可以检测隐身目标,还可以检测以高达马赫数 20 速度飞行的高超声速目标。

2020 年初,俄罗斯决定在北极部署 5 部 Rezonans – N 先进雷达,不仅防隐身战机,还盯住高超声速武器。后续计划在北部地区再部署 5 部同款雷达,一旦完成部署,那么就可以将北极地区完全覆盖,主要用于发现高超声速目标,这将让美国越过北极的攻击航线失去隐蔽性。

2. 高超声速武器的跟踪

高超声速武器的跟踪主要是在捕获到导弹发射后能否稳定跟踪、形成稳定的目指信息,2018 年列装的最新型"集装箱"超视距侦察和导弹预警雷达,就已经投入测试作战值班,资料显示这种超视距雷达能确定 2 500 千米外的各种飞机和高超声速导弹坐标,可同时追踪 5 000 个目标,可在 2 000 千米以外对马赫数 8 的高超声速导弹提供至少 12 分钟的预警时间。

3. 高超声速武器的拦截

高超声速武器的拦截主要是目前及未来一段时间内可能的各型拦截器能够进行有效拦截。俄军 A-235 "努多利河"新一代战略反导系统配备有高超声速反导导弹，拦截弹的速度为马赫数 10，S-500 "普罗米修斯"防空导弹系统的最高理论拦截速度达到马赫数 20。俄罗斯重型高速空基导弹系统把由若干先进的空对空导弹组成的战斗部发射到几百千米之外，然后，它们将与运载工具分离，在各自配备的主动制导雷达系统的协助下，开始自行搜索和攻击目标。

俄罗斯准备将其全新的空中和导弹防御系统置于全面战备状态。其军队将在今年收到第一批 S-500 "普罗米修斯"防空导弹系统。2021 年 7 月，俄罗斯空天军导弹防御部队司令谢尔盖·巴巴科夫少将向俄罗斯国防部旗下的《红星报》透露，该系统的所有测试都已完成。在希腊神话中，"普罗米修斯"是泰坦之火神。俄罗斯表示，其火神可以摧毁洲际弹道导弹（intercontinental ballistic missile，ICBM）、充满巨大动能的高超声速巡航导弹、包括隐形喷气式飞机和无人机在内的飞机，以及近地轨道（LEO）卫星。据《真理报》报道，S-500 "普罗米修斯"防空导弹系统是世界上任何其他类似系统都无法匹敌的，是新型太空防御武器中第一个可摧毁高超声速导弹、近地轨道卫星的系统。

预计 S-500 的射程可达 600 千米，比其前身 S-400 提高了 200 千米。该系统将有可能摧毁高超声速和弹道目标，拦截器在高于 185 千米的高度运行。在之前的测试中，据说 S-500 可以在 480 千米的范围内击中目标导弹，这是所有 ADS 中最远距离的打击。据报道，它的响应时间为 3~4 秒，不到 S-400 的一半。

为了歼灭新型目标需要新型导弹，如果拦截速度达马赫数 15 的目标，那就需要研制新物理原理武器，如激光和电磁武器，而且需要建立一个能以很高效能毁伤超高速目标的体系。

4. 俄罗斯首次举行反高超声速武器演习

据俄罗斯《消息报》报道，2021年10月初，俄罗斯成功进行首次反高超声速武器演习。来自多个军区的防空导弹团在空天军防空反导指控系统统一协同下，进行了针对假想敌巡航导弹和高超声速武器大规模袭击的模拟演练。演习中，俄防空部队在阿斯特拉罕州阿沙卢克靶场对模拟高超声速目标的靶弹进行了实弹拦截。

遵循俄军统一年度训练计划，反高超声速武器演习是空天军对防空和导弹防御部队年度总结性战备检查的一部分，其目的是测试防空部队面对假想敌同时从多个方向发动大规模袭击的反击能力。演习重点对抗新型高超声速杀伤武器和巡航导弹。西部和东部军区的多个防空导弹团在空天军防空反导指挥中心的统一部署下参加了此次演习。在模拟战斗条件下建立了统一的演习防空体系，自动化指控系统统一指挥参加演习的所有侦察系统以及防空系统，实现在最短的时间内探测识别和分配空中目标并快速进行机动作战部署，摧毁来袭目标。

按照演习部署，西部军区S-400防空导弹团从彼得格勒州快速机动到阿斯特拉罕州的阿沙卢克靶场，抵达指定阵地后，迅速展开战斗状态对敌方飞机、弹道导弹、巡航导弹和高超声速导弹的模拟靶弹进行了实弹射击。西部军区S-400防空导弹团还顺利通过了技术、战术和导弹射击的年度考核。同时俄东部军区S-400和"铠甲"-S1防空导弹团在卡普斯京亚尔靶场进行了梯次防御协同演习，成功摧毁测试目标。

俄罗斯此次反高超声速武器演习使用了S-400、"铠甲"-S1以及各种防空高炮装备，在防空指控系统的统一控制下，利用多部雷达进行统一协同探测，多个防空导弹团对目标进行分层多重拦截，目的是通过战法创新和协同指挥，充分利用俄罗斯的战略纵深，形成对高超声速武器的探测和拦截能力。俄军事专家指出，在外军尚未装备高超声速武器的前提下，俄防空部队进行高超声速武器防御演习，具有超前的战略意义。

参考文献

[1] 蔡国飙,徐大军. 高超声速飞行器技术[M]. 北京:科学出版社,2012.

[2] 查尔斯·P. 伯吉斯. 飞艇设计技术[M]. 王晓亮,编译. 上海:上海交通大学出版社,2019.

[3] 常建龙,赵良玉,李克勇. 临近空间平台与空天飞机在未来战争中的协同作用[J]. 飞航导弹,2012(9):81-84+96.

[4] 陈敬一,王华. 对近期美国高超声速飞行器飞行试验的分析[J]. 飞航导弹,2012(1):16-20.

[5] 陈军燕,袁秋月,廖龙文. 2023年国外高超声速领域发展综述[J]. 航天电子对抗,2024,40(2):59-64.

[6] 陈立立,郭正,邓小龙,等. 一种新型乘波体设计方法研究[J]. 航空工程进展,2019,10(5):673-680,690.

[7] 陈士涛,杨建军,李大喜. 临近空间环境对高超声速巡航导弹约束性研究[J]. 弹箭与制导学报,2016,36(6):36-38,43.

[8] 陈小庆. 高超声速滑翔飞行器机动技术研究[D]. 长沙:国防科学技术大学,2011.

[9] 崔尔杰. 近空间飞行器研究发展现状及关键技术问题[J]. 力学进展,2009,39(6):658-673.

[10] 邓小龙，李魁，于春锐，等．准零风层新型临近空间浮空器区域驻留性能［J］．国防科技大学学报，2019，41(1)：5-12．

[11] 邓小龙，杨希祥，麻震宇，等．基于风场环境利用的平流层浮空器区域驻留关键问题研究进展［J］．航空学报，2019，40(8)：23-36．

[12] 冯坤菊，王春阳．临近空间与空间作战［J］．飞航导弹，2009(3)：32-34，63．

[13] 高天运，马兰，齐建成．外军高超声速武器作战及其目标杀伤链构建分析［J］．战术导弹技术，2024(3)：136-147．

[14] 高显忠．基于重力势与风梯度的太阳能飞行器HALE问题研究［D］．长沙：国防科学技术大学，2014．

[15] 古彪．世界特种飞行器及应用［M］．北京：航空工业出版社，2016．

[16] 韩丁，盛夏，尹珊建，等．临近空间大气温度和密度特性分析［J］．遥感信息，2017，32(3)：17-24．

[17] 韩洪伟，王鹏坡．高超声速武器发展及防御策略研究［J］．飞航导弹，2019(12)：12-15．

[18] 何苹，王莹莹，樊雷．临近空间高超声速飞行器红外辐射特性分析［J］．红外技术，2019，41(12)：1175-1180．

[19] 何彦峰．浅析临近空间平台的军事应用［J］．国防科技，2007，33(6)：32-35．

[20] 洪延姬，金星，李小将，等．临近空间飞行器技术［M］．北京：国防工业出版社，2012．

[21] 侯佳，韩洪伟．高超声速巡航导弹武器防御［J］．国防科技，2019，40(6)：114-116．

[22] 侯中喜，杨希祥，乔凯，等．平流层飞艇技术［M］．北京：科学出版社，2019．

[23] 胡杭，黄兴龙，刘彬，等．高超声速武器的发展与运用分析［J］．飞航导弹，2019(10)：27-30．

[24] 黄宛宁，张晓军，李智斌，等．临近空间科学技术的发展现状及应用前景［J］．科技导报，2019，37(21)：46-62．

[25] 黄伟，陈逖，罗世彬，等．临近空间飞行器研究现状分析［J］．飞航导弹，2007(10)：28-31．

[26] 黄小容，陈云伟，周海晨．全球高超声速技术发展态势分析［J］．中国科学院院刊，2024，39(6)：1106-1120．

[27] 乐嘉陵．高超声速技术及其在军事上的应用［J］．现代军事，2000(6)：10-12，8．

[28] 李崇银，李琳，谭言科，等．平流层气候［M］．北京：气象出版社，2008．

[29] 李崔春，敖磊，周书宇，等．临近空间长航时平流层飞艇载荷应用概述［J］．空天技术，2023(4)：80-88．

[30] 李锋，白鹏，叶川，等．临近空间太阳能飞行器关键基础力学问题研究［J］．中国科学：物理学 力学 天文学，2015，45(12)：87-97．

[31] 李益翔．美国高超声速飞行器发展历程研究［D］．哈尔滨：哈尔滨工业大学，2016．

[32] 李铮，赵大勇．美军临近空间平台的开发利用及对我军的启示［J］．火力与指挥控制，2009，34(8)：1-3，18．

[33] 李智斌，黄宛宁，张钊，等．2020年临近空间科技热点回眸［J］．科技导报，2021，39(1)：54-68．

[34] 廖龙文，曾鹏，陈军燕，等．高超声速飞行器发展困境分析［J］．飞航导弹，2019(12)：22-27．

[35] 林旭斌，张斌，葛悦涛．国外智能化技术在高超声速飞行器领域的应用研究［J］．飞航导弹，2020(12)：1-5，16．

[36] 林岳峥，祝利，王海．全球鹰无人侦察机的技术特点与应用趋势［J］．飞航导弹，2011(9)：21-24，32．

[37] 刘虎，罗明强，孙康文．飞机总体设计［M］．北京：北京航空航天

大学出版社，2019.

[38] 刘济民，沈伋，常斌，等．乘波体设计方法研究进展［J］．航空科学技术，2018，29(4)：1-8.

[39] 刘建霞．高超声速非一致边缘钝化乘波构型气动力/热基础问题研究［D］.长沙：国防科学技术大学，2013.

[40] 刘军．国外低速临近空间飞行器与技术发展（上）［J］．中国航天，2011(10)：30-36.

[41] 刘晟，朱美光，季思蔚，等．临近空间环境对柔性薄膜太阳电池的影响研究［J］．太阳能学报，2018，39(12)：3371-3376.

[42] 刘双喜，刘世俊，李勇，等．国外高超声速飞行器及防御体系发展现状［J］．空天防御，2023，6(3)：39-51.

[43] 刘重阳，江晶，李佳炜，等．临基雷达对高超声速目标探测能力分析［J］.空军预警学院学报，2019，33(3)：157-162.

[44] 罗世彬，李珺，廖俊，等，灵巧浮空器系统［M］．北京：科学出版社，2019.

[45] 吕达仁，孙宝来，李立群．零风层与我国首次高空气球停留试验［J］.目标与环境特性研究，2002，22(1)：45-51.

[46] 马成宇，何国毅，王琦．高空长航时无人机螺旋桨后掠桨叶气动研究［J］.空气动力学学报，2019，37(5)：795-803.

[47] 马东立，张良，杨穆清，等．超长航时太阳能无人机关键技术综述［J］．航空学报，2020，41(3)：34-63.

[48] 马少维．临近空间的武器装备发展及趋势简析［J］．航天电子对抗，2019，35(6)：30-34.

[49] 梅笑冬，孙即霖，李正强，等．中国区临近空间太阳辐射环境研究［J］.光谱学与光谱分析，2016，36(3)：609-617.

[50] 孟二龙，高桂清，王康，等．俄罗斯锆石高超声速智能反舰导弹主要优势及启示［J］．飞航导弹，2019(11)：34-38.

[51] 苗伟，毕红葵，李昌玺，等．临近空间预警平台在预警体系中的应用研究［J］．飞航导弹，2014(3)：56-59，67.

[52] 闵昌万，付秋军，焦子涵，等．史记·高超声速飞行［M］．北京：科学出版社，2019.

[53] 牛文，董婧，李文杰，等．2012年上半年世界高超声速动态［J］．飞航导弹，2012(10)：13-21.

[54] 乔淑欣，马利娟，周世儒．国外高超声速技术专利现状分析［J］．飞航导弹，2011(11)：20-26.

[55] 寿绍文．天气学［M］．北京：气象出版社，2009.

[56] 陶于金．临近空间超长航时太阳能无人机发展及关键技术［J］．航空制造技术，2016(18)：26-30.

[57] 王宁飞，王俊龙，武毅．固体燃料超燃冲压发动机研究概况［J］．上海航天，2019，36(6)：35-43.

[58] 王鹏飞，罗畅，徐婧，等．高超声速导弹发展及防御策略研究［J］．战术导弹技术，2021(1)：60-66.

[59] 王宇，牛文．DARPA拟继续推进高超声速技术研究［J］．飞航导弹，2012(11)：13-16，43.

[60] 王允良．乘波体飞行器气动布局优化设计［J］．海军航空工程学院学报，2013，28(1)：42-46.

[61] 王自勇，牛文，李文杰．2012年美国高超声速项目进展及趋势分析［J］．战术导弹技术，2013(1)：6-13.

[62] 吴训涛，李玉杰．对抗临近空间高超声速武器的方法研究［J］．舰船电子工程，2021，41(5)：18-20.

[63] 吴洋．临近空间太阳能无人机飞行平台的特点及发展前景［J］．科技创新导报，2016，13(33)：11-13.

[64] 解发瑜，李刚，徐忠昌．高超声速飞行器概念及发展动态［J］．飞航导弹，2004(5)：27-31，54.

[65] 熊俊辉，李克勇，刘燚. 临近空间防御技术发展态势及突防策略［J］. 空天防御，2021，4（2）：82-86.

[66] 徐晨华. 美国非太阳能动力超长航时无人机发展综述［J］. 飞航导弹，2018（8）：35-41.

[67] 徐忠新. 平流层预警探测飞艇［M］. 北京：国防工业出版社，2017.

[68] 杨虹，张雅声，丁文哲. 飞艇红外探测系统探测高超声速目标性能研究［J］. 中国光学，2016，9（5）：596-605.

[69] 杨希祥，侯中喜，郭正. 高空长航时太阳能飞机研究进展与技术挑战［J］. 国防科技大学学报，2023，45（6）：1-9.

[70] 杨云军，龚安龙，白鹏. 高超声速空气动力设计与评估方法［M］. 北京：中国宇航出版社，2019.

[71] 叶喜发，张欧亚，马晨光，等. 高超声速巡航导弹飞行特性分析［J］. 战术导弹技术，2019（6）：49-53.

[72] 张灿，胡冬冬. 美澳马赫数7+乘波体高超声速飞行试验分析［J］. 战术导弹技术，2017（5）：12-15，21.

[73] 张灿，林旭斌，叶蕾. 美国高超声速导弹发展现状及路线分析［J］. 飞航导弹，2019（3）：41-44.

[74] 张海涛，罗荣轩. "全球鹰"无人机系统项目费用和效能分析研究［J］. 航空科学技术，2014，25（4）：7-12.

[75] 张健，张德虎. 高空长航时太阳能无人机总体设计要点分析［J］. 航空学报，2016，37（S1）：1-7.

[76] 张凯华，蒋祎，廖俊. 临近空间慢速飞行器载荷概述［J］. 航天返回与遥感，2017，38（6）：1-10.

[77] 赵达，刘东旭，孙康文，等. 平流层飞艇研制现状、技术难点及发展趋势［J］. 航空学报，2016，37（1）：45-56.

[78] 赵群力. 航空武器装备技术创新发展［M］. 北京：航空工业出版社，2019.

[79] 赵炜，赵钱，黄江流，等. 临近空间太阳能无人机在现代战争中的应用［J］. 空天防御，2020，3(2)：85-90.

[80] 郑伟，杨跃能. 飞艇飞行力学与控制［M］. 北京：科学出版社，2016.

[81] 钟萍，陈丽艳，王颖. 国外高超声速技术焦点领域及相关设备改造综述［J］. 飞航导弹，2011(10)：17-22.

[82] 朱雄峰. 基于广义能量的太阳能飞行器总体设计研究［D］. 长沙：国防科学技术大学，2014.

[83] 祝明，陈天，梁浩全，等. 临近空间浮空器研究现状与发展展望［J］. 国际航空，2016(1)：22-25.

[84] BELLEMARE M G, CANDIDO S, CASTRO P S, et al. Autonomous navigation of stratospheric balloons using reinforcement learning［J］. Nature, 2020, 588(7836): 77-82.

[85] DING F, LIU J, SHEN C B, et al. An overview of research on waverider design methodology［J］. Acta Astronautica, 2017, 140: 190-205.

[86] DING F, LIU J, SHEN C B, et al. An overview of waverider design concept in airframe/inlet integration methodology for air-breathing hypersonic vehicles［J］. Acta Astronautica, 2018, 152: 639-656.

[87] DING F, SHEN C B, LIU J, et al. Comparison between novel waverider generated from flow past a pointed von karman ogive and conventional cone-derived waverider［J］. Proceedings of the Institution of Mechanical Engineers, Part G: Journal of Aerospace Engineering, 2015, 229(14): 2620-2633.

[88] DOYLE S. The measure of persistent high altitude solar aircraft (PHASA-35): an autonomous solar-powered aircraft, designed to maintain flight operating in the stratosphere for up to a year, has completed its first flight over an Australian test range［J］. Engineering and Technology, 2020,

15(3): 92-93.

[89] DU H, LV M, ZHANG L, et al. Energy management strategy design and station-keeping strategy optimization for high altitude balloon with altitude control system [J]. Aerospace Science and Technology, 2019, 93(C): 105342.

[90] GARCÍA-GUTIÉRREZ A, GONZALO J, DOMÍNGUEZ D, et al. Aerodynamic optimization of propellers for High Altitude Pseudo-Satellites [J]. Aerospace Science and Technology, 2020, 96(C): 105562.

[91] JESÚS G, DIEGO D, ADRIÁN G-G, et al. On the development of a parametric aerodynamic model of a stratospheric airship [J]. Aerospace Science and Technology, 2020, 107: 106316.

[92] JIANG Y, LV M Y, CHEN X Y, et al. An optimization approach for improving the solar array output power of stratospheric aerostat [J]. Aerospace Science and Technology, 2021, 118: 106916.

[93] JIANG Y, LV M Y, WANG C Z, et al. Layout optimization of stratospheric balloon solar array based on energy production [J]. Energy, 2021, 229: 120636.

[94] KHOURY G A. Airship technology [M]. New York: Cambridge University Press, 2018.

[95] LIAO J, JIANG Y, LIAO H, et al. A passive approach for adjusting the diurnal temperature difference of the envelope of stratospheric light aerostat [J]. Aerospace Science and Technology, 2019, 91: 494-507.

[96] LIAO J, YANG Z C, LI J, et al. Shape and envelope tension prediction of natural shaped high altitude balloons [J]. Aerospace Science and Technology, 2021, 117: 106963.

[97] LIU S Q, WHIDBORNE J F, HE L. Backstepping sliding-mode control of stratospheric airships using disturbance-observer [J]. Advances in Space

Research, 2020, 67(3): 1174 – 1187.

[98] SZIROCZAK D, SMITH H. A review of design issues specific to hypersonic flight vehicles [J]. Progress in Aerospace Sciences, 2016, 84: 1 – 28.

[99] VON EHRENFRIED M D. Stratospheric balloons: science and commerce at the edge of space [M]. Chichester: Springer, 2021.

[100] WANG J, MENG X Y, LI C C. Recovery trajectory optimization of the solar-powered stratospheric airship for the station-keeping mission [J]. Acta Astronautica, 2021, 178: 159 – 177.

[101] WU Y, WANG C, WANG L, et al. Altitude control performance of a natural energy driven stratospheric aerostat [J]. Advances in Space Search, 2015, 56(11): 2508 – 2514.

[102] YAJIMA N, IZUTSU N, IMAMURA T, et al. Scientific ballooning [M]. London: Springer, 2009.

[103] YANG X X, DENG X L, YANG X W. Horizontal trajectory control of stratospheric airships in wind field using Q-learning algorithm [J]. Aerospace Science and Technology, 2020, 106: 106100.

[104] YANG Y N, XU X, ZHANG B, et al. Bionic design for the aerodynamic shape of a stratospheric airship [J]. Aerospace Science and Technology, 2020, 98(C): 105664.

[105] YUAN J, ZHU M, GUO X, et al. Finite-time trajectory tracking control for a stratospheric airship with full-state constraint and disturbances [J]. Journal of the Franklin Institute, 2021, 358(2): 1499 – 1528.

[106] ZHANG L C, LI J, JIANG Y, et al. Stratospheric airship endurance strategy analysis based on energy optimization [J]. Aerospace Science and Technology, 2020, 100: 105794.

[107] ZHU W Y, LI J, XU Y M. Optimum attitude planning of near-space solar powered airship [J]. Aerospace Science and Technology, 2019, 84:

291 – 305.

[108] ZHU W Y, ZHANG B C, ZHANG L C, et al. Spatial path analysis for high-altitude solar-powered airship with maximum net energy [J]. Aerospace Science and Technology, 2021, 117: 106922.

1